世界国防科技年度发展报告（2016）

军用电子元器件领域科技发展报告

JUN YONG DIAN ZI YUAN QI JIAN LING YU KE JI FA ZHAN BAO GAO

工业和信息化部电子第一研究所

国防工业出版社

·北京·

图书在版编目（CIP）数据

军用电子元器件领域科技发展报告/工业和信息化

部电子第一研究所编 . —北京：国防工业出版

社，2017.4

（世界国防科技年度发展报告 . 2016）

ISBN 978-7-118-11286-3

Ⅰ. ①军… Ⅱ. ①工… Ⅲ. ①军用器材—电子元器件

—科技发展—研究报告—世界—2016 Ⅳ. ①TN6

中国版本图书馆 CIP 数据核字（2017）第 055205 号

军用电子元器件领域科技发展报告

编　　者	工业和信息化部电子第一研究所
责任编辑	汪淳　王鑫
出版发行	国防工业出版社
地　　址	北京市海淀区紫竹院南路 23 号　100048
印　　刷	北京龙世杰印刷有限公司
开　　本	710×1000　1/16
印　　张	23¾
字　　数	280 千字
版 印 次	2017 年 4 月第 1 版第 1 次印刷
定　　价	142.00 元

《军用电子元器件领域科技发展报告》

审稿人员（按姓氏笔画排序）

李 季　何小龙　陈 岚　陈 雷
金伟其　赵小宁　赵正平　彭和平
喻松林

撰稿人员（按姓氏笔画排序）

王 昊　王 霆　王 巍　王淑华
石 峰　史 超　冯进军　吕奇峰
任国光　伊炜伟　刘会赟　许文琪
牟宏山　杨富华　李 力　李 静
李耐和　李铁成　何 君　张 望
张 慧　张建军　金伟其　屈长虹
赵金霞　赵晓松　郝保良　胡银富
钟 勇　陶 禹　韩伟华　曾 旭
黎深根　潘 攀

编写说明

军事力量的深层次较量是国防科技的博弈，强大的军队必然以强大的科技实力为后盾。纵观当今世界发展态势，新一轮科技革命、产业革命、军事革命加速推进，战略优势地位对技术突破的依赖度明显加深，军事强国着眼争夺未来军事斗争的战略主动权，高度重视推进高投入、高风险、高回报的前沿科技创新。为帮助对国防科技感兴趣的广大读者全面、深入了解世界国防科技发展的最新动向，我们秉承开放、协同、融合、共享的理念，共同编撰了《世界国防科技年度发展报告》（2016）。

《世界国防科技年度发展报告》（2016）由综合动向分析、重要专题分析和附录三部分构成。旨在通过深入分析国防科技发展重大热点问题，形成一批具有参考使用价值的研究成果，希冀能为促进自身发展、实现创新超越提供借鉴，发挥科技信息工作"服务创新、支撑管理、引领发展"的积极作用。

由于编写时间仓促，且受信息来源、研究经验和编写能力所限，疏漏和不当之处在所难免，敬请广大读者批评指正。

中国国防科技信息中心

2017 年 3 月

前　言

　　军用电子元器件在新军事变革与武器装备信息化、智能化发展中发挥着极为重要的作用，发达国家已将电子元器件视为重要战略资源，积极推动电子元器件技术特别是前沿技术的发展，以维持或加大武器装备技术的"代差"优势，掌握未来战争主动权。为帮助广大读者全面、深入地了解军用电子元器件技术发展的最新动向，我们组织中国电子科技集团公司第十一研究所、第十二研究所、第十三研究所等专业研究所，中国科学院半导体研究所、物理研究所，中国久远高新技术装备公司，北京理工大学光电学院、微光夜视技术重点实验室等有关单位研究人员，共同编撰了《军用电子元器件领域科技发展报告》。

　　本书由综合动向分析、重要专题分析、附录三部分构成。综合动向分析部分对 2016 年军用微电子、光电子、微/纳机电系统、真空电子、电能源、抗辐照等重点领域器件与技术发展情况进行了分析和归纳；重要专题分析部分从元器件领域选取 18 个重点或热点问题进行了比较深入的分析和研究；附录部分对 2016 年军用电子元器件重点领域的重大或重要事件进行了简述。

　　尽管参加编撰的人员做了努力，但由于时间紧张，同时受公开信息资源及研究经验和水平的限制，错误和疏漏之处在所难免，敬请广大读者批评指正。

编者

2017 年 3 月

目　录

综合动向分析

重要专题分析

附录

综合动向分析

2016 年军用电子元器件领域科技发展综述

2016 年，军用电子元器件技术发展十分活跃，微电子、微/纳机电系统、光电子、真空电子、电能源、抗辐照加固等器件技术研发和应用均取得一系列突破和重要进展，将对未来军事电子装备发展产生重要影响。

一、微电子器件领域

2016 年，在高性能、多功能、低功耗和高集成度等需求的持续推动下，全球微电子器件技术快速发展，在产品研发应用、技术探索等方面取得重要进展，主要体现在以下方面：

一是微电子新技术研发取得重大突破，继续推进器件微细化和高性能。美国能源部劳伦斯·伯克利国家实验室利用碳纳米管作栅极、二硫化钼作沟道材料，成功研制出栅长 1 纳米的晶体管，有望延续摩尔定律。美国威斯康辛大学麦迪逊分校研制出高性能碳纳米管晶体管，性能首次超过硅/砷化镓晶体管。美国 Akhan 公司研制出可兼容 p 型与 n 型晶体管的金刚石 CMOS 工艺，并已制造出首个金刚石 PIN 二极管，消除了金刚石半导体商业化的最大障碍。俄罗斯莫斯科物理技术学院采用金刚石单晶作衬底制作出MEMS谐振器，谐振频率超过20吉赫，品质因数Q超过2000，二者乘积创造了微波领域的新纪录。

二是类脑芯片、智能处理器研发稳步推进，有望实现认知、智能处理。美国国防高级研究计划局（DARPA）启动大数据处理用实时智能处理器研发，开发比标准处理器效率高1000倍的可扩展图像处理器，用于处理基本几何图像数据，帮助情报分析人员理解来自摄像机、社交媒体、传感器和科学仪器的海量数据流。在DARPA支持下，麻省理工学院研制出以神经网络形态芯片为架构、可进行深度学习的芯片，效能为普通移动图像处理器的10倍。美国空军实验室、IBM公司等正利用类脑芯片开展视觉识别、深度学习、人工智能方面的研究。

三是宽禁带半导体器件应用加速，进一步提升电子信息装备性能。雷声公司利用氮化镓有源电扫描阵列对"爱国者"雷达天线进行升级，使之具有360°全方位探测能力，在当前战斗机、无人机、巡航弹和弹道导弹等日益复杂的威胁环境中处于优势地位。采用氮化镓技术的下一代干扰机已进入工程研制阶段，将实现智能干扰，并使射频干扰功率提高6倍。此外，美国思索依德公司交付首个碳化硅智能功率模块，可满足多电飞机对新一代高密度功率转换器的要求，通用电气公司正在开发碳化硅电力电子器件，将有助于更好地管理车载电源。

四是先进芯片热管理取得重要进展，有望解决芯片散热难题。在DARPA"芯片内/芯片间增强冷却"项目的支持下，洛克希德·马丁公司研制出芯片嵌入式微流体散热片，可应用于中央处理器、图形处理器、功率放大器、高性能计算芯片等集成电路，促进其朝更高集成度、更高性能、更低功耗方向发展，显著提高雷达、通信和电子战等装备的性能。

　　五是半导体新材料研发取得重大进展，有望催生新一代电子/光电器件。美国宾夕法尼亚大学采用"迁移增强包封生长工艺"，在国际上首次合成二维氮化镓材料，它具有电子迁移率高、击穿电压高、热导率大、抗辐射能力强、化学稳定性高等特点，将给电子元器件发展带来新的机遇。法国蒙彼利埃第一大学通过光谱学方法发现，六方氮化硼是一种间接带隙半导体，带隙宽度为 5.955 电子伏。

　　六是微电子工艺技术不断进步，将进一步提升材料和器件性能。美国研制出 $\beta - Ga_2O_3$ 外延生长工艺技术，有助于推动氧化镓超高电压功率器件研发。美国北卡罗莱纳州立大学研发出可将新型功能材料异质集成到硅芯片上的技术，有望实现下一代智能器件和系统。美国海军研究实验室开发出石墨烯氮掺杂新技术，可调节石墨烯禁带宽度，提高材料稳定性。

二、微/纳机电系统器件领域

　　2016 年，微/纳机电系统（MEMS/NEMS）产品与技术继续推陈出新。在微/纳机电系统产品领域，加速度计各项性能普遍获得提升，新型 MEMS 振荡器初步登上应用舞台，MEMS 产品型谱进一步扩大，新品不断出现；在微/纳机电系统技术领域，军用技术朝超低功耗和超高精度两个方向持续发展，同时民用技术应用范围也在不断扩大，微/纳机电系统军用技术和民用技术的发展，都将有助于形成新的应用能力。

　　在产品方面，美国模拟器件公司、欧洲意法半导体公司等微/纳机电系统大公司均推出性能更加优异的加速计产品。例如：模拟器件公司推出的三轴 MEMS 加速度计采用线性加速 MEMS 内核，不但集成了精密校准、传感器滤波等功能，而且体积仅为现有产品的三分之一，重量、成本和功耗也进一步降低；意法半导体公司推出的两款新型加速度计，涵盖了（30°~6000°）/秒的大量程；零角速度电平灵敏度小于 0.05°/（秒·℃），而且具有较高的稳定性，在实际应用中无需再做温度补偿，应用极为方便。与之相比，美国微芯公司、硅计时公司等推出的 MEMS 振荡器，在功耗、工作频率、稳定性、抗干扰性等方面已经全面超过石英振荡器，开始应用于手机和可穿戴式终端，随着成本的逐渐降低，有望成为振荡器的主流应用产品。与此同时，MEMS 新产品不断出现，如美国模拟器件公司研制出体积仅为传统继电器体积 5% 的 MEMS 开关，美国应美盛公司和通用微机电系统公司生产出更加敏感的 MEMS 麦克风及指纹识别传感器。

在技术方面，军用技术和民用技术都有望带来新的应用能力。其中，DARPA 是推动 MEMS 技术向军事高端应用的重要力量。在其推动之下，MEMS 麦克风的功耗将大幅降低，以支持实现对广阔区域的持久监视；MEMS 惯性测量技术的精度也将大幅提升，将带来不依赖 GPS 的定位、导航与授时能力。与军用技术相比，民用技术虽然技术水平不能与之相比，但新的应用形式同样给民用领域带来新的应用能力。美国德州仪器公司开发出的微光机电技术有可能改变视频应用形态，将虚拟现实、增强现实概念引入工业和社会生活；新的纳机电技术也将赋予电子元器件以自我修复能力；高灵敏、低功耗、低成本的 MEMS 振动传感器将支持实现对火山活动的不间断监测。

三、光电子器件领域

光电子领域持续在多功能小型化激光器、硅基光电集成、新型高效率光电传感器与探测器、基于单光子效应的实用化量子通信等核心技术方面取得标志性进展。

多功能、小型化激光器突破核心技术。英国利用石墨烯等离子体开发出波长可调谐太赫兹激光器，突破太赫兹激光器使用限制；美国首个超材料与激光器结合的太赫兹垂直腔表面发射激光器问世，有望在太赫兹波段输出高功率、高质量光束。

硅基光电集成技术取得突破性进展。法国首次实现激光器和调制器的硅基集成，极大提高通信带宽、器件密度和可靠性，突破通信速率瓶颈；英国在硅衬底上首次直接生长出量子点激光器，突破了光子学领域30多年没有可实用硅基光源的瓶颈，有望实现计算机芯片内、芯片间、芯片和电子系统间的超高速通信发展；美国研制出有利于制造全集成中红外器件的首个中红外波段硅基量子级联激光器。

多种新型光电传感器、探测器问世。德国研制出世界最小尺寸的纳米级光电探测器，可大量集成到半导体芯片中，实现更高传输速率；美国研制出新型六方氮化硼半导体中子探测器，探测效率打破纪录，达到51.4%；日本研发出首个可满足更高响应速率需求的波长可调谐全固态波长依赖型双极光电探测器。

新型器件促进量子通信实用化。以色列开发出可在室温工作的高效、紧凑型单光子源，有望推动量子技术的应用；美国研发出可在单光子级别实现光波转换的非线性纳米谐振腔，推动量子通信技术的应用。

四、真空电子器件领域

2016年，在雷达、通信、太赫兹和高功率微波等应用方向，真空电子器件实现了性能突破或技术创新。

雷达方面，美国研制出 233 吉赫行波管放大器，输出功率超过 79 瓦，将用于实现视频合成孔径雷达系统；加拿大正在开发连续波功率 1 千瓦的 W 波段分布作用速调管，法国正在开发用于导引头的 Ku 波段分布作用速调管，峰值功率 50 千瓦；美国和俄罗斯均在大力发展 S、C、X 波段的多注速调管，峰值功率数百千瓦，相对带宽大于 5%。

通信方面，美国、法国、德国等各自研制的 Ku、K 和 Ka 波段空间行波管均在获取或已经取得空间飞行资格，不久将用于新的通信卫星；美国研制出连续波功率 100 瓦的 E 波段行波管，将用于 100 吉比特/秒军用高速通信系统；日本正在研发高速通信用的 300 吉赫行波管，设计带宽将达到 30 吉赫。

太赫兹方面，美国研制出工作频率达到 1.03 太赫行波管放大器，具有 29 毫瓦功率和 5 吉赫带宽。

高功率微波方面，美国研制出 L 波段 1.5 吉瓦的相对论磁控管，可装备于 AGM - 86"战斧"巡航导弹，实现对敌方的高功率微波干扰和打击；美国正在开展重入平面磁控管、磁旋管、超材料相对论返波振荡器等新概念器件的研制工作；美国、俄罗斯和以色列正利用共焦波导、螺旋波纹波导水冷线包磁体等新设计理念，研制 W 波段和 140 吉赫回旋行波管与回旋振荡管。

五、电能源领域

2016 年，太阳电池、锂离子电池、燃料电池、石墨烯电池性能均获得较大提升，主要体现在：

各种太阳电池效率创造新的纪录。美国与瑞士联合开发的双结Ⅲ - Ⅴ族/

硅基太阳电池转换效率达到 29.8%，超过了晶体硅太阳电池 29.4% 的理论极限；瑞士成功试制出大面积钙钛矿太阳电池，效率达到 22.1%，并有望通过与硅基太阳电池串联使效率突破 30%；韩国研制的有机薄膜太阳电池厚度再创新低，仅为 1 微米，可环绕到普通铅笔上，发电量与厚 3.5 微米的超薄太阳电池相同；美国研制出可储电的金属氧化物太阳电池，有望改变太阳电池应用方式。

锂离子电池容量、充电速率及可靠性有望取得较大提升。新型硅负极、纤维素纳米垫隔离膜、共价有机框架等多种新型电极材料研制成功，可显著提高锂离子电池充电速度及电池容量；石墨烯与碳原子涂覆尖晶石镍颗粒构成的传感器，成功解决锂离子电池过热而爆炸的隐患；使用纳米线替代现有液体电解质，可使锂离子电池稳定充电次数提高 100 倍以上；锂离子电池应用领域再次扩大，首次用于国际空间站、美国航天服。此外，锌蓄电池、锂硫电池、镁电池等新型蓄电池技术不断成熟，有望取代锂离子电池。

新型燃料有望降低燃料电池成本。2016 年，多种新型燃料电池出现，采用厨余垃圾制备的新型微生物燃料电池或可彻底改变发电方式；新型乙醇燃料电池有望 2020 年应用于汽车，成本可与电动汽车相当；采用酿造啤酒废水生产电池电极材料开创了新的电池材料使用思路。

石墨烯用于多种电池，有望引领电池革命。采用石墨烯包裹镁纳米晶体的新型氢燃料电池，可提高燃料电池效率；基于石墨烯的纸状电池，充电放电循环效率接近 100%，可在 −15℃ 环境工作，适合多种航空航天应用；首个石墨烯聚合材料电池、3D 打印石墨烯电容器、基于二维金属材料的超级电容器问世，储电量显著提升，充电时间最低仅为数秒，加快了超低成本用电进程。

六、抗辐照加固器件领域

2016 年，在高性能、低成本、高可靠性、低功耗和大功能密集度等需求的不断推动下，全球抗辐照加固技术持续稳步发展，新技术、新产品不断涌现，主要进展如下：

立方星研发带动宇航抗辐照微控制器技术不断发展。2016 年，国外对宇航抗辐照微控制器的需求在立方星（CubeSat）等小型卫星的研发制造领域得到显著增长，抗辐照微控制器技术和产品研发得到不断推进。VORAGO Technologies 公司发布行业内首个 ARM 架构抗辐照微控制器（MCU）VA10820。该系列微控制器提供了以目标为导向的最优化嵌入式解决方案，在降低系统研发复杂程度和功耗的同时，全面提升了系统的可靠性和使用寿命。美高森美公司推出最新空间系统管理产品 LX7720。作为行业内首个高集成度抗辐照电机控制电路，LX7720 极大地减轻了重量，节省了载荷空间，为对于空间和重量十分敏感的卫星制造企业提供了独特的解决方案。

宇航抗辐射高速总线技术不断发展，可靠性进一步提升。科巴姆（Cobham）公司的 UT64CAN333x 系列抗辐照 CAN 总线灵活数据传输率收发器产品获得美国国防后勤局 QML V 认证资格。该系列产品提供了可在差分CAN 总线运行的物理层，适合应用于传感器检测、系统遥测和指挥控制等领域，为在空间航天器内构建重量轻、低功耗、高可靠性的底层网络创造了条件。Data Device 公司推出 +3.3 伏抗辐照双冗余 MIL – STD – 1553 总线收发/变压器。该器件将双冗余收发器和变压器集成封装在一起，可与现场可编程门阵列或客户定制的符合 MIL – STD – 1553 总线协议的专用集成电路结合使用，能够抵御在执行关键空间任务时可能遇到的各种极端环境状况。

新型大容量非易失高可靠存储产品获美军方认证。Cobham 公司宣布其 64 兆比特内存容量的 UT8MR8M8 和 16 兆比特内存容量的 UT8MR2M8 两款非易失高可靠存储产品已获得美国国防后勤局 QML V 认证资格。两款产品在不占用总线资源的条件下便可实现灵活的系统配置，可有效抵抗单粒子瞬态（SET）效应，增强了系统在辐射环境中的可靠性。

新型抗辐照模拟/混合信号集成电路产品不断涌现，信号处理能力及可靠性均得到改善。德州仪器（TI）公司发布行业内首款空间应用抗辐照双倍数据速率（DDR）内存线性稳压器 TPS7H3301 – SP，在线性能量传输（LET）值高达 65 兆电子伏·厘米^{2}的环境中对单粒子效应（SEE）免疫，可为包括单板计算机、固态记录器和其他存储应用器件等在内的卫星有效载荷实施供电。此外，TPS7H3301 – SP 的尺寸比开关模式双倍数据速率稳压器缩小了 50%。模块化设备（Modular Devices）公司发布 *3696 系列宇航级抗辐照大功率 DC – DC 转换器，该系列转换器额定功率高达 500 瓦，可在空间极端环境下提供高可靠性电力。英特矽尔（Interil）公司推出两款全新 5 伏抗辐照防静电单电源供电多路复用器（Multiplexers），分别为 16 路 ISL71830SEH 和 32 路 ISL71831SEH。目前，这两款产品已应用于包括美国航空航天局（NASA）猎户座飞船飞行测试在内的许多卫星和太空探索任务中。e2v 公司和百富勒半导体（Peregrine Semiconductor）公司推出极低相位噪声 FRAC – N 锁相环（PLL）PE97640。该产品具有强大的抗噪功能和抗辐照性能，对单粒子闩锁免疫，可在强辐射宇宙环境中正常工作 10 年以上。英特矽尔公司发布行业内首个 36 伏抗辐照测量放大器，该放大器内集成有差分模拟/数字转换器（ADC）驱动，具备高性能 ISL70617SEH 差分输入、轨对轨输出，且拥有行业内最强大的底层传感器遥测数据信号处理能力，非常适合应用于卫星通信等领域。

新型高性能、低成本抗辐照现场可编程门阵列产品获认证。美高森美公司推出全新高可靠抗辐照二极管阵列 LX7710，其专为电源系统 ORing 架构、冗余电源、空间卫星制造和军用电源电子控制等应用而设计，确保系统在恶劣空间环境中工作的高可靠性。另外，该公司还推出了第四代基于 Flash 的现场可编程门阵列产品 RTG4™ PROTO，该器件采用低功耗 65 纳米制造工艺，其研制成功使太空系统原型的制作成为可能，并减少了新型抗辐照高速 FPGA 的原型制作及设计论证成本。目前，该产品已获得 MIL – STD – 883 B 等级认证资格。

全新抗辐照氮化镓功率器件出现，性能及可靠性均有所提升。沃尔夫斯皮德（Wolfspeed）公司宣布其碳化硅基氮化镓功率晶体管已完成与 KCB 公司合作进行的可靠性测试，结果显示其完全符合美国航空航天局关于卫星及空间系统可靠性的 NASA EEE – INST – 002 一级标准。有望生产出比传统行波管放大器或氮化镓器件更小、更轻、更高效、更可靠的固态功率放大器。

为满足空间战略需求，新型抗辐照光电传感器技术研发不断推进。雷声公司宣布，为满足美国日益增长的空间战略应用需求，将推进可实现超低噪声和高量子效率的大型碲镉汞（HgCdTe）红外焦平面阵列探测器的设计、材料制备和组装等技术的研发。e2v 公司也宣布与空中客车公司国防空间部签订合同，为新式气象卫星 METimage 设计、研发和提供可用于多光谱成像辐射计的新型定制化硅基互补金属氧化物半导体图像传感器。

全新抗辐照加固技术有望进一步提升宇航用晶体管的抗辐照性能。美国博通有限公司设计一种新式电荷转向抗门锁触发器辐照加固设计方案，可使电荷转向并远离器件关键敏感存储节点，能有效改善 16 纳米鳍式场效应晶体管抗软错误性能。佐治亚理工学院开发出一种以完全反相硅锗异质结作为低噪声放大器有源增益级并使功放晶体管单粒子瞬态效应得到极大缓解的新技术。该技术可使低噪声放大器在具备优良射频性能的同时拥有较强的抗辐照能力，空间应用潜力很大。

（工业和信息化部电子第一研究所　李耐和　张慧　李铁成　王巍）

2016 年微电子器件发展综述

2016 年，在高性能、多功能、低功耗和高集成度等需求的持续推动下，全球微电子技术快速发展，在产品研发应用、前沿技术探索等方面取得重要进展，主要体现在：氮化镓器件新产品、新技术不断问世，军事应用呈现加速迹象；碳化硅器件研发致力于大尺寸、耐高温，军事应用需求旺盛；存储器技术产品研发聚焦新型材料，存取速度可提高千倍以上；芯片停产断档和安全问题迫在眉睫，美国投入巨资应对挑战；微电子前沿技术研发致力新材料、新理念，成果显著。

一、氮化镓器件新产品、新技术不断问世，军事应用呈现加速迹象

2016 年，美国氮化镓器件技术研发和应用取得重要进展。美国休斯研究实验室首次验证氮化镓 CMOS 场效应晶体管技术，开启了制造氮化镓 CMOS 集成电路的可能性；德州仪器公司率先推出 600 伏氮化镓场效应晶体管功率级工程样片，有望实现尺寸更小、效率更高、性能更佳的电源设计

方案；纳微达斯（Navitas）半导体公司研制出全球首款驱动与功率集成电路，将会取代基于硅的现有低频电源系统；Qorvo 公司推出两款全新的氮化镓功率放大器，可用于国防和民用雷达系统；伊利诺伊大学研制出氮化镓晶体管热量控制方法，有助于更好地发挥其性能优势。此外，美军积极推进氮化镓器件技术在雷达装备中的作用，如利用氮化镓 AESA 对"爱国者"雷达天线进行升级，利用氮化镓技术生产 AN/TPS–80 地/空任务雷达，提出基于氮化镓的下一代雷达技术方案。同时，美国厂商积极部署 5G 通信用氮化镓射频技术。

（一）美国休斯研究实验室开发出氮化镓 CMOS 场效应晶体管

2016 年 1 月，美国休斯研究实验室宣布首次验证氮化镓 CMOS 场效应晶体管技术，开启了制造氮化镓 CMOS 集成电路的可能性。氮化镓晶体管在功率开关和微波/毫米波应用领域都具有优异的性能表现，但其作为集成功率转换用途不太现实。休斯研究实验室克服了这一限制，开发出氮化镓 CMOS 技术，能够同一晶圆中实现增强型氮化镓 NMOS 和 PMOS 的集成。将功率开关及其驱动电路集成在同一芯片中，是缩小寄生电感的最终方法。如今，氮化镓高电子迁移率晶体管（HEMT）已用于雷达系统、通信基站和笔记本电脑的电源转换模块。从短期来看，氮化镓 CMOS 集成电路的应用领域将包括功率集成电路，这将明显缩小芯片尺寸，降低芯片成本，并使芯片可在更恶劣的环境下工作。从长期来看，氮化镓 CMOS 有望在多种产品中替代硅 CMOS。

图 1 为美国休斯研究实验室验证氮化镓 CMOS 场效应晶体管技术。

（二）美国德州仪器公司推出全球首款 600 伏氮化镓场效应晶体管功率级工程样片

2016 年 4 月，德州仪器公司推出一款 600 伏、70 毫欧氮化镓场效应晶

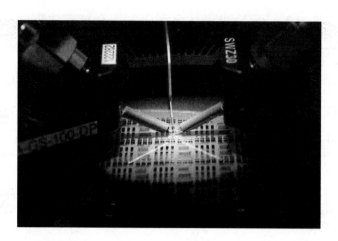

图 1　美国休斯研究实验室验证氮化镓 CMOS 场效应晶体管技术

体管功率级工程样片 LMG3410，成为全球首家也是唯一一家能够提供集成有高压驱动器的氮化镓解决方案的半导体厂商。与基于硅材料场效应晶体管的解决方案相比，LMG3410 功率级与模拟及数字电力转换控制器组合在一起，有望实现尺寸更小、效率更高、性能更佳的电源设计。其主要优势：①使功率密度加倍。与基于硅材料的先进升压功率因数转换器相比，600 伏功率级在图腾柱功率因数控制器中的功率损耗还要低 50%。最多可以将电源的尺寸减少 50%。②减少封装寄生电感。该器件采用 8 毫米×8 毫米四方扁平无引线（QFN）封装，与分立式氮化镓解决方案相比，减少了功率损耗、组件电压应力和电磁干扰。③实现全新拓扑。氮化镓的零反向恢复电荷有益于全新开关拓扑，其中包括图腾柱功率因数控制器和电感、电感—电容拓扑，以增加功率密度和效率。

（三）美国纳微达斯半导体公司推出全球首款氮化镓驱动与功率集成电路

2016 年 1 月，纳微达斯半导体公司研制出全球首款氮化镓驱动与功率集成电路。在此之前，因缺乏高性能氮化镓驱动电路，使得氮化镓功率管的高开关速度和高开关效率潜力受到限制。该集成电路开关频率比现有硅电路高 10～100 倍，将极大地提高功率密度和效率，同时大幅度降低成本，将会取代基于硅的现有较低频电源系统，使业界可以进行高性价比、简单易用的高频化电源系统设计。

（四）美国 Qorvo 公司推出用于先进雷达系统的紧凑型氮化镓功率放大器

2016 年 10 月，Qorvo 公司推出两款全新的氮化镓功率放大器，可用于军用和民用雷达系统。QPD1003 功率 500 瓦，可满足 1.2～1.4 吉赫工作频率有源电子扫描阵列（AESA）雷达性能需求。这是业界首款用于 AESA 雷达的紧凑型、内部匹配、高功率、L 频段功率放大器，可降低成本和提高产品性能。QPD1017 功率 450 瓦，用于 3.1～3.5 吉赫 S 频段雷达系统。与传统氮化镓晶体管相比，这两款氮化镓功率放大器具有尺寸更小和使用更简单的优势，它们可通过匹配设计覆盖多个频段，从而减少电路面积和总体复杂性。

（五）伊利诺伊大学研制出氮化镓晶体管热量控制方法

氮化镓晶体管比传统硅晶体管具有更高的功率密度，可以在较高温度下（500℃以下）运行，但像所有半导体那样，氮化镓晶体管也产生过多热量，从而影响其性能，而基于散热器和风冷方法会增加成本与体积。2016 年 10 月，伊利诺伊大学微纳米技术实验室研制出新的氮化镓晶体管热量控制方法，简单且低成本。研究证明，典型器件的最佳厚度是 1 微米左右。传统氮化镓晶体管沉积在厚衬底（如硅、碳化硅）上，由于氮化镓在传统基板上外延不匹配，这导致装置厚度达数十微米，并且在多数情况下达到数百微米。热源随着栅极缩小到亚微米级，这对散热来说影响极大。使用新颖的半导体释放方法，如智能切割和剥落，通过从外延和厚的衬底释放氮化镓晶体管，从而改进热控制。通过细化器件层，可使大功率氮化镓晶体管热斑温度降低50℃。

（六）英国 TMD 技术公司推出氮化镓基微波功率模块

2016 年 9 月，英国 TMD 技术公司在阿拉伯电子战会议上展示了两款氮化镓微波功率模块：PTS6900 工作频率 2 ~ 6 吉赫，输出功率 150 瓦，可调增益 55 分贝，平均无故障时间 3 万小时，适用于电子战/电子支援措施系统。PTX8807 工作频率 30 ~ 40 吉赫，输出功率 200 瓦，适合雷达和电子战应用。

（七）美军积极推进氮化镓器件技术在雷达装备中的应用

2016 年 2 月，雷声公司利用氮化镓有源电子扫描阵列对"爱国者"反导系统 AN/MPQ - 65 雷达（图 2）天线进行升级，使之具有 360°全方位探测能力，在当前战斗机、无人机、巡航弹和弹道导弹等日益复杂的威胁环境中仍处于优势地位。

图 2　采用氮化镓有源电子扫描阵列的 AN/MPQ - 65 雷达

2016 年 7 月，美国陆军研究实验室与雷声公司签署 110 万美元合作协议，为美国陆军下一代雷达项目研发可扩展、机动、多模式的雷达前端技术。该项目将提高对雷达依赖较高的防空、反火箭以及迫击炮系统的性能，尤其是手提、车载和机载便携雷达设备。双方将探索设计和制造模块化氮化镓组件的新方法，使其能够集成进下一代雷达的开放式结构中，提供覆盖整个雷达波段的处理灵活性、机动性及高效率，大幅提高美军下一代雷达的性能。

2016 年 8 月，雷声公司向美国陆军提出基于氮化镓的下一代防空反导雷达——"覆盖更低空域的防空反导雷达"（LTAMDS）技术方案，这是雷声公司未来反导技术的设想。该雷达将采用雷声公司氮化镓有源电扫相控阵技术，并借鉴美国海军下一代干扰机和防空反导雷达研发经验，能够以快速和可承受的方式，实现雷达的设计、建造、测试和部署。该雷达可作为一体化防空反导作战指挥系统网络的传感器，与现有及未来"爱国者"反导系统兼容，可与北约实现全面互操作。

2016 年 9 月，美国导弹防御局与雷声公司签订合同，利用氮化镓器件对 AN/TPY-2 雷达进行升级改造，有望进一步提升雷达探测距离和分辨率。同月，美国海军陆战队同诺斯罗普·格鲁曼公司签订 9 部 AN/TPS-80 地/空任务雷达（G/ATOR）低速初始生产合同，金额高达 3.75 亿美元。这是美国国防部首批采用氮化镓技术生产的陆基有源相控阵雷达，与采用砷化镓器件的雷达相比，不仅扩大威胁探测与跟踪范围，减少系统尺寸、重量和功耗，而且每部雷达全寿命周期成本降低 200 万美元。

（八）美国厂商积极部署 5G 通信用氮化镓射频技术

5G 通信基站和设备对功率放大器提出更高的频率与带宽需求。氮化镓功率放大器工作频率可达 50～100 吉赫，且支持更高的带宽，成为满足 5G

通信要求的具有竞争力的技术。2015 年以来，美国 Qorvo、MACOM 等半导体厂商积极部署 5G 用氮化镓技术研发，目前总体上仍处于技术储备和初期研发阶段。

Qorvo 公司在 5G 用氮化镓技术竞赛中占据先机，主要采用碳化硅基氮化镓制造技术应对 5G 通信用氮化镓技术的挑战，包括栅长 0.25 微米的 QGaN25HV 工艺、栅长 0.15 微米的 QGaN15 工艺及栅长 0.09 微米的 QGaN09 工艺。2016 年 5 月，Qorvo 推出用于 5G 的 MIMO 产品。其中，QPA2705 是一款集成式氮化镓驱动器和氮化镓 Doherty 功率放大器，增益为 30 分贝，当平均输出功率为 37 分贝·毫瓦时，其附加效率（PAE）为 35%，采用 6 毫米 × 10 毫米紧凑型表贴封装。

MACOM 公司致力于采用硅基氮化镓技术为 5G 通信等行业提供高性能、低成本技术。2016 年 2 月，该公司推出用于无线基站的高性能 MAGb 系列氮化镓功率晶体管，其工作频率为 1.8～3.8 吉赫，峰值功率达 400 瓦。与现有 LDMOS 晶体管相比，其效率提高 10%，尺寸缩小 85%。

二、碳化硅器件研发致力于大尺寸、耐高温，军事应用需求旺盛

2016 年，美国、日本及欧洲等国家和地区积极发展大尺寸、高温碳化硅器件技术。美国空军研究实验室寻求开发 8 英寸碳化硅衬底及外延工艺，提高当前技术的可用性和质量；美国通用电气公司正在开发碳化硅电力电子器件，有助于更好地管理车载电源；思索依德（CISSOID）公司交付首个碳化硅智能功率模块，满足多电飞机对新一代高密度功率转换器的要求；英飞凌公司推出 1200 伏碳化硅 MOSFET，助力电源转换设计达到前所未有

的效率和性能；日本正在开发碳化硅功率器件混合板状结构，使之能在300℃的高温下稳定工作。

（一）美国空军研究实验室发展大尺寸碳化硅衬底及外延工艺

2016 年 3 月，美国空军研究实验室计划投资 1350 万美元，寻求大尺寸碳化硅衬底及外延工艺，以提高当前技术的可用性和质量。射频氮化镓器件正迅速成为高功率射频应用的技术选择，但其制作离不开高质量、半绝缘的碳化硅衬底。碳化硅基功率器件具有高压、大电流处理能力及开关频率能力，成为硅技术的替代者。

（二）通用电气公司为美国陆军开发碳化硅电力电子器件

2016 年 3 月，美国通用电气公司航空集团获得美国陆军 210 万美元合同，开发和演示用于下一代高压地面车辆电源架构的碳化硅电力电子器件。美军采用的高压、多电地面车辆的碳化硅技术，已显著促进高温应用碳化硅器件在尺寸、重量和功率方面的改善，有望使美军更好地管理车载电源，简化车辆冷却架构，从而提高作战能力。该项目为期 18 个月，将利用 15 千瓦、28 伏/600 伏直流双向变换器展示碳化硅 MOSFET 技术与氮化镓器件相结合的优势。

（三）思索依德公司交付首个碳化硅智能功率模块

2016 年 4 月，思索依德公司向泰勒斯航空电子系统公司交付首个 1200 伏/100 安三相碳化硅金属氧化物半导体场效应晶体管（MOSFET）智能功率模块原型（图 3）。该模块集栅极驱动器与功率晶体管优势于一体，充分发挥了碳化硅的全部优势，即低开关损耗和高工作温度，有助于提高功率转换器密度，支持多电飞机的发电系统和机电致动器。此外，它还采用先进封装技术，能在极端条件下可靠运行。

图 3　碳化硅 MOSFET 智能功率模块

（四）英飞凌公司推出 1200 伏碳化硅 MOSFET

2016 年 5 月，英飞凌公司推出 1200 伏碳化硅 MOSFET，使产品设计在功率密度和性能上达到前所未有的水平。该器件基于先进的沟槽半导体工艺，具有更高的频率、效率及灵活性，其动态损耗比 1200 伏硅 IGBT 低 1 个数量级，有助于开发节省空间、减轻重量、降低散热要求的电源转换方案，并提高可靠性和降低成本。

（五）日本大阪大学和昭和电工公司合作开发碳化硅器件

2016 年 7 月，日本大阪大学和昭和电工公司合作，为基于碳化硅的功率器件开发出一种混合板状结构，使之能够在 300℃ 高温下稳定工作。该项目由大阪大学主导，其目标是发展板状结构，降低碳化硅功率器件热阻。研究重点包括铝的热阻性质、开发专用铝材料和封装技术、实现材料结构在 –40～300℃ 温度范围内无缺陷等。昭和电工公司主要负责开发直接焊接铝电路板和制冷器件的材料与技术、焊接材料的技术、混合电路板整体结构热辐射设计。

三、存储器技术产品研发聚焦新型材料，存取速度可提高千倍

2016 年，美国、日本积极推进存储器技术与产品研发，有望大幅提升

存储与访问速度。美国斯坦福大学研究发现，相变存储器速度是硅基随机存储器速度的 1000 倍，日本将在 2018 年底前实现碳纳米管非易失性存储器商业化，美国陆军工程兵部队采购新型数据存储器，以替代老旧过时的存储设备。

（一）美国斯坦福大学发现相变存储器运行速度硅基随机存储器运行速度的 1000 倍

2016 年 8 月，美国斯坦福大学研究表明，相变存储器能够永久存储数据，其运行速度是当今硅存储器的 1000 倍。研究人员让一个小样本的无定形材料处于堪比于雷击的电场中，施加电场后不到 1 皮秒就发生相变，而硅芯片存储数据则需要 1 纳秒。此外，相变存储器耗能更少，占用空间更小。

硅存储器分为两种类型：一是易失性存储器，如计算机随机存储器，在关闭电源后会丢失数据；二是非易失性存储器，如闪存存储器，在关闭电源后仍然可以存储信息。一般而言，易失性存储器要比非易失性存储器速度更快，因此在选取存储器时往往需要在存取速度和数据保存时间之间加以权衡。因此，较慢的闪存往往用于永久性存储，而更快的、工作速度以纳秒衡量的随机存储器通常和微处理器同时工作，用于在计算过程中存储数据。

（二）日本将在 2018 年底前实现碳纳米管非易失性存储器商业化

2016 年 8 月，日本富士通半导体和米氏富士通半导体公司宣布，计划采用美国 Nantero 碳纳米管技术，研制碳纳米管非易失性随机存储器产品，并于 2018 年底前实现商业化。预计新型存储器电压为 1 伏，可持续存取 1000 亿个周期，存取速度与动态随机存储器相同，是闪存速度的 1000 倍，最终价格仅为动态随机存储器的一半，具备取代动态随机存储器的能力。

碳纳米管非易失性随机存储器（图4）具有高存储密度和高访问速度，能够超越传统存储器技术的局限和能力，具有独一无二的地位。与现有存储器技术相比，碳纳米管非易失性随机存储器具有明显的性能优势，主要包括：①CMOS兼容性，可在标准CMOS工厂生产，无需新设备；②可扩展性，未来可微细化至5纳米工艺节点

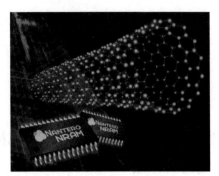

图4　碳纳米管非易
失性随机存储器

以下；③长寿命，工作周期比闪存高多个数量级，数据可在85℃保存1000年以上，在300℃保存10年以上；④低功耗，待机模式零功耗，工作时每位写能量是闪存的1/160；⑤低成本，结构简单，能够以三维多层或多层单元形式制造。

富士通半导体公司自20世纪90年代以来就开始设计和生产铁电非易失性随机存储器，是少数拥有集成铁电随机存储器设计和生产能力的企业之一。富士通半导体公司将利用相关经验和技能开发碳纳米管非易失性随机存储器。根据计划，富士通半导体公司将在2018年年底前开发出定制化、嵌入式碳纳米管非易失性随机存储器，随后将研制独立式碳纳米管非易失性随机存储器。富士通半导体公司作为经营纯代工业务的公司，将向其代工客户提供碳纳米管非易失性随机存储器技术。

（三）美国陆军工程兵部队采购新型数据存储器

2016年7月，美国陆军工程兵部队同全球技术公司签订价值800万美元的合同，采购数据存储硬件、软件及维护工具，用以替代老旧过时的存储设备，包括兵营建筑物内的数据存储设备和应用于水资源管理活动的数据存储设备。

（四） 美国和欧洲稳步推进认知/智能芯片研发

2016 年，美国和欧洲稳步推进神经形态芯片和实时智能处理器研发，取得重要进展。

1. DARPA 启动大数据处理用实时智能处理器研发

2016 年 8 月，DARPA 启动"分层识别验证利用"（HIVE）项目，旨在开发比标准处理器效率高 1000 倍的可扩展图像处理器，用于处理基本几何图像数据，帮助情报分析人员理解来自摄像机、社交媒体、传感器和科学仪器的海量数据流。

该项目包含图像分析处理器、图像分析工具包和系统仿真器三个技术领域。图像分析处理器将设计新型芯片架构原型，克服存储器的传输瓶颈，实现并行化的多节点系统。为克服存储器传输瓶颈的限制，将创建非均匀访问新型存储器架构。并行化将支持机器更加紧密工作，而非以独立方式并行工作。图像分析工具包目标是开发基本的软件技术，使现有图像算法转变为新型硬件的微代码，与新型芯片微架构相匹配。微代码必须支持现有图像算法的数据格式和基本几何图像，而不必重新算法。系统仿真器目标是识别和开发静态及图像流数据分析，解决异常检测、特定区域搜索、依赖关系映射、事故分析及事件因果建模等问题。

该项目分为三个阶段：第一个阶段将开发新型存储控制器、基于基本几何图像的加速器、新型数据流模型、新型数据映射工具、支持将现有图像算法向新型硬件无缝迁移的新型中间件；第二阶段将开发图像处理器芯片原型，并将演示新技术的军事应用；第三阶段将进行制造，演示包含 16 个节点的扩展系统的性能，并用于最迫切需要提高处理速度的军事数据分析。

2. 美国和欧洲积极推进神经形态芯片研发

2016 年 2 月，在 DARPA 的资金支持下，麻省理工学院研制出以神经网络形态芯片为架构、可进行深度学习的芯片 Eyeriss，效能为普通移动图像处理器的 10 倍，可在不联网的情况下执行人脸辨识等功能，直接用在智能手机、可穿戴设备、机器人、自动驾驶车与其他物联网应用设备上。

2016 年 11 月，美国普林斯顿大学研制出全球首个"可模拟神经网络的硅光电芯片"。研究人员用"神经编译器"模拟一个包含 49 个节点的光电神经网络，在完成一个实验性差分系统仿真任务时，计算速度是传统 CPU 的 1960 倍。此次研究首次采用调制器作为神经元，而非此前所用的有源激光器器件，调制器可用硅光电技术来实现，因此可与其他光电器件进行单片集成，有效克服光信息处理系统成本高昂和体积巨大等缺点。此项研究作为光电领域开展神经形态芯片研究的一次大胆尝试，具有重要的启发意义。

2016 年，欧盟启动为期 3 年的"基于先进单片 3D VLSI 纳米技术的神经计算架构"（NeuRAM3）项目，希望集合全球神经形态芯片领域力量，共同研发可模仿大脑认知行为的新型集成电路相关技术和架构。该项目由欧盟 H2020 计划提供资金支持，将研发出全新神经形态 VLSI 芯片架构和制造技术。在该项目中，将不再采用传统计算机以软件来模拟人脑认知行为的方式，而是通过专用模拟/数字电路中的时域电脉冲来实现。电路中将使用集成在电路中的特殊材料和器件特性来体现认知学习能力。

（五）美国投入巨资应对芯片停产断档挑战

2016 年，美国投入巨资，应对包括微电子器件在内的电子部件停产断档及伪冒带来的挑战。美国国防微电子处出资 72 亿美元，应对武器装备电子部件停产问题；美国海军斥资 2.4 亿美元，防范 F－35 战斗机电子元器件供应断档；DARPA 投资 730 万美元，启动"国防电子供应链硬件完整性"项目第二阶段研发。

1. 美国国防微电子处积极解决电子部件停产问题

2016 年 4 月，美国国防微电子处与 8 家承包商签订为期 12 年、价值 72 亿美元的合同，以应对电子部件停产的影响，解决电子硬件和软件不可靠、不具维护性、性能欠佳或不足问题。这 8 家承包商包括 BAE 系统公司、波音公司、洛克希德·马丁公司、科巴姆半导体公司、通用动力公司、霍尼韦尔航空公司、诺斯罗普·格鲁曼公司和雷声公司。

2. 美国海军投入巨资防范 F－35 战斗机电子元器件供应断档

2016 年 7 月，美国海军飞行系统司令部与 F－35 战斗机的制造商洛克希德·马丁公司航空分部签订价值 2.418 亿美元的合同，用于防范该机电子元器件停产断档问题。

目前，商业电子元器件的平均生产时间最长只有 3 年，自从第一架 F－35 原型机 2000 年首飞以来，该战斗机的许多电子元器件已经过时并不再生产。因此，某些 F－35 战斗机上的电子系统正在遭受电子元器件备件短缺问题的困扰。加之保持电子元器件备件稳定供应的成本过高，使这一问题的解决更加困难。为此，美国海军斥资 2.4 亿美元，用于确保 F－35 战斗机电子元器件备件供应安全，预计 2018 年 12 月前完成合同所要求的工作。

3. DARPA "国防电子供应链硬件完整性"项目进入第二阶段

2016 年 7 月，美国国防高级研究计划局与诺斯罗普·格鲁曼公司签署价值 730 万美元的"国防电子供应链硬件完整性"项目第二阶段合同。诺斯罗普·格鲁曼公司将继续开展有关研究，并开发工具，在不破坏或损害已设计系统的情况下，验证被保护电子元器件的可信性，预计 2018 年 1 月前完成研究任务。

　　该项目于 2015 年 1 月启动，旨在开发以微型模片为核心的电子元器件自动鉴别技术（图 5），最终目标是防止回收品、不合格品的电子元器件进入武器装备供应链，绝对防止对军用电子元器件违规过量生产或重新封装移作他用等仿制活动。微型模片成本不到 1 美分，面积仅 0.01 毫米²（100 微米×100 微米），其中包含加密引擎、密钥存储器和被动式 X 射线、可见光传感器及高温传感器，具有防逆向工程、遇篡改自毁等特性，不仅使伪冒在技术上难以实现，而且大幅增加电子元器件伪冒的成本。其工作原理：当用探针扫描宿主元器件时，微型模片通过射频电波获得能量，并与探针进行通信。探针通过连接的智能手机向厂商服务器上传微型模片序列号。随后，探针将服务器随机生成的询问信息传至微型模片。微型模片再将询问信息和传感器状态数据以加密形式传回服务器。服务器将应答信息解密，并与原始询问信息进行比对，验证微型模片本身的完整性，再根据解密后的传感器状态数据判断宿主元器件是否被伪冒，最后以非密方式将鉴定结果发送到智能手机。

图 5　基于微型模片的电子元器件鉴别技术

　　该项目为期4年，分为三个阶段：第一阶段确定实现微型模片的结构、材料与器件；第二阶段完成微型模片的设计与集成；第三阶段开发并运用包括射频探针、网络、服务器及手持设备等在内的一整套示范性供应链伪冒电子元器件鉴定方案。

（工业和信息化部电子第一研究所　李耐和　许文琪）

（中国电子科技集团公司第十三研究所　赵金霞　李静　史超）

2016 年微/纳机电系统技术发展综述

2016 年，微/纳机电系统产品发展势头不减。其中，微/纳机电加速度计在功耗、精度、测量范围、抗干扰能力等方面取得全面进步；MEMS 振荡器在功耗和抗振动能力方面超出传统石英振荡器，开始登上应用舞台。此外，MEMS 开关、MEMS 麦克风、MEMS 指纹传感器等新型产品也已问世。

一、微/纳机电加速度计获得长足发展

2016 年，MEMS 加速度计产品成为微/纳机电传感器领域的发展热点，许多公司推出多种新型产品，综合性能提升较大的产品包括以下四种。

（一）美国模拟器件公司推出多型高性能 MEMS 加速度计

2016 年 10 月，美国模拟器件公司推出了 ADIS16490 高精度 MEMS 惯性测量单元（图 1）。该惯性测量单元采用线性加速 MEMS 内核，集成了精密校准、传感器滤波等功能，体积仅为现有产品的三分之一，重量、成本和功耗也进一步降低。此外，该惯性测量单元具有目前最高水平的运动偏置稳定性（最大值仅 $1.8°$/小时）和极高的温度稳定性（陀螺仪温度系数

$24 \times 10^{-6}/℃$，加速度计温度系数 $16 \times 10^{-6}/℃$，抗振性 $0.005°/$（秒$/g$），抗冲击性 $2000g$）。

图 1　ADIS16490 高精度 MEMS 惯性测量单元

这款产品同时兼具高性能指标和高稳定性，能够在导航等应用场合实现低漂移、高灵敏、抑噪声、高抗振等多方面的性能均衡，适应苛刻的应用环境。

2016 年 10 月，美国模拟器件公司推出 ADXL354 和 ADXL355 MEMS 加速度计（图2）。新型加速度计除具有低噪声、低功耗特性以外，还具有高分辨率振动测量能力。ADXL354 MEMS 加速度计输出量程可达 $-2g \sim +2g$，ADXL355 MEMS 加速度计输出量程可达 $-8g \sim +8g$。两型加速度计的工作电流均不到 200 微安，在恶劣环境中只需一次校准就可以将测量误差最小化，同时具有极高的温度稳定性，零失调系数最大仅为 $1.5 \times 10^{-4}g/℃$。新型加速度计可进行高分辨率的倾斜测量，传感器之间还能建立起无线网络，可以方便地对建筑物内部结构缺陷进行早期预报。该加速度计与传统倾斜测量仪器相比，成本更低，能够进一步扩大建筑物校准与测试的普及程度。

图 2　ADXL354、ADXL355 MEMS 加速度计

（二）欧洲意法半导体公司推出高灵敏、宽量程 MEMS 加速度计

2016 年 6 月，意法半导体公司推出新型 MEMS 加速度计，其中包括用于测量偏航程度的单轴 MEMS 陀螺仪和用于测量俯仰与滚转程度的双轴 MEMS 加速度计。两种新型加速度计的量程涵盖（30°～6000°）/秒；零角速度电平灵敏度小于 0.05°/（秒·℃），且具有较高的稳定性，在实际应用中无需再做温度补偿；封装形式为 5 毫米×5 毫米的栅格阵列，其焊接稳定性比体积、重量大的陶瓷封装更高；新型加速度计对每个轴向能同时提供两个输出数据：一个是原始数据，用于普通角运动检测；另一个是 4 倍放大数据，用于进行高分辨测量。

（三）美国微立方公司推出业界最低功耗的 MEMS 三轴加速度计

2016 年 12 月，美国微立方公司（mCube）发布新型低功耗三轴加速度计 MC3672（图 3）。该加速度计封装尺寸仅有 1.1 毫米×1.3 毫米×0.7 毫米，外部电路仅需一只电阻，只占用不到 8 毫米^{2}的面积。在 25 赫的数据输出速率，电流仅为 0.9 微安，不到同类产品的一半。除超低功耗之外，MC3672加速度计还提高了总线传输速率，降低了传输次数，从而使电池续航时间进一步延长。该产品有助于可穿戴式设备实现超小型化和超长续航时间。利用 mCube 公司的单片 MEMS 技术，MC3672 加速度计可以直接采用标准CMOS 工艺制造。相比于传统的 MEMS 加专用集成电路的方案，单片 MEMS方案的尺寸更小、性能更高、成本更低，可以支持多种传感器的单片集成。预计 MC3672 加速度计于 2017 年第一季度量产。

图 3　MC3672 加速度计

（四）　美国奇思公司推出超宽量程 MEMS 加速度计

2016 年 11 月，美国奇思（Kionix）公司开发出 KX222、KX224 等MEMS 加速度计。KX222、KX224 加速度计的最大量程可达 ±32g，分别采用 2 毫米 ×2 毫米、3 毫米 ×3 毫米的平面网格阵列封装。2016 年 12 月，两款产品已经达到每月 100 万片的量产规模。

此前的加速度计只能测量不足 ±20g。KX222、KX224 等产品设有 ±8g、±16g、±32g 等三个检测量程。两款新产品还支持最大 25.6 千赫的数据输出率，比以往的加速度计提高了 3 倍；同时，具有高带宽、抗冲击、稳定耐用等特性，能够适应振动、冲击更加严重的应用环境。

二、微/纳机电振荡器性能超过石英振荡器

微/纳机电振荡器并不是一种微/纳机电新产品，但该型产品 2016 年在体积、功耗、抗干扰性等方面均超出石英振荡器，已经应用于智能手机、可穿戴设备的终端中。

（一）美国微芯公司推出超低功耗的 MEMS 振荡器

2016 年 10 月，美国微芯公司推出新型 DSC6000 系列小型化、低功耗 MEMS 振荡器。该振荡器产品系列均采用 4 引脚双边扁平无铅封装，最小尺寸为 1.6 毫米×1.2 毫米，最大尺寸为 7 毫米×5 毫米，可在 2 千赫～100 兆赫频率范围内工作，典型工作电流仅为 1.3 毫安，工作温度范围 −40～85℃，最大漂移度为 ±25×10^{-6}。

MEMS 振荡器尺寸小、重量轻、功耗低且计时精确，性能远远超出传统石英振荡器。DSC6000 系列 MEMS 振荡器（图 4）功率还不到石英振荡器的一半，抗振动能力是石英振荡器的 5 倍以上，在绝大多数环境中都能保持极高的稳定性，能够替代石英振荡器，满足可穿戴设备和物联网设备对尺寸、功耗和长期工作可靠性等方面的更高要求。

（二）美国硅计时公司推出高精度 MEMS 振荡器

2016 年 9 月，美国硅计时公司（SiTime）推出新型高精度 MEMS 温度补偿振荡器，可用来提高网络设备中时钟的精度。即使在环境恶劣的情况

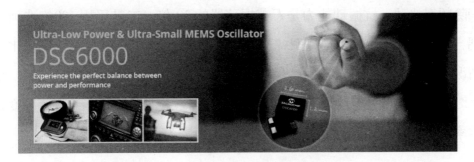

图 4　DSC6000 系列 MEMS 振荡器

下，振荡器仍能确保通信设备实现优异的性能、可靠性以及通信质量。

随着网络密度的不断加大，通信设备数量快速增长，这些设备中的时钟必须能够在高温、高热、振动的环境下持续稳定工作，石英时钟振荡器无法应对这样的挑战。SiTime 公司推出的新型 MEMS 振荡器（图5）可以适应上述恶劣环境。新型 MEMS 振荡器具备三大特性：一是坚固耐用，能够

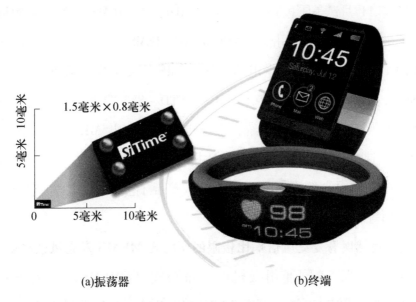

(a)振荡器　　　　　　　　　(b)终端

图 5　SiTime 公司的 MEMS 温度补偿振荡器及其应用终端

消除频率扰动,抗振动能力是石英振荡器的 30 倍;二是采用 100% 准确热耦合的温度检测技术,温度跟踪速度加快了 40 倍,可以在温度快速变化的情况下稳定工作;三是采用高集成度数模混合芯片,片上内置稳压器、数字时间转换器以及低噪声锁相环,使得抗电源噪声能力提高了 4 倍,温度分辨率达到石英振荡器的 10 倍,且频率覆盖范围为 1 ~ 700 兆赫。

三、微/纳机电系统产品型谱不断扩大

2016 年,微/纳机电系统产品持续向新的领域渗透发展,不但出现了可以取代继电器的 MEMS 开关,而且出现用于麦克风、指纹采集的新型高性能 MEMS 传感器。

(一) 有望取代传统机电继电器的新型 MEMS 开关问世

2016 年 11 月,美国模拟器件公司(ADI)在 MEMS 开关技术领域取得的重大突破,推出首个商用高速 ADGM1304 MEMS 开关(图 6),用于取代已经应用了 100 多年的机电继电器。该 MEMS 开关可提供从直流到 14 吉赫的宽频带开关频率,符合美国军标 MIL – STD – 883 要求,可满足苛刻的军用和航空航天应用要求。与传统机电继电器相比,此 MEMS 开关的体积缩小了 95%,速度加快了 30 倍,可靠性提高了 10 倍,开关周期可达数十亿次,而功耗仅为原来的 1/10。MEMS 开关产品有望在军用、航空航天、医疗以及通信等领域取代机电继电器。

(二) 超越现有麦克风信噪比极限的压电式 MEMS 麦克风已经量产

2016 年 8 月,美国通用微机电系统公司(GMEMS)推出新型压电 MEMS 麦克风(图 7)。该公司在 8 英寸(1 英寸 = 2.54 厘米)晶圆厂量产其基于创新材料锆钛酸铅(PZT)的 MEMS 麦克风,将麦克风的最高信噪比

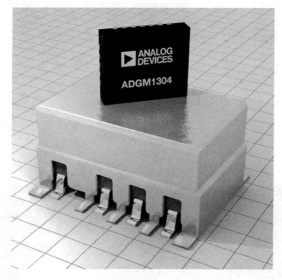

图 6 ADGM1304 MEMS 开关

从压电式 MEMS 麦克风的 65 分贝提升至 68 分贝。目前，全球手机厂商已经计划从现有的电容式 MEMS 麦克风向压电式 MEMS 麦克风升级。

图 7 通用微机电系统公司研制的压电 MEMS 麦克风

（三）用于指纹识别的超声波 MEMS 传感器原型产品研制完成

2016 年 8 月，美国应美盛（InvenSense）公司推出用于指纹识别的超声波 MEMS 传感器原型（图 8）。该 MEMS 传感器计划于 2017 年实现量产。该产品发出的超声波能够深入皮肤表层，可以解决当手指有水、汗渍、污渍时识别率明显下降的问题。该超声波指纹成像方案不但可以部署在玻璃材料下，也可以应用在铝、不锈钢、蓝宝石或塑料等很多其他材料的表面。该 MEMS 传感器一旦量产，将为移动终端和物联网产品提供身份验证能力。InvenSense 公司计划在 2017 年底销售该产品。

图 8　美国应美盛公司的指纹识别用超声波 MEMS 传感器

（工业和信息化部电子第一研究所　王巍）

（中国电子科技集团公司第十三研究所　李静）

2016 年光电子器件发展综述

2016 年，得益于技术发展进步，低成本微型单片集成激光雷达传感器、可同时发射四束平行超短脉冲激光的新型四通道激光器样机、双芯片 980 纳米泵浦激光模块、光功率可达 100 毫瓦的首个小光束发散角的太赫兹激光器等多种新型光电子产品取得问世。新材料技术使光电探测器件性能显著提升，高性能超导纳米线单光子探测器系统抖动显著降低，六方氮化硼半导体实现破纪录的超高探测效率中子探测器，新型中红外传感器探测速率是现有中红外传感器的 6 倍。光电显示器件产品性能及新型材料开发方面取得多项进展，LED 寿命达 6 万小时，实现芯片级封装；大型 OLED 面板问世，未来 2~3 年有望实现商业生产。

一、高功率、小体积激光器成为主流

2016 年，多种新型激光器产品研制成功，高功率、小体积成为激光器产品的主流。美国麻省理工学院研发的微型单片集成激光雷达传感器体积小于 10 美分硬币，大规模生产成本仅为 10 美元；德国推出的新型四通道激光器样机可同时发射四束平行的超短脉冲激光，且不需机械部件，成为未来激光雷达系统的发展方向；美国 II － VI 族公司研发出 2×810 毫瓦的双芯片 980 纳米泵浦激光模块，并准备批量生产；美国利哈伊大学制备出首个小光束发散角的太赫兹激光器，平均光功率预计可达 100 毫瓦，有望实现商业应用；法国两家公司联合开发出新型倍频激光器模块，可实现数百兆赫的快速调谐。

（一）美国成功实现基于硅光子技术的单片集成激光雷达传感器

2016 年 8 月，美国麻省理工学院光子微系统研究团队在 DARPA 支持下，研制出体积小于 10 美分硬币的微型单片集成激光雷达传感器。该传感器采用高集成设计，体积小、离散部件，工作性能更加稳定。此外，其激光束采用非机械控制，大幅提升图像扫描速率，可达传统机械旋转设计激光雷达系统的 1000 倍。

该传感器的激光雷达芯片使用 300 毫米晶圆生产工艺，大规模量产成本可降至 10 美元。与市场上现有雷达器件相比，该激光雷达传感器不仅体积更小、重量更轻，而且量产成本极低，在自动驾驶汽车、无人机、机器人等领域具有广阔应用前景。

（二）德国推出可用于激光雷达系统的新型四通道激光器样机

2016 年 11 月，德国欧司朗光电半导体有限公司在慕尼黑电子交易会上推出了新型四通道激光器样机。该激光器可用于激光雷达系统，实现光探测和测距。

该新型四通道激光器由一个激光棒靶条及一个控制电路集成模块组成。靶条由四个独立可控的激光二极管组成，因此该激光器有四个并行的输出通道，可同时发射四束平行的超短脉冲激光。这四个激光二极管在同一生产线依次生产，相互对准且可单独控制。此外，整个模块表面贴装，因此减少了装配成本，也缩短了客户精细调整的时间。

该激光器可在 30 安额定电流条件下工作，每通道可输出 905 纳米激光，输出功率范围为 10 ~ 85 瓦，脉冲长度由 20 纳秒缩短到 5 纳秒，超短脉冲占空比为 0.01%，可确保即使在高功率输出的情况下，依旧符合人眼安全标准。该激光器不需机械部件改变激光光束方向，因此不易磨损，这将是未来激光雷达系统的发展方向。

（三）美国Ⅱ－Ⅵ族公司推出 810 毫瓦双芯片 980 纳米泵浦激光器

2016 年 3 月，美国工程材料与光电元件制造商Ⅱ－Ⅵ族公司研发出 2 × 810 毫瓦的双芯片 980 纳米泵浦激光模块。

980 纳米泵浦激光模块是用来提高传输光学信号强度的光学放大器的引擎。该新型泵浦激光器将两个 GaAs 激光器安装在一个 10 针微型蝶形的简单封装中，用来简化光放大器设计并节省电路板空间。该种设计可降低耗能和产热，同时能显著减小高性能多级光放大器的体积。

这种高功率半导体激光器整体具备紧凑的模块包装、独特独立的双激光器输出设计风格，在减少光网络设备的物理尺寸和碳排放量方面将会发挥更大的作用。目前，这种新型激光组件已经通过了卓讯科技（Telcordia Technologies）合格性测试，将开始批量生产。

早在 2016 年 1 月，Ⅱ－Ⅵ族公司已宣布将在菲律宾新建生产基地，同时扩大在中国深圳的 980 纳米泵浦激光器生产线，以增加额外产能，满足全球客户对其行业领先的 980 纳米泵浦激光器不断增长的需求。

（四）美国研发出新型太赫兹激光器，有望实现大规模商业应用

2016 年 11 月，美国利哈伊大学在探索激光器在太赫兹、远红外等开发较少的频谱区域的创新应用方面取得新成果——制备出首个具有 4° × 4° 的光束发散角的太赫兹激光器。该研究得到美国国家科学基金会资助，其目标是开发高功率太赫兹激光器，进而开辟在多领域的潜在应用，如生物、化学传感、光谱、炸药以及违禁材料检测、疾病诊断、药物的质量控制，甚至遥感、天文学等领域。

由于缺乏高功率的辐射源，太赫兹频段目前开发较少。现有太赫兹激光器（发射波长约为 100 微米）输出功率低，成本高，光谱特性不理想，极大地限制了其在太赫兹频段的应用。而输出功率高、光束质量好的量子级联激光器通常用于中红外波段，在太赫兹频段应用具有一定的困难。

利哈伊大学开发的太赫兹激光器包含相位锁定超窄光束阵列，利用分布反馈结构聚焦光束，将激光能量限制在 100 微米 × 1400 微米 × 10 微米的空腔内，具有小于 5° 发散角的窄波束特性。研究人员还计划利用锁相量子级联激光器发射阵列，以提高输出功率和光束质量，实现平均光功率高达 100 毫瓦的太赫兹半导体激光器。这将比现有技术高出 2 个数量级，并为大规模商业化应用扫除障碍，有望真正释放太赫兹激光技术的应用潜力。目前大多数中红外激光器生产商密切关注这种高性能且成本可负担的太赫兹量子级联激光器技术，有望加速其商业化进程。

（五）法国公司开发出高效倍频激光模块

2016 年 2 月，法国 AlphANOV 公司和 Muquans 公司联合开发出新型倍频激光器模块。该模块结构紧凑，能在波长范围 765 ~ 805 纳米产生功率超过 5 瓦的激光，转换效率超过 70%，可实现数百兆赫的快速调谐，并且输出光束质量较好、光学稳定性较高，未来可用于量子器件、遥感雷达和生物光子学等领域。

（六）德国研制出超高亮度激光二极管

2016 年 10 月，在 "用于高亮度激光二极管的集成微光学与微热学元器件"（IMOTHEB）项目资助下，德国欧司朗光电半导体公司成功研制出新型激光二极管。该光束整形元件采用集成优化设计，实验室条件下截面亮度达 4.8 瓦/（毫米·毫弧度），输出功率较世界领先水平提高 10%，是目前全球最高水平。IMOTHEB 项目于 2012 年 10 月启动，旨在提高激光器工作效率，并降低生产成本，是德国联邦教育与研究部"集成微光子"计划的一部分。

二、新材料助力探测器性能提升

2016 年，光电探测器受益于新材料技术，性能显著提升。美国与瑞士联合利用硅化钼（MoSi）材料开发出高性能超导纳米线单光子探测器，系统抖动显著降低；美国德州理工大学利用六方氮化硼半导体研发成新型中子探测器，探测效率打破纪录，达到 51.4%，可检测核物质；法国领导的欧洲研究团队研发出新型高探测速度中红外传感器，探测速率是现有中红外传感器的 6 倍，且体积非常小，有助于实现下一代超高速、高灵敏度、低成本、低功耗、紧凑型传感器。

（一）美国与瑞士联合开发出高性能超导纳米线单光子探测器

2016 年 1 月，美国国家标准技术研究院、加州理工大学、美国喷气推进实验室和瑞士日内瓦大学联合开发出超导纳米线单光子探测器。该器件的创新点是采用 MoSi 材料并被嵌入到一个由金镜和其他惰性材料层制备的腔体中，因此具有较高的光吸收量和探测效率。此外，由于采用美国国家标准技术研究院开发的钨硅合金材料，这款超导纳米线单光子探测器在 -270.85℃下工作也达到饱和内部量子效率，并可在更高的电流条件下工作，因此系统抖动降低一半。

目前，这一新型 MoSi 探测器效率（温度 -272.45℃，波长 1542 纳米时，效率为 87.1% ±0.5% ，几乎与目前常用的钨硅探测器一样高（93%），但系统抖动较低（76 皮秒），约为当前纪录（150 皮秒）的一半。

（二）美国研制出六方氮化硼半导体中子探测器

2016 年 8 月，在美国国土安全部资助下，德州理工大学研制出新型六方氮化硼半导体中子探测器，探测效率达到 51.4% ，打破了半导体材料热中子探测效率纪录，可用于检测核物质。

根据美国《港口安全法》，为防止核武器走私入关，所有运往美国的集装箱均要进行核物质扫描检测。但通常使用的氦气探测器由于氦气造价昂贵、非常稀有，已不供应生产。六方氮化硼具有白石墨烯之称，但透明性优于石墨烯，同时是化学惰性材料，具有中子吸收能力，绝缘性、导热性、耐腐蚀性良好，机械强度较高。这项研究制备出厚 43 微米的六方硼 – 10 氮化层，用于热中子探测器，进一步提升材料厚度和质量可实现更高的探测效率。

与使用氦气的中子探测器相比，六方氮化硼能提高探测器的效率、灵敏度、耐用性及通用性，并减小尺寸和重量，降低成本等，可广泛应用于医学、生物、军事、环境和工业等领域。

（三）法国研发出高探测速度中红外传感器

2016 年 8 月，由法国电子与信息技术实验室（CEA – Leti）领导的欧盟"化学传感和频谱分析用中红外光电器件制造"（MIRPHAB）项目研发出下一代中红外化学传感器。

该传感器通过大量引入集成电路/微机电器件技术，以及硅和Ⅲ – Ⅴ材料集成工艺，可在中红外波段（3 ~ 12 微米）读出液体或气体与光发生相互作用时所释放出的独特频率，因此能够以 1200 次/小时的速率探测 30 米外的药品和爆炸物，探测速率是现有中红外传感器的 6 倍，且体积非常小。

该传感器有助于实现下一代超高速、高灵敏度、低成本、低功耗、紧凑型传感器，其应用领域包括安检、疾病探测、细菌扫描、人体酒精检测，甚至碳排放量等，为企业带来新的商机。

三、光电显示器件适用环境进一步扩大，商业应用更加广泛

发光二极管（LED）/有机发光二极管（OLED）是照明及液晶显示设备的核心元器件，是光电子领域的研究重点之一。2016 年，LED/OLED 技术在产品性能及新型材料开发方面取得多项进展，LED 寿命达 6 万小时，实现芯片级封装；大型 OLED 面板问世，未来 2～3 年有望实现商业生产。

（一）德国推出 793 纳米高亮度光纤耦合单管泵浦模块

2016 年 2 月，德国帝纳斯（DILAS）半导体激光有限公司推出了一款高亮度光纤耦合单管泵浦模块。该模块波长为 793 纳米，输出功率 9 瓦，采用芯径 106.5 微米、数值孔径 0.15 的光纤，其封装紧凑，结构简单，产品尺寸仅为 61.9 毫米 ×21.5 毫米 ×9.6 毫米。

该模块是由多个串联的单管产生功率，通过光学元件耦合进入光纤实现输出。当输出功率达 9 瓦时，模块的最大工作电流为 4.0 安，电光效率大于 40%。该产品可在 45℃ 的环境中正常工作，大大降低了对冷却能力的要求，可适应恶劣的工作环境，是用于人眼安全的掺铒光纤激光器泵浦源的理想选择。

（二）美国研发出第一代氮化铝基深紫外 LED

2016 年 7 月，美国海特（HexaTech）公司利用氮化铝（AlN）基板开发出长寿命的深紫外 LED，可用于消毒和生物威胁检测，以及智能高压功率半导体器件和高效电源转换。

该深紫外 LED 器件波长响应为 263 纳米，可在 0.15 微米^{2}有源区管芯中实现 6 毫瓦的输出功率。脉冲驱动电流为 300 毫安时，0.15 微米^{2}有源区管芯输出功率可达到 19 毫瓦，大管芯输出功率可达 76 毫瓦，是目前同类产品的 2 倍。

（三）美国制备出使用寿命达 6 万小时的 LED 灯

2016 年 10 月，美国锋翔科技（Phoseon Technology）公司开发的空气冷却 LED 灯完成了 6 万小时的性能及可靠性测试，其照度超过原始输出的 80%。这项可靠性测试包括高速加速寿命测试、温度和振动评估、高温及其他恶劣工况的模拟测试。

（四）韩国生产出世界首个芯片级封装 LED 模块

2016 年 10 月，韩国三星电子公司推出颜色可调、兼容性好的芯片级封装 LED 模块，用于聚光灯和筒灯照明。该模块结合倒装芯片技术和磷光体涂层技术，消除了金属线和塑料模具，使 LED 模块结构更紧凑。此外，三星电子公司将 2 倍数量颜色可调 LED 模块组装在同一基板上，在高温和低温环境下均能产生各种颜色。目前，该 LED 模块有 19 毫米×19 毫米和 28 毫米×28 毫米两种尺寸，组装方便，已完成 9000 小时的 LM - 80 测试，有望推广上市。

（五）欧盟研发出 2 厘米×1 厘米大型 OLED 面板

2017 年 1 月，德国弗劳恩霍夫研究所在欧盟"石墨烯生产、表征和集成"（GLADIATOR）项目的支持下开发出采用石墨烯电极的功能性柔性 OLED 照明设备。该设备尺寸为 2 厘米×1 厘米，远大于去年开发的原型设备。

该研究采用 CVD 工艺制造石墨烯电极，将石墨烯沉积在铜膜上，用柔性聚合物载体覆盖，然后蚀刻掉铜膜。接下来，研究人员将通过使石墨烯片转移过程中出现的杂质和缺陷最小化来改进石墨烯电极。据估计，这种具有石墨烯电极的 OLED 可以在 2～3 年实现商业化生产。

（六）中国、美国、日本三国联合开发出新型液晶显示材料

2016 年 2 月，美国佛罗里达大学、佛罗里达中央大学和中国西安近代化学研究所及日本油墨化学工业株式会社联合开发了三种新的液晶混合物，解决了极端温度导致的图像模糊和显示缓慢问题。该混合物具有较高的清亮点和较低的黏弹性系数及活化能，使液晶在较低的温度下仍可维持较低黏度，可适应低温环境。为避免图像模糊，欧洲汽车行业标准要求像素亮度变化响应时间为 200 毫秒（–20℃）和 300 毫秒（–30℃），新材料响应时间约为 10 毫秒。此外，这些混合物能在较高温度下实现场序彩色显示，图像分辨率和显示亮度提高 3 倍，可改善平视显示器在自然光工况下的对比度。

（工业和信息化部电子第一研究所　张慧）

（中国电子科技集团公司第十三研究所　何君）

2016 年真空电子器件发展综述

2016 年，在高速通信、卫星通信和电子战等需求的不断牵引下，行波管的频率和功率不断提高，其中 E 波段行波管将用于美军的新一代高速军用通信网络；各国对于卫星通信用空间行波管仍有大量需求，多种新型空间行波管将投入使用；未来高速通信对更大带宽的要求促进了太赫兹真空电子器件的发展。此外，美国和俄罗斯十分重视高功率微波武器的发展，均在研制高性能的高功率微波源。

一、行波管频率和功率不断提高

在 DARPA "100 吉比特/秒射频骨干网" 计划和 "具有压倒性能力的真空电子学功率放大器"（HAVOC）计划的支持下，美国 L – 3 通信公司研制出 E 波段微波功率模块，覆盖81～86 吉赫，具有 100 瓦以上的连续波功率和50 瓦线性功率。该器件设计用于机载工作环境，将满足军用高数据率通信系统的需求。该器件中的功率放大器为周期永磁聚焦的折叠波导行波管，具有 200 瓦以上的功率和50% 的效率。此外，美国 Innosys 公司也研制出 E

波段行波管，带宽为 81 ~ 86 吉赫，饱和功率约为 90 瓦，增益为 25 分贝，可以产生 50 瓦线性输出功率。该器件采用新型耦合腔型互作用结构，并采用微加工制造技术。

美国 L - 3 公司推出 Ku 波段（12.75 ~ 14.8 吉赫）2000 瓦和 DBS 波段（17.3 ~ 18.4 吉赫）1500 瓦卫星上行链路行波管，连续波功率分别达到 1410 瓦、1070 瓦，效率达到 59%、52%，将原有标准的 750 瓦通信行波管功率量级提高 1 倍。同时，美国 CPI 公司研制的 DBS 波段行波管，功率达到 1250 瓦，平均功率为 625 瓦。上述产品在热耗管理技术、高效率技术及非线性设计等方面推动了产品发展和应用。

二、新型空间行波管将陆续投入使用

美国 L - 3 通信公司 K 波段大功率空间行波管放大器取得空间飞行资格。该空间行波管放大器具有 150 ~ 300 瓦的连续波饱和功率，瞬时带宽超过 3 吉赫，采用传导冷却或直接辐射冷却。该器件是符合空间应用的最高连续波功率的螺旋线行波管放大器。

法国泰勒斯公司 Ka 波段空间行波管实现窄带（≤1.5 吉赫）超过 170 瓦功率和宽带（1.5 ~ 2.9 吉赫）超过 160 瓦功率。该空间行波管有传导冷却和辐射冷却两种类型。

德国的 Tesat - Spacecom 公司开发出 300 瓦 Ku 波段可编程微波功率模块和 170 瓦 Ka 波段可编程微波功率模块，正在进行相应的空间资格测试。可编程微波功率模块可以通过遥控来调整行波管的阴极电流，从而降低最大输出功率，使射频信道特性与其实际需求相适应，这种方法比降低输入功率的效率更高。

三、日本正在研发用于高速通信的太赫兹功率模块

日本正在研发 300 吉赫太赫兹功率模块，目标是带宽大于 30 吉赫、功率大于 1 瓦、增益大于 20 分贝。设计采用折叠波导延迟线技术，将通过 LI-GA 技术加工折叠波导电路。日本目前正在研发的数十吉比特每秒无线通信技术因受到固态放大器的功率限制，传输距离只有几米，采用该器件后将使传输距离扩大到几十米。

四、乌克兰研制出 30 千瓦输出功率的 W 波段磁控管

乌克兰采用空间谐波工作方式和冷阴极结构实现 W 波段磁控管研制，采用非 π 模空间谐波可以扩大谐振腔尺寸，降低工作电压和磁场，采用带辅助热阴极的冷阴极结构可以提高寿命。这种磁控管最大输出功率可达 30 千瓦，具有体积小、重量轻的优点，可用于弹载导引头、气象雷达和高分辨率雷达。

五、美国和俄罗斯正大力开展高功率微波源的研制工作

美国密歇根大学在海军实验室的支持下开展重入平面磁控管，将传统磁控管的阳极结构改造成类似于 400 米标准跑道的形状，延长磁控管互作用长度，可以获得高功率和高效率的微波输出，这种磁控管在 L 波段输出功率 21 兆瓦，在 S 波段输出功率 11 兆瓦，具有功率大、结构简单的优点，适用于高功率微波武器。

美国波音公司在空军高功率微波导弹项目（CHAMP 和 Super CHAMP）支持下开展相对论磁控管的研制，实现 L 波段 1.5 吉瓦的功率输出，脉冲宽度可达 200 纳秒，重频可达 25 赫，这种硬管化和半硬管化相对论磁控管装备于 AGM-86 "战斧" 式巡航导弹，是一种高功率微波武器，可以实现对敌方高功率微波干扰和打击。

俄罗斯核物理研究所、美国海军实验室和美国洛斯·阿拉莫斯国家实验室一直在从事磁旋管的研制，这种偏转调制器件可实现连续波功率 5~10 兆瓦，脉冲功率 0.5~1 吉赫的微波输出，工作效率可达 60%~80%，是一种可采用热阴极工作的高功率微波器件，广泛用于相控阵雷达、气象雷达、等离子体加热、电子加速器和质子加速器微波源，微波功率引擎，纳米材料加工，食品加工，烟尘净化，对撞机，太空电站的能量传输，引发核聚变反应，核废料的蜕变，直接摧毁大气层再入导弹，还用于某些窄带通信系统。

（中国电子科技集团公司第十二研究所　钟勇　郝保良　潘攀）

2016 年电能源发展综述

2016 年，太阳电池、锂离子电池、燃料电池的性能均获得较大提升。各种太阳电池效率创造新的纪录，其中双结 III－V 族/硅基太阳电池突破了硅太阳电池的理论极限；钙钛矿太阳电池作为最具潜力的电池之一，受到广泛关注，最高效率达到 22.1%；有机薄膜太阳电池厚度再创新低，达到 1 微米；金属氧化物有望使太阳电池实现储电功能。大容量、快速充电成为锂离子电池重要发展方向；锂离子电池首次应用到国际空间站、美国宇航服。以厨余垃圾为代表的微生物燃料、乙醇燃料等新型燃料有望降低燃料电池成本。锌蓄电池、锂硫电池、镁电池等新型蓄电池技术不断成熟，有望取代锂离子电池；液态金属电池、石墨烯电池等或将引领电池革命，实现超快速、低成本充电。

一、太阳电池转换效率不断取得新突破

2016 年，各种太阳电池的转换效率获得显著提升，CdTe 薄膜太阳电池、硅基太阳电池板、硅异质结叠层太阳电池转换效率均取得突破性成果。

新材料、新结构、新工艺促进新型钙钛矿太阳电池的转换效率不断提高，有望更快实现商业化应用；冷压焊技术使柔性超薄太阳电池厚度达到1微米；金属氧化物有望使太阳电池既能发电又能储电。

（一）CdTe薄膜太阳电池、硅基太阳电池板转换效率连创新高

2016年2月，美国纽波特公司技术与应用中心光伏实验室将CdTe光伏电池的单元转化效率提高至22.1%。6月，美国太阳能源公司将硅基太阳电池板转换效率提高至24.1%，超过松下公司2016年3月创造的硅基太阳电池板转换效率23.8%的最高纪录，获得美国能源部国家可再生能源实验室认证。

（二）多种新型多结太阳电池问世

2016年1月，美国能源部国家可再生能源实验室与瑞士电子与微技术中心联合开发出双结Ⅲ−Ⅴ族/硅太阳电池，转换效率达到29.8%（光照条件为1个太阳光强度），超过了晶体硅太阳电池29.4%的理论极限。该太阳电池上层采用GaInP太阳电池，下层采用硅异质结电池，利用机械堆叠方法构成双结太阳电池，转换效率有望突破30%。4月，美国阿尔塔设备公司在单结GaAs薄膜太阳电池技术基础上添加InGaP薄膜结构，组成双结太阳电池。由于InGaP能更高效使用短波长光子，双结电池效率提高至31.6%。这种双结薄膜太阳电池只需要普通薄膜太阳电池表面积的1/2、重量的1/4便可提供同等电力，特别适用于无人机。

二、锂离子电池朝大容量、快速充电方向发展

2016年，锂离子电池在研发和应用领域都取得较大发展。新型电极材料可显著提高锂离子电池充电速度及电池容量；新型电池纤维素隔离膜可

有效解决电池漏电短路难题；采用有机凝胶包裹纳米线可增加纳米线强度，提高电池寿命及可靠性；在电池中加入温度传感器解决了电池过热问题，可实现锂离子电池的安全应用；国际空间站、美国宇航服均首次采用了锂离子电池。

（一）新型硅负极材料进一步提高电池储能量和充放电速度

2016 年 3 月，美国加州大学河滨分校开发出了一种新型硅负极，应用在锂离子电池中。新型硅负极使用 3D 锥形碳纳米管材料，可以使电池减轻40%，储能量提高 60%，充电速度快 16 倍。硅的重量比容量达到 4200 毫安·时/克，是目前普遍使用的石墨负极（比容量仅为 370 毫安·时/克）的 10 倍以上。但硅和锂会在电池内部发生反应，使电池膨胀 4 倍，没有改造过的硅材料并不适合作为电池负极。加州大学河滨分校开发出新型纳米架构，可使用硅作为负极。电池使用石墨烯和柱状碳纳米管，利用温和的电感耦合等离子体使柱状纳米管变成锥形结构，而后沉积非晶硅。采用这种纳米结构负极的锂离子电池在快速充放电循环中表现出极高的稳定性，比能达到 1954 毫安·时/克（是普通石墨负极的 5 倍），经过 230 次充放电循环后，比能仍可达到 1200 毫安·时/克。9 月，韩国蔚山科技大学开发出"石墨—硅复合材料"，替代石墨负极，可将电池容量提高 45%。新电极是在石墨分子之间注入了 20 纳米硅粒子，电池充放电速度也比现有电池快30% 以上。

（二）新型电池纤维素隔离膜可解决电池漏电短路问题

为防止电池漏电短路，通常要在电池两极间涂一层多孔薄膜进行隔离。2016 年 7 月，韩国蔚山科技大学设计了一种纤维素纳米垫（c－mat）隔膜，在一层较厚的大孔聚合物上添加一层多孔纤维素薄膜，有效地解决了传统电极隔离膜难以兼顾防漏电与离子高效传输的问题。新型隔离膜上层使用较薄的功能化纳米纤维，下层是较厚的聚合物。通过微调两层的厚度，可平衡防漏电和支持离子快速传输间的需要：纤维素层微小的纳米孔能防止电极间电流泄漏；聚合物层较大的孔道作为离子"高速路"促进电荷迅速传输。此外，纤维素纳米垫隔膜能改善电池在高温下的循环性能，在60℃高温下，使用新型隔离膜的电池经100次循环后仍保留80%的电量，而同样温度下用传统聚合物隔离层的电池只剩5%的电量。这种隔离膜未来可用于电动车电池、电网储电系统、海水淡化和重金属离子监测等方面。

（三）锂和碳构成的新有机材料可实现无钴锂离子电池

2016年9月，日本京都大学利用锂和碳成功试制不用钴作电极材料的新型锂离子电池。该电池与含钴电极锂离子电池容量相当，可摆脱对钴的依赖，降低生产成本，使寿命更长、衰减率更低。实验表明，这种新型锂离子电池经过100次充放电后，电池容量衰减不超过20%。松下电器公司希望将电池充放电次数提高到500～1000次，实现商业化生产。

（四）共价有机框架材料既可大量储电又可快速充放电

2016年9月，美国西北大学开发了一种新型电池材料，既能存储大量电能，又能实现快速充放电。该材料被称为"共价有机框架"（COF），是一种水晶有机结构，有大量适合存储能量的气孔。向COF添加导电聚合物生成"氧化—还原COF"，储电量是COF的10倍，充放电速度是COF的10～15倍，稳定性大于1万个充电周期，集电池和超级电容优势于一体。

（五）有机凝胶包裹纳米线可极大延长锂离子电池寿命

2016年8月，美国加州大学欧文分校发现增加纳米线拉伸强度的方法，可以用来制造锂离子电池。

纳米线具有较高的导电性和较大的比表面积，利于电子存储和传输，因此一直用于电池。但纳米线非常脆弱，不能很好地反复放电和充电，如会由于膨胀变脆导致锂离子电池开裂。研究人员通过在金纳米线上涂覆二氧化锰外壳，再将其包裹在由被称为碳酸丙烯酯的有机玻璃状凝胶制成的电解质中来解决脆性问题。凝胶层厚度为 143～300 纳米，可为电池中的纳米线增塑，使其便为柔性，防止电池开裂，提高可靠性。

不含凝胶的电容器通常可稳定循环 2000～8000 次，而简单地通过用凝胶电解质替代液体电解质，可使电容器循环数十万次而不会检测到容量或功率的任何损失，也不会破坏纳米线结构，3 个月内基于纳米线的电容器可以实现高达 20 万次充电。这意味着，商用电池可以在计算机、智能手机、家电、汽车和宇宙飞船上持久使用。

（六）温度传感器可实现锂离子电池安全应用

锂离子电池正在越来越多地用在各种便携式小工具中。虽然这是目前最好的实用化电池技术，但并非绝对安全。标准锂离子电池电极间的电解质凝胶携带颗粒，当锂离子电池发生损坏、过充电引起过热时，通常会使颗粒点燃进而引起爆炸燃烧。

2016 年 2 月，美国斯坦福大学找到解决锂离子电池过热的方法，即采用监测人体温度的可穿戴温度传感器对电池进行调节。该传感器采用石墨烯和碳原子涂覆尖晶石镍颗粒，然后将其嵌入弹性聚合物聚乙烯中，再连接到电池电极。在正常情况下，镍颗粒彼此接触，电路导通，允许电流流过。当电池加热时，聚合物膨胀，并且在设定温度下，镍颗粒分离使电路断开，电流不再流过电池，电池便停止工作，温度不会继续上升。由于聚合物可随温度降低而收缩，因此，当温度回到可接受的范围时，电池将再次开始工作。这意味着，在电池未受损情况下，用户不需要更换昂贵的电池。通过改变投入颗粒的数量或选择不同类型的聚合物材料，还可调节电池的最高工作温度。

此外，由于该设计取决于将聚合物添加到现有电池中，所以大规模生产成本不会非常高，有望迅速实现商业生产，提高便携小工具的安全性。

（七）锂离子电池的应用领域进一步拓展

2016 年 6 月，国际空间站首次装备了日本制造的锂离子电池。与目前空间站使用的镍氢电池相比，锂离子电池储能多 3 倍，寿命也更长。7 月，美国国家航空航天局的宇宙探测用宇航服安装 LG 化学公司的电池，寿命约是目前航空航天用银锌电池的 5 倍。

三、新型燃料有望降低燃料电池成本

燃料电池是将燃料具有的化学能直接变为电能的发电装置，与其他电池相比，具有能量转化效率高、无环境污染等优点。2016 年，多种新型燃料出现，采用厨余垃圾新型微生物燃料电池或可彻底改变发电方式；新型乙醇燃料电池有望 2020 年在汽车上实现应用，成本与电动汽车相当；采用酿造啤酒废水生产电池电极材料开创了新的电池材料使用思路。

（一）新型微生物燃料电池性能高、成本低

微生物燃料电池是利用某些细菌将有机物转化为电能的装置，具有可在常温常压下工作、效率高、废物少等优点，可以从有机废物如尿液中产生可再生的生物能源，彻底改变发电方式。但微生物燃料电池制造成本相当高，产生的生物电力较少，电池的阴极通常含有加快反应以产生电力的铂。

2016 年 3 月，英国巴斯大学、伦敦大学玛丽女王学院和布里斯托尔机器人技术实验室联合开发出一种可利用厨余垃圾的微生物燃料电池，具有

性能好、体积小、成本低等优点。其阴极材料采用碳纤维布和钛丝，用厨余垃圾中常见的糖、卵白蛋白、蛋清蛋白等成分制成催化剂，可加快反应速度，获得更多电能，功率输出提高 10 倍。

（二）乙醇燃料电池有望于 2020 年实现应用

2016 年 6 月，日本日产汽车公司将乙醇（酒精）作为氢源开发出新的燃料电池技术，在行业内尚属首次。乙醇可从农作物（如甘蔗、玉米）中提取，成本较低，作为氢源用于燃料电池，无需安装笨重、昂贵的氢燃料箱。在巴西等国家，乙醇已作为汽车燃料。与此不同，日产汽车公司将乙醇用于燃料电池组，计划 2020 年在汽车上应用，有望延长大型电动汽车的行驶里程，添加一次燃料可行驶约 800 千米，比普通燃油汽车多了近 200 千米，运行成本与电动汽车相近。

（三）酿酒废液开创燃料电池电极材料新来源

2016 年 10 月，美国科罗拉多大学博尔德分校利用啤酒厂酿造啤酒的废水培养真菌，使用它们产生物质，为可再生燃料电池提供更便宜的原材料。

研究人员在这些废水中引入了一种快速生长的真菌孢子，称为粗糙脉孢菌。啤酒废水由于含有大量糖分，会使真菌快速生长，并在研究人员的控制下发展特定的化学和物理性质。真菌生长两天后，将其过滤并烘焙成芯片，从中提取碳基材料。结果显示，这是迄今为止最有效的电池电极材料天然来源之一。这是一个开创性想法，是对电池材料自下而上的使用，意味着研究人员可以从开始就对所需材料进行生物设计，而不是从上到下制造电池。未来有望实现模块化的系统设计，形成规模生产，提高生物质和系统性能。

（四）多种新型电池技术取得突破，有望替代锂离子电池

2016 年，随着大型电池市场需求的日益高涨，旨在替代锂离子电池的下一代高性能电池技术层出不穷。锌蓄电池、锂硫电池、镁电池等取得较大进展，有望取代锂离子电池，降低蓄电池成本。

1. 新型锌蓄电池成本仅锂离子电池一半

2016 年 6 月，美国斯坦福大学和日本丰田中央研究所联合研制出锌蓄电池，性能与目前通用的锂离子电池相当，成本仅为锂离子电池的一半，有望用于电力储存和电动车等耗电量较大的领域。金属锌作为电池负极会在反复充放电后形成针状物，破坏电池结构，因此很难用于蓄电池，通常用于一次性电池。研究人员使金属锌产生的针状物朝不破坏电池结构的方向延展，实现反复充电。利用锌制成的电池使用便宜且易于输出电流，可用水作为电解液，没有易燃易爆风险，生产和储存成本较低。

2. 锂硫电池实现稳定的充放电循环特性

2016 年 6 月，日本产业技术综合研究所（简称产综研）与筑波大学联合开发出锂硫电池，在 1 库（1 倍的电池容量）的充放电电流密度（恒流放电 1 小时后结束放电时的电流值）下完成 1500 次循环测试后，这种电池仍可保持 900 毫安·时/克的充电容量。采用硫作为锂离子电池正极的锂硫电池具有较高的容量（理论值为 1675 毫安·时/克），放电反应中间产物多硫化锂易溶解于电解液，发生氧化还原反应导致电池容量退化。研究人员采用金属有机骨架作为电池隔膜，阻止多硫化离子通过，允许锂离子通，从而抑制氧化还原反应，防止电池容量。在 1 库的电流密度下进行 1500 次循环测试之后，这种锂硫电池仍可保持高达 900 毫安·时/克的充电容量。

3. 镁充电电池将实现商业生产

2016 年 10 月，日本本田汽车公司声称已经开发出了世界上第一块可实际应用的镁充电电池。

　　镁用于可充电电池中时，其充电性能在充放电过程中会迅速衰退。镁的成本比锂低96%，本田公司正在推动镁电池批量生产，预计2018年投入使用。

（工业和信息化部电子第一研究所　张慧）

2016 年抗辐射加固器件发展综述

2016 年，在高性能、低成本、高可靠性、低功耗和大功能密集度等需求的不断推动下，全球抗辐照加固技术持续稳步发展，新技术、新产品不断涌现，主要进展如下。

一、微控制器

2016 年，国外对抗辐照微控制器的需求在立方星（CubeSat）等小型卫星的研发制造领域增长显著。立方星是用于空间研究的小型卫星，具有成本低、功能密集度大、研制周期短、入轨快、便于组网等特点。目前，立方星已成为各国实施空间探测和研究的主要工具，越来越多的立方星被发射入轨组网形成星座，执行诸如通信、空间成像、空间测量及科学探测等任务。由于任务的复杂程度越来越高及轨道空间限制，立方星的在轨时间将会越来越长，运行轨道也会越来越高。这意味着，立方星内电子组件所要承受的辐射量将会越来越大，系统的稳定性将更加难以保持。迫切需要具有优良抗辐照性能的新一代微控制器的出现。

（一）VORAGO 技术公司公布行业首个 ARM 架构抗辐照微控制器

2016 年 5 月 10 日，VORAGO 技术公司（前身为硅空间技术公司）在国际高温电子会议上公布了行业首个 ARM 架构抗辐照 VA10820 系列微控制器。该系列微控制器为系统设计师们提供了以目标为导向的最为优化的嵌入式解决方案，在降低系统研发复杂程度和功耗的同时，全面提升系统的可靠性和使用寿命。

VORAGO VA10820 系列微控制器的核心为 ARM®Cortex® - M0，工作温度范围为 -55~125℃，时钟频率为 50 兆赫，核心工作电压为 1.5 伏，输入和输出电压 3.3 伏，数据存储容量 32 千字节，程序存储容量 128 千字节。为达到辐射加固的目的，VA10820 系列微控制器采用了 VORAGO 的 HARDSIL®专利技术，通过植入埋入式保护环的方法提高了寄生晶闸管的保持电压，从而降低了微控制器存在闩锁状态的可能性。此外，为进一步提升抗辐照性能，在系统内部还集成有错误检测与纠正编码系统和三模冗余暂存器。系统的抗电离总剂量（TID）大于 300 千拉德①（硅），软错误率小于 10^{-15} 错误数/（位·天），在线性能量传输值为 110 兆电子伏·厘米^2/毫克以下的辐射环境中工作不会发生单粒子闩锁。该控制器拥有两个通用非同步收发传输器接口、两个 I2C 总线接口以及三个串行外围接口，适合采用陶瓷封装工艺，可广泛应用于航空航天、军事、医疗和工业等领域。

（二）美高森美公司推出高集成度抗辐照电机控制器样品 LX7720

2016 年 11 月 15 日，美高森美公司推出其最新空间系统管理产品样品，即具备位置感应能力的耐辐照电机控制器 LX7720。LX7720 具有很高的集成

---

① 1 拉德 = 10^{-2} 戈。

度，器件内集成有四个半桥 N 沟道金属氧化物场效应管驱动模块、四个浮动微分电流传感器、一个脉冲调制解析变压器驱动模块、三个微分解析传感输入电路及六个双层逻辑输入电路，并具备故障检测功能。其抗辐射总剂量为 100 千拉德（硅），低剂量辐射敏感度为 50 千拉德（硅），可对单粒子效应免疫。LX7720 还可通过外部的场效应管进行功率驱动。作为行业内首个高集成度耐辐照电机控制电路，LX7720 相比于常规分立电机驱动电路极大地减轻了重量，节省了载荷空间，为对于空间和重量十分敏感的卫星制造企业提供了一个独特的解决方案。

（三）数据器件公司推出空间及军事应用抗辐照电机驱动器 PW – 82336

2016 年 6 月，数据器件公司推出一款新型抗辐照高可靠三相电机驱动器 PW – 82336。其尺寸小（66 毫米 ×35.6 毫米 ×6.35 毫米），抗辐射总剂量为 100 千拉德，且具有先进的逻辑保护电路作为故障安全保障装置。PW – 82336 利用一个高效抗辐射金属氧化物场效应管作为输出级，额定直流电压为 100 伏时可为电机输送 5 安的持续电流（峰值可达 10 安），加上灵活的输入与输出，使其可以在多个应用平台得到应用。PW – 82336 内部集成的逻辑电路使其性能得到了很大优化，其较高的可靠性也使它成为航空航天及军事应用领域中高性能伺服放大器和速度控制装置的最佳选择。

二、高速总线

2016 年，科巴姆公司、数据器件公司和英特矽尔公司在高速总线抗辐照产品的认证和研制方面均有所突破。科巴姆公司的抗辐照 CAN 总线灵活数据传输率收发器获得美国国防后勤局（DLA）QML V 认证资格。数据器件公司推出抗辐照双冗余 MIL – STD – 1553 总线收发/变压器。

（一）科巴姆公司抗辐照 CAN 总线灵活数据传输率收发器获得美国国防后勤局 QML V 认证资格

2016 年 10 月 24 日，科巴姆公司 UT64CAN333x 系列抗辐照 CAN 总线灵活数据传输率收发器产品获得美国国防后勤局 QML V 认证资格。该系列产品提供了可在差分 CAN 总线运行的物理层，非常适合应用于传感器检测、系统遥测和指挥控制等领域。产品符合 ISO 11898 – 2 和 ISO11898 – 5（支持 CAN – FD 协议）标准，数据传输速率为 10 千字节/秒 ~ 8 兆字节/秒。系统内含斜率控制模式来对传输速率高达 500 千字节/秒的总线信号的转换速度进行控制。待机模式会使发射电路禁用从而在监视总线活动的同时达到省电的目的。此外，UT64CAN333x 系列产品可支持多达 120 个节点的相互连接。

科巴姆公司 UT64CAN333x 系列产品现包含 UT64CAN3330、UT64CAN3331 和 UT64CAN3332 三个主要型号。其中，UT64CAN3330 可提供低功耗睡眠运行模式，UT64CAN3331 支持总线隔离诊断回路，UT64CAN3332 可对总线流量进行监视，使本地控制器传输速率与总线运行状态相匹配。它们的抗辐照性能及其他具体特性如下：

（1）抗辐射总剂量：100 千拉德（硅）。

（2）单粒子闩锁免疫（LET≤117 兆电子伏·厘米^2/毫克）。

（3）单电源电压 3.3 伏。

（4）数字输入与输出容限 5 伏。

（5）非 CAN 总线引脚静电放电（ESD）敏感度等级为 2 级。

（6）CAN 总线引脚（CANL、CANH）静电放电敏感度等级为 3A 级。

（7）总线引脚故障防护：陆地 ±36 伏；轨道空间 ±16 伏。

（8）共模电压范围：– 7 ~ 12 伏。

（9）封装：8 – 引脚陶瓷扁平封装；重 0.444 克。

科巴姆公司的抗辐射 CAN FD 收发器是目前市场上唯一支持 CAN – FD 协议且具备优越抗辐射性能的产品。该系列产品为空间航天器内重量轻、低功耗、高可靠性底层网络的构建创造了条件。

（二）数据器件公司推出抗辐照双冗余 MIL – STD – 1553 总线收发/变压器

2016 年 3 月，数据器件公司推出 3.3 伏抗辐照双冗余 MIL – STD – 1553 总线收发/变压器。该器件将双冗余收发器和变压器完全集成并封装在一起，可与现场可编程门阵列或客户定制的符合 MIL – STD – 1553 总线协议的专用集成电路（A 碳化硅（SIC））结合使用。其工作温度范围为 – 55 ~ 125℃，通过引线无损键合拉力测试、颗粒碰撞噪声检测、X 射线检测和 320 小时的老化试验等，证明其可靠性可达到 H 级和 K 级。其抗辐射性能优良，抗辐射总剂量（TID）可达 300 千拉德（硅），单粒子效应（SEE）线性能量传输值大于 85 兆电子伏·厘米^2/毫克，可抵御在执行关键空间任务时可能遇到的各种极端环境状况。

三、存储器

2016 年 1 月 27 日，科巴姆公司非易失高可靠存储产品已获得美国国防后勤局 QML V 认证资格。该产品基于 Everspin 技术公司磁阻式随机存取内存（MRAM）专利技术，包括两种型号，分别是拥有 64 兆比特内存容量的 UT8MR8M8（SMD 5962 – 13207）和拥有 16 兆比特内存容量的 UT8MR2M8（SMD5962 – 12227），二者均与传统异步静态随机存取存储器操作兼容并配有芯片使能、写使能以及输出使能引脚，在不占用总线资源的条件下便可实现灵活的系统配置。为抵抗单粒子瞬态效应，芯片中集成有纠错编码电路，纠错编码检测位在写操作过程中产生并存储在磁阻式随机存取内存阵列中。这个两个产品都符合 QML Q、Q + 和 V 标准。

UT8MR8M8 的抗辐照性能及主要规格特性如下：

（1）抗辐射总剂量（TID）：1 兆拉德（硅）。

（2）SEL 阈值 LET（125℃）：112 兆电子伏·厘米^2/毫克。

（3）存储单元 SEU 阈值 LET（25℃）：112 兆电子伏·厘米^2/毫克。

（4）3.3 伏单电源供电。

（5）高可靠性工作温度范围：–40 ~ 105℃。

（6）最快读/写时间：50 纳秒。

（7）内含低电压禁止电路，可通过阻止功耗损耗下写操作的方式对数据进行自动保护。

（8）数据在高可靠性工作温度范围内的保存时间大于 20 年。

（9）与 CMOS 和 TTL 兼容。

（10）64 引脚陶瓷扁平封装。

UT8MR2M8 的抗辐照性能及主要规格特性如下：

（1）抗辐射总剂量（TID）：1 兆拉德（硅）。

（2）SEL 阈值 LET（125℃）：112 兆电子伏·厘米^2/毫克。

（3）存储单元 SEU 阈值 LET（25℃）：112 兆电子伏·厘米^2/毫克。

（4）3.3 伏单电源供电。

（5）高可靠性工作温度范围：–40 ~ 105℃。

（6）最快读/写时间：45 纳秒。

（7）内含低电压禁止电路，可通过阻止功耗损耗下写操作的方式对数据进行自动保护。

（8）数据在高可靠性工作温度范围内的保存时间大于 20 年。

（9）与 CMOS 和 TTL 兼容。

（10）X、Y 双选项 40 引脚陶瓷扁平封装。

四、模拟/混合信号集成电路

2016 年，多家公司发布空间应用抗辐照模拟/混合信号集成电路产品。德州仪器公司发布了行业内首款空间应用抗辐照双倍数据速率内存线性稳压器，模块器件（Modular Devices）公司发布最新抗辐照大功率 DC－DC 转换器，英特矽尔公司推出全新 5 伏抗辐照防静电多路复用器，e2v 公司和百富勒半导体公司共同推出极低相位噪声 FRAC－N 锁相环。英特矽尔公司发布了首个 36 伏抗辐照差分 ADC 驱动集成测量放大器。

（一）德州仪器发布首款空间应用双倍数据速率内存线性稳压器

2016 年 7 月 11 日，德州仪器公司发布了行业内首款空间应用抗辐照双倍数据速率内存线性稳压器 TPS7H3301－SP，它是目前唯一一款可在线性能量传输值高达 65 兆电子伏·厘米^{2}的环境下对单粒子效应免疫的双倍数据速率（DDR）线性稳压器，可为包括单板计算机、固态记录器和其他存储应用等在内的卫星有效载荷实施供电。由于集成了两个用于源端与宿端的单片功率场效应晶体管和一个内部电压基准，TPS7H3301－SP 比开关模式双倍数据速率线性稳压器的体积缩小 50%。

TPS7H3301－SP 的抗辐照性能及主要规格特性如下：

（1）抗辐射总剂量（TID）：100 千拉德（硅）。

（2）单粒子门锁（SEL）、单粒子栅穿（SEGR）和单粒子烧毁（SEB）阈值 LET：65 兆电子伏·厘米^2/毫克。

（3）单粒子瞬态（SET）、单粒子功能中断（SEFI）和单粒子翻转（SEU）阈值 LET：65 兆电子伏·厘米^2/毫克。

（4）支持 DDR、DDR2、DDR3、DDR3LP 和 DDR4 终端应用，符合电子工程设计发展联合会议（JEDEC）标准。

（5）输入电压：2.5~3.3 伏。

（6）VTT 终端输出电压范围：0.5~1.75 伏，精度 ±20 毫伏。

（7）集成低压关断保护（UVLO）和过电流限制保护（OCL）功能。

（二）模块器件公司发布最新抗辐照大功率 DC－DC 转换器

2016 年 8 月 29 日，模块器件公司面向市场发布其最新 *3696 系列宇航级抗辐照大功率 DC－DC 转换器，该系列转换器额定功率高达 500 瓦，可在空间极端环境下提供高可靠性电力。特别的电路拓扑学设计使 *3696 系列 DC－DC 转换器具备了优越的抗辐照性能。*3696 系列产品提供了 5 种不同的输入电压范围，每一种都与当前流行的卫星总线电压相吻合。输出电压范围不但符合当下流行的单、双输出电压，而且可以自定义。该装置内包含输入电磁干扰滤波器和主动反极性保护设计。此外，用户还可以指定低压关断保护。对于输出电压，该装置内含有高纹波衰减滤波器和共模尖峰滤波器。*3696 系列转换器由密封混合控制电路与高可靠性表面安装组件以最优化的方式结合在一起，适用于最苛刻的空间环境，同时为所有组件提供了可靠的热传导冷却路径。

*3696 系列转换器的抗辐照性能和主要规格特性如下：

（1）采用 MDI Proton RadHard 100K+® 技术：抗辐射总剂量（TID）大于 100 千拉德（硅）；SEE/SEU 阈值 LET 为 82 兆电子伏·厘米^2/毫克。

（2）超低反馈电压（V_f）输入反极性保护。

（3）低压关断保护。

（4）结构紧凑，重量轻：尺寸为 5 英寸 ×8 英寸 ×1.5 英寸①，重量小于 3.5 磅②。

（三）英特矽尔公司推出全新 5 伏抗辐照防静电多路复用器

2016 年 3 月 7 日，英特矽尔公司推出两款全新 5 伏抗辐照防静电单电源供电多路复用器，分别为 16 路 ISL71830SEH 和 32 路 ISL71831SEH。这两款多路复用器已被应用于许多卫星和太空探索任务中，其中包括美国航空航天局猎户座飞船的飞行测试。这两款 5 伏多路复用器满足了市场对降低系统电压日益增长的需求，提供了行业一流的防静电数据收集系统，具备更低的导通电阻、更小的输入端漏电流、更低的功耗以及更高的信号完整性。此外，这两款产品的传播延迟更快，极大地缩短了信号处理响应时间。英特矽尔公司采用了其基于绝缘体上硅的专利工艺技术，使 ISL71830SEH 和 ISL71831SEH 两款产品可在重离子环境下对单粒子闩锁免疫，抗辐照性能比行业内同类产品提高 2 倍。同时，两款产品的抗静电性能也得到了加强，达到了 5 千伏，可免除在输入引脚上使用昂贵的外部静电防护二极管，节省了系统成本。两款产品都具有低至 120 欧的导通电阻和少于 100 纳秒的传播延迟，增强了系统的综合性能，提高了向模拟/数字转换器输入信号的准确性。ISL71830SEH 和 ISL71831SEH 可提供开关过压保护，能保证在任意一路发生过压时仍可继续将数据传送至模拟/数字转换器。两款产品均具备冷备份冗余能力，可以和另外 2 个或 3 个无电源多路复用器连接在同一个数据总线上。

SL71830SEH 和 ISL71831SEH 的抗辐照性能和主要规格特性如下：

①　1 英寸 =2.54 厘米。
②　1 磅 =0.45 千克。

（1）SET/SEL/SEB 阈值 LET：60 兆电子伏·厘米^2/毫克。

（2）低放射剂量率（10 毫拉德/秒（硅））时抗辐射总剂量：75 千拉德（硅）。

（3）可调逻辑阈值控制单电源供电电压范围：3~5.5 伏。

（4）人体放电模式（HBM）下的静电放电（ESD）防护水平：5 千伏。

（5）轨对轨开关输入提供较宽的动态范围。

（6）具备过压关断保护功能。

（7）具备冷备份功能，模拟过压范围：−0.4~7 伏。

（8）开关输入关态漏电流为 120 纳安，导通电阻 R_{ON} = 120 欧，降低了系统功耗并提升了信号完整性。

（四）e2v 公司和百富勒半导体公司推出极低相位噪声 FRAC – N 锁相环

2016 年 9 月 12 日，e2v 公司和百富勒半导体公司推出极低相位噪声 FRAC – N 锁相环 PE97640。PE97640 是自 2017 年 2 月 e2v 和 Peregrine 签署战略经销商协议以来推出的第一款宇航产品，它基于百富勒半导体公司的 UltraCMOS®抗辐照技术，由 e2v 公司进行生产和资格认证。PE97640 具有强大的抗噪特性和无与伦比的抗辐照性能，能抵抗强辐射和单粒子闩锁，可在宇宙环境中正常工作 10 年以上。该锁相环功耗较低，只有 0.2 瓦。PE97640 内含 FRAC – N 频率合成器，可由单一参考输入频率产生出多个输出频率。由于具有强大的抗相位噪声特性，PE97640 可提供极高的射频信号精度和优良的频率稳定性。

PE97640 的抗辐照性能和主要规格特性如下：

（1）抗辐射总剂量 TID：100 千拉德（硅）。

（2）对单粒子闩锁 SEL 天然免疫。

（3）频率范围：800~5000 兆赫。

（4）最大参考频率：100 赫。

（5）可调逻辑阈值控制单电源供电电压范围：3 ~ 5.5 伏。

（6）人体放电模式下静电防护水平：5 千伏。

（7）轨对轨开关输入提供宽动态范围。

（8）具备过压关断保护功能。

（9）具备冷备份功能且模拟过压范围：-0.4 ~ 7 伏。

（五）英特矽尔公司发布首个 36 伏抗辐照差分 ADC 驱动集成测量放大器

2016 年 7 月 11 日，英特矽尔公司发布首个 36 伏抗辐照测量放大器，放大器内集成有差分模/数转换器驱动。这一具备高性能 ISL70617SEH 差分输入、轨对轨输出的测量放大器拥有行业内最强大的底层传感器遥测数据信号处理能力，这对卫星通信来说至关重要。其高集成度和行业一流的性能降低了系统的尺寸、重量和功耗成本，缩短了产品的上市时间。

对于所有增益设定，ISL70617SEH 都可实现比同类产品更高的共模抑制比（CMRR）和电源电压抑制比（PSRR）。设计人员只需利用两个外接电阻便可实现测量放大器在 0.1 ~ 10000 范围内的增益设定。在器件生产过程中，每片晶圆在 10 毫拉德/秒的低剂量率辐射环境中的抗辐射总剂量可达到 75 千拉德（硅）的水平。这样的测试环境比市场上同类产品的测试环境更接近于实际宇宙空间环境。

设计人员只需利用单一的电源引脚便可实现不同供电源对 ISL70617SEH 的电力输入。ISL70517SEH 还可实现差分输入和轨对轨单端输出。设计人员可实现从高压共模输入信号到低压器件的转移。例如，通过将轨对轨输出与模/数转换器的低压供电电源绑定便可实现对下游集成电路的保护，使其避免受到高压信号的破坏。此外，还保持了模/数转换器最大输入电压的动态范围且避免了模/数转换器输入过载现象的发生。

ISL70617SEH 测量放大器的抗辐照性能和主要规格特性如下：

（1）在全行业最低辐射剂量率（10 毫拉德/秒（硅））下的抗辐射总剂量：75 千拉德（硅）。

（2）SEB 阈值 LET_{TH}（V_S = ±18 伏）60 兆电子伏·厘米^2/毫克。

（3）低电平输入补偿电压/电流：30 微伏/0.2 纳安。

（4）高达 120 分贝的共模抑制比和电源电压抑制比对传感器信号进行衰减、增益和过滤处理，使信号质量得到很大提升。

（5）±（4~18）伏的宽工作电压范围适用于大多数模拟供电轨。

（6）频带宽度（BW）：0.3~5.5 兆赫。

（7）工作温度范围：−55~125℃。

（8）电屏蔽性能满足 DLA SMD# 5962−15246 标准。

（9）封装：24 引脚陶瓷扁平封装。

五、现场可编程门阵列

2016 年，美高森美公司推出全新高可靠抗辐照二极管阵列 LX7710 和抗辐照现场可编程门阵列 RTG4 PROTO，两款产品目前均已获得相关认证资格，适用于空间环境下的应用。

（一）美高森美公司推出全新抗辐照二极管阵列 LX7710

2016 年 4 月 19 日，美高森美公司推出一款全新的高可靠抗辐照二极管阵列 LX7710，并同时宣布其抗辐照源驱动器 AAHS298B 已通过美国国防后勤局的 QML V，Q 认证。AAHS298B 可与 LX7710 及其他抗辐照可编程逻辑产品配合使用。LX7710 专为电源系统 ORing 架构、冗余电源、空间卫星制造和军用电源电子控制等应用而设计，它提供了具有 8 对串联二极管的冗余保护设计，确保了系统在恶劣空间环境中工作的高可靠性。集成电路中的二极管均具有静电防护功能，其击穿电压至少 125 伏并可承受高达 700 毫安的连续电流。该器件可进行 20 引脚小外形集成电路封装，达到了 MIL – PRF – 38535 V 和 B 等级要求。

LX7710 的抗辐照性能和主要规格特性如下：

（1）抗辐射总剂量 TID：≥100 千拉德（硅）。

（2）SEL 阈值 LET：87 兆电子伏·厘米^2/毫克。

（3）冗余设计，在任意线路某个二极管失效的情况下仍可保证至少 125 伏的击穿电压。

（4）二极管电流负荷：700 毫安。

（5）漏电流低。

（6）具有 ESD 静电保护功能。

（二）美高森美公司推出耐辐照现场可编程门阵列 RTG4 PROTO

2016 年 5 月 19 日，美高森美公司推出基于 Flash 的第四代现场可编程门阵列 RTG4 PROTO。该器件采用低功耗 65 纳米制造工艺，其研制成功使太空系统原型的制作成为可能，并减少了新型抗辐照高速现场可编程门阵列的原型制作及设计论证成本。在同类产品中，RTG4 PROTO 现场可编程门阵列是目前唯一可进行重复编程的原型器件。RTG4 PROTO 现场可编程门阵列使硬件的时序验证和功率评估变得更加方便。由于使用了与飞行组件相同的基于 Flash 的可重复编程技术，RTG4 PROTO 现场可编程门阵列可进行多次重复编程。RTG4 基于 Flash 的可重复编程技术，使其在恶劣的辐射环境中可对因辐射导致的配置翻转免疫。为满足空间应用，RTG4 拥有 150000 个逻辑元件和频率 300 兆赫的系统性能。该产品于 2016 年 11 月 2 日获得 MIL – STD – 883 B 等级认证资格。

RTG4 PROTO 的抗辐照性能和主要规格特性如下：

（1）抗辐射总剂量 TID：>100 千拉德（硅）。

（2）配置存储器翻转阈值 LET：>110 兆电子伏·厘米^2/毫克。

（3）单粒子闩锁（SEL）阈值 LET：>110 兆电子伏·厘米^2/毫克。

（4）单粒子翻转（SEU）阈值 LET：>37 兆电子伏·厘米^2/毫克。

（5）SEU 错误率：$<10^{-10}$ 错误数/（位·天）。

（6）单粒子瞬态（SET）错误率：$<10^{-8}$ 错误数/（位·天）。

（7）工作频率：300 兆赫。

（8）工作温度范围：$-55 \sim 125℃$。

（9）内嵌两个 1GB DDR3 同步动态随机存取内存（SDRAM）。

六、化合物半导体器件

2016 年，国外在抗辐照化合物半导体器件的技术进展主要集中在氮化镓射频器件和功率变换系统。2016 年 4 月，沃尔夫斯皮德公司的氮化镓射频器件通过了空间应用可靠性测试。另外，多家公司宣布合作研发新型抗辐照氮化镓功率变换系统。

（一）沃尔夫斯皮德公司氮化镓射频器件通过空间应用可靠性测试

2016 年 4 月 5 日，沃尔夫斯皮德公司碳化硅功率晶体管已完成可靠性测试，完全符合美国航空航天局关于卫星及空间系统可靠性的 NASA EEE – INST – 002 一级标准。这证明，沃尔夫斯皮德公司的碳化硅基氮化镓制造工艺的可靠性已具备行业内领先水平。为确保可以完全达到美国航空航天局要求的标准，KCB 公司与沃尔夫斯皮德公司采用了更加完善的测试体系，这一体系在 MIL – STD S 和 K 级标准的基础上又加入了对静电防护、固有可靠性、扫描电镜分析和抗辐射性能等方面的测试。KCB 公司分五个步骤对沃尔夫斯皮德公司的一款 25 瓦碳化硅基氮化镓高电子迁移率（HEMT）CGH40025F 和一款 25 瓦两级 X 波段单片微波集成电路器件 CMPA801B025F 进行了测试。在经过包括使器件长时间暴露在累积总辐射剂量超过 1 兆拉德的环境中在内的严格测试之后，两款产品的射频性能均未明显变化。设计工程师们采用沃尔夫斯皮德公司经验证的碳化硅基氮化镓技术有希望生产比使用传统行波管放大器或砷化镓器件更小、更轻、更高效以及更可靠的固态功率放大器。利用此技术，航天器设计师将会获得性能更好、载荷更小、使用寿命更长的雷达和通信系统。

（二）多家公司合作研发抗辐照氮化镓功率变换系统

氮化镓材料的导电、导热和开关特性良好，具有降低系统功耗、减小系统尺寸和减轻系统重量等众多系统层面的优势，在空间功率器件的研发领域具有十分广阔的应用前景。2016 年，多家公司展开合作共同研发抗辐照氮化镓功率变换系统。

2016 年 4 月 14 日，自由鸟公司与宜普电源转换公司签署协议，采用宜普电源转换公司硅基氮化镓增强模式专利技术 eGaN® 共同研发可在空间和其他恶劣环境下应用的高可靠性抗辐照氮化镓功率变换系统。

2016 年 5 月 25 日，英特矽尔公司宣布将与宜普电源转换公司共同研制一款可用于空间卫星及其他恶劣环境的抗辐照氮化镓功率变换集成电路。英特矽尔公司将把辐射加固场效应管技术和氮化镓场效应管技术相结合，从而使现存的依赖于传统高可靠性场效应管技术的产品能够在性能上获得较大提升。同样，该合作项目也将采用硅基氮化镓增强模式专利技术 eGaN®。

七、光电子器件

2016 年，雷声公司和 e2v 公司分别与美国空军研究实验室和空中客车公司签订合同研发抗辐照光电子器件。雷声公司将对美国空军研究实验室的"堡垒"计划研制抗辐照空间光电传感器。而 e2v 公司将为空中客车公司的新式气象卫星研制互补金属氧化物半导体（CMOS）图像传感器。

（一）雷声公司计划研制抗辐照空间光电传感器以满足空间战略需求

2016 年 11 月 14 日，雷声公司宣布为满足日益增长的空间战略应用需求，将推进先进红外焦平面阵列空间传感器技术的研发。此前，在位于新墨西哥州的科特兰空军基地雷声公司视觉系统部已与美国空军研究实验室的官员签订了价值 740 万美元的合同，以协助该实验室完成旨在研发战略性可靠光电传感器的"堡垒"计划。雷声公司的工程师将负责可实现超低噪声和高量子效率的大型汞镉碲红外焦平面阵列探测器的设计、材料制备和组装等工作。这些工作只是美国空军为国家战略空间应用（如光电监视卫星）而制定的"堡垒"计划的一部分。该计划旨在推进和维持美国在低噪声红外传感器芯片组件制造的知识储备、材料制备、工艺水准和表征能力等方面的世界领先地位。

（二）e2v 公司为气象卫星 METimage 研制新型 CMOS 探测器

2016 年 4 月 26 日，e2v 公司宣布与空中客车公司国防空间部签订合同，为气象卫星 METimage 设计、研发和提供可用于多光谱成像辐射计的新型定制化硅基互补氧化物半导体图像传感器。e2v 公司准备利用其前照式 4T 像素互补式金属氧化物半导体线性器件技术使 METimage 实现 500 米的地面分辨率。为在特定波长获得精准的图像亮度，e2v 公司需要为 METimage 提供拥有较高信噪比的互补氧化物半导体器件，同时为完成沿地球曲率的定期图像扫描，还需要大像素设计。此外，e2v 公司还要提供一个全新的抗辐射设计方案，以确保卫星在空间环境下工作的高度可靠性。METimage 是德国宇航中心与空中客车公司国防空间部合作设计制造的下一代气象预报卫星，可在较宽的光谱范围内提供数据，收集更多与地球大气相关的环境测量数据，如海洋表面温度和风向、云层形成的关键信息及空气的质量和温度等，从而为气象学家提高气象预测的精准度创造更加有利的条件。

八、电池技术

2016 年 7 月 18 日，由佐治亚理工学院设计研发的一款全新 3D 太阳电池即将在国际空间站进行首次太空测试。由 18 个电池测试单元组成的实验模块已于 7 月 18 日运往国际空间站，它们将安装在空间站的 NanoRacks 外部平台上，经过 6 个月的时间来检验其电池的性能及抵抗空间恶劣环境的能力。此次测试的电池实验模块共包括四类光伏器件，分别是基于传统碲化镉的 3D 太阳电池、基于低成本铜锌锡硫材料的 3D 太阳电池、传统平板太阳电池和基于铜锌锡硫材料的平板太阳电池。此次空间测试实验旨在观察 3D 电池光陷阱的性能及对恶劣空间环境的反应，同时研究温度与电池性能之间的关系（因为温度也是影响太阳电池性能的因素之一）。此次测试的 3D 太阳电池通过微型碳纳米管涂层工艺制作，内含光吸收器，可从各个角度捕获太阳光，能够使航天器从面积很小的表面所获能量的功率值得到大幅度提升。这些太阳电池可以从各个方向吸收太阳光，不需要特殊的机械装置将光伏模块对准太阳。

光伏阵列由铜、锌、锡和硫等较为容易得到的材料制成，可替代在类似薄膜太阳电池中使用的含稀土元素铟、镓和硒的铜铟镓硒光伏阵列，这将使太阳电池的成本大幅降低。铜、锌、锡、硫材料的电子能带结构与铜、铟、镓、硒材料相似，都是直接带隙半导体，这就意味着入射的太阳光子可以直接发射出可形成电流的电子。此外，由于直接带隙半导体材料的能带比间接带隙半导体材料的能带宽，辐射能量不容易对其造成严重的损伤，因此直接带隙半导体材料还具有良好的抗电离辐射的能力。

经过 6 个月的测试之后，太阳电池会搭载货运飞船返回地球，研究人员将对其性能和空间辐射损伤进行评估。

（工业和信息化部电子第一研究所　李铁成）

2016 年微电子器件技术发展综述

2016 年，微电子器件技术研发成果显著。美国劳伦斯·伯克利国家实验室研制出栅极长度仅 1 纳米的晶体管，有望继续延续摩尔定律；美国海军研究实验室开发出石墨烯氮掺杂新技术，使石墨烯禁带宽度稳定、可调；美国威斯康辛大学首次研制出高性能碳纳米管晶体管，其部分性能超过硅和砷化镓晶体管；洛克希德·马丁公司研制出芯片嵌入式微流体散热片，解决了制约芯片发展的散热难题；DARPA 启动"分层识别验证利用"（HIVE）技术研发，旨在开发比标准处理器效率高 1000 倍的可扩展图像处理器。

一、晶体管等器件技术研发获得重大突破

（一）栅极长度 1 纳米晶体管问世，有望延续摩尔定律

2016 年 10 月，美国能源部劳伦斯·伯克利国家实验室阿里·贾维领导的研究小组利用碳纳米管作栅极、二硫化钼作沟道材料，成功研制出目前世界上最小的晶体管，其栅极长度仅 1 纳米。

为克服硅材料的局限性，研究人员把目光瞄向二硫化钼和碳纳米管。

二硫化钼是理想的晶体管材料，它与硅一样具有晶体晶格结构，但具有更高的开关比，其导电性更易控制。碳纳米管属于一维纳米材料，具有优异的力学、电学和化学性能。利用碳纳米管作栅极，可保持对电流的栅控制，避免短沟道效应。利用直径 1 纳米的碳纳米管作栅极，则是充分考虑制造工艺难度的结果。制造只有 1 纳米的微小结构并不容易，传统的光刻技术无法很好地完成这样的工作。

该晶体管栅长仅为 1 纳米，实现了大约 3.9 纳米有效电场调控沟道长度，表现出良好的开关特性。一旦这种实验室技术克服材料引入与制造工艺实现等困难，有望使芯片集成度更高、运行速度更快、功耗更低，将会对信息技术发展产生深远影响。

（二）高性能碳纳米管晶体管制成，性能首次超过硅/砷化镓晶体管

2016 年 8 月，美国威斯康辛大学麦迪逊分校首次研制出高性能碳纳米管晶体管，其沟道长度为 100 纳米，电流值比硅晶体管的高 1.9 倍，电流密度为 900 毫安/毫米，超过采用砷化镓赝配高电子迁移率晶体管（pHEMT）技术演示的 630 毫安/毫米的电流密度。

碳纳米管具有优异的性能，是制作集成电路和显示器的理想材料，但制造高性能碳纳米管晶体管面临两大技术难题：一是要达到极高的纯度，因为碳纳米管中的金属杂质会像铜线一样导致器件短路，只有高纯度，才能获得高效率；二是实现精度极高的阵列控制，即必须精确地控制各个碳纳米管之间的距离。2014 年，威斯康辛大学麦迪逊分校研究人员采用"浮动蒸发自组装"（FESA）技术实现了对碳纳米管排列和放置的控制。此次研究人员利用高分子聚合物分离半导体纳米管，找到实现超高纯度碳纳米管半导体的解决方案，该聚合物还起到碳纳米管和电极之间绝缘层的作用。研究人员在真空炉中"烘焙"纳米管阵列，以除去绝缘层，实现与碳纳米管良好的电接触。下一步，研究人员将继续调整碳纳米管器件，使其几何结构与硅器件中的结构相一致。

碳纳米管晶体管可以成为快速处理和无线传输的基础，这一里程碑式的突破将改变高速通信和其他电子系统；碳纳米管晶体管有望代替硅晶体管，为计算机产业带来翻天覆地的变化。

（三）金刚石器件研发取得新进展，性能创造新纪录

金刚石半导体商业化的最大障碍是制造 p 型晶体管很容易，但制造 n 型晶体管很难。2016 年，美国 Akhan 公司解决了金刚石商业化的最大障碍，研制出可兼容 p 型与 n 型晶体管的金刚石 CMOS 工艺，并已制造出首个金刚石 PIN 二极管，其性能是硅的 100 万倍，厚度是硅的 1/1000，达到了破纪录的 500 纳米厚度，计划 2017 年初推出商用产品，成为首个真正实现金刚石半导体产品化的公司。

此外，Akhan 半导体公司还展示了利用金刚石超低电阻特性实现的工作频率 100 吉赫的器件，特征尺寸为 100 纳米。此前由于无法解决散热难题，微处理器运行速度在 5 吉赫左右已徘徊 10 年。金刚石的热传导能力是硅的 22 倍、铜的 5 倍，可以很好地解决散热难题，有望使微处理器运行速度达到新的高度。该公司的终极目标是打造巨量数据处理应用的超高散热处理器。

2016 年 6 月，俄罗斯莫斯科物理技术学院（MIPT）联合西伯利亚联邦大学，采用金刚石单晶作衬底制作的 MEMS 谐振器，谐振频率超过 20 吉赫，品质因数（Q）超过 2000，二者乘积创造了微波领域的新纪录。这款 MEMS 谐振器不仅可用于产生高速时钟信号，还可作为生物传感用超灵敏 SAW/BAW 谐振器，实现能够检测附近单个细菌和其他纳米级毒物剂量的生物传感器。

（四）DARPA 开发出超高速模/数转换器

2016 年 1 月，DARPA"商用时标阵列"（ACT）项目取得重大进展，利用格罗方德 32 纳米 SOI 工艺开发出超高速模/数转换器，采样速率高达 60 吉采样/秒，是现有产品的 10 倍。该模/数转换器可提供"一站式"雷达、通信与电子战信号处理能力，提高电磁作战环境的态势感知能力，确保军用频谱设施不间断运行。未来将开发基于 14 纳米工艺的模/数转换器，以进一步降低功耗和重量，并减小尺寸。

二、先进芯片热管理技术取得重要进展

（一）嵌入式微流体散热片问世

2016 年 3 月，在 DARPA"芯片内/芯片间增强冷却"项目的支持下，洛克希德·马丁公司研制出芯片嵌入式微流体散热片（图 1），解决了制约芯片发展的散热难题。

图 1　洛克希德·马丁公司研制的嵌入式微流体散热片

随着微电子技术的快速发展，芯片特征尺寸不断减小，集成度不断提高，电路速度不断加快，使得芯片的功率和热流密度越来越大，特别是三维芯片堆叠技术的应用，导致芯片功率分布变得更加不均匀，从而产生热

流密度很高的局部热点，而传统的风冷、热沉等传导散热方式已无法满足其散热需求，因此，散热问题已成为制约芯片进一步发展的重大障碍。2012 年，DARPA 启动"芯片内/芯片间增强冷却"项目，开发具有革命意义的嵌入式微流体散热技术。其应用目标包括：①用于氮化镓射频单片微波集成电路功率放大器，热通量达 1 千瓦/厘米^2，过热点热通量超过 15 千瓦/厘米^2，整体散热密度超过 2 千瓦/厘米^3；②用于高性能嵌入式计算机模块，热通量达 1 千瓦/厘米^2，过热点热通量达 2 千瓦/厘米^2，芯片堆栈散热密度达 5 千瓦/厘米^3。

该散热片长 5 毫米、宽 2.5 毫米、厚 0.25 毫米，热通量为 1 千瓦/厘米^2，多个局部热点热通量达到 30 千瓦/厘米^2。与常规冷却技术相比，可将热阻降至 1/4，射频输出功率提高 6 倍。目前，洛克希德·马丁正与 Qorvo 公司合作，将嵌入式微流体散热技术与氮化镓器件工艺集成，以消除其散热障碍，进一步提升器件性能。此外，该公司正在利用嵌入式微流体散热片技术开发全功能发射天线原型，以提高其技术成熟度，为该技术在未来电子系统的应用奠定基础。

嵌入式微流体散热片技术有望解决当前芯片散热的难题，可应用于中央处理器、图形处理器、功率放大器、高性能计算芯片等集成电路，促进其向更高集成度、更高性能、更低功耗方向发展，显著提高雷达、通信和电子战等武器装备的性能。

（二）DARPA 研发氮化镓功率器件散热技术

氮化镓功率器件具有高击穿电压和高功率密度等特性，正成为雷达、卫星、通信、电子战等诸多领域的核心器件。然而，氮化镓功率器件的散热能力一直是制约氮化镓器件性能提升的关键因素之一。为了改善氮化镓器件的散热能力，2016 年 DARPA 投资 600 万美元，启动"金刚石加强型器件"（DiamEnD）项目，目标是在"近结热传输"（NJTT）项目基础上开发金刚石衬底材料和晶体管技术，使金刚石基氮化镓器件的功率密度达到25瓦/毫米，改进氮化镓外延结构和晶体管结构，使氮化镓材料器件功率密度达到40~60瓦/毫米。

三、半导体材料研发取得新成果

（一）二维氮化镓首次合成

2016年8月，美国宾夕法尼亚大学采用"迁移增强包封生长工艺"，在国际上首次合成二维氮化镓材料（图2）。其制作过程：①将碳化硅基底加热，使其表面的硅升华，利用剩下的富碳表面构建石墨烯结构；②通过加氢，使表面未饱和的悬挂键钝化，形成双原子层石墨烯，通过这种方式生成的石墨烯层与碳化硅基底的接触界面完全平滑；③注入三甲基镓并加热，使其分解形成镓原子，镓原子穿过石墨烯层，嵌入到石墨烯层与碳化硅基底的夹层中；④注入氨，通过氨的分解作用生成氮原子，氮原子以同样的

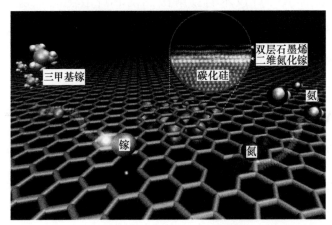

图2　采用迁移增强包封生长工艺合成二维氮化镓

方式进入夹层，与其中的镓原子反应，生成二维氮化镓材料。

研究人员对合成的二维氮化镓材料的电子及光学性质进行了研究。理论计算表明，二维氮化镓材料具有 p 型半导体特性，其禁带宽度为 4.89 电子伏。实测结果证实，二维氮化镓材料禁带宽度为 4.98 电子伏，与理论值基本相符。二维氮化镓材料的禁带宽度远高于三维氮化镓（3.42 电子伏）。

二维氮化镓材料属于超宽禁带半导体材料，具有电子迁移率高、击穿电压高、热导率大、抗辐射能力强、化学稳定性高等特点（图3），将给电子元器件发展带来新的机遇。利用二维氮化镓材料，可制作大功率微波器件等电子器件及多光谱探测器、深紫外激光器等光电器件。一旦用于军事领域应用，将大幅提升雷达探测、光电侦察、电子对抗等装备的战术技术性能。

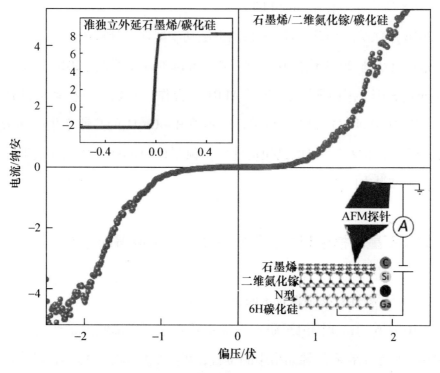

图3　二维氮化镓电流—电压曲线

（二）氧化镓功率半导体材料与器件研发备受重视

氧化镓晶体属于超宽禁带半导体材料，其禁带宽度为 4.8～4.9 电子伏，具有透明导电、与氮化镓晶格失配小、成本低等优点，在大功率器件、深紫外光电器件、发光二极管等领域具有重大应用前景。日本田村制作所和日本信息通信研究院在政府资助下，经过多年的研发已经制作出性能良好的 Ga_2O_3 功率器件，并发布量产计划。Novel Crystal Technology 公司 2015 年起开始销售氧化镓外延晶圆，目标是 2016 年实现销售额 6000 万日元，2020 年实现销售额 7 亿日元。2016 年 9 月，FLOSFIA 与京都大学工学系研究科藤田静雄教授和金子健太郎领导的研究小组共同成功研制出实现 Ga_2O_3 功率晶体管所必需的 p 型层。利用该技术可实现采用氧化镓的功率 MOSFET，目标是 2018 年供应氧化镓 MOSFET 样品。

2016 年，美国启动"Ga_2O_3 超高电压功率器件外延技术"项目，旨在实现高电压（大于 20 千伏）功率电子开关和脉冲功率器件。2016 年 4 月，美国 Kyma 公司与空军研究实验室（AFRL）合作，开始研发在多种衬底上进行 $\beta-Ga_2O_3$ 外延生长的工艺技术，已实现 $\beta-Ga_2O_3$ 的高速率生长（大于 3 微米/小时）和厚几微米的高质量外延，预期 $\beta-Ga_2O_3$ 在更高性能半导体器件应用领域潜力巨大。

四、石墨烯掺杂和异质集成等工艺技术取得新进步

（一）石墨烯氮掺杂新技术问世

2016 年 6 月，美国海军研究实验室开发出石墨烯氮掺杂新技术，能够准确调整掺杂剂在石墨烯晶格中的位置，可降低缺陷率，提高材料稳定性。

氮是石墨烯完美的 n 型掺杂材料。当氮原子在石墨烯晶格中时，额外

的电子可以自由通过石墨烯。这使得石墨烯电子浓度增大，可提高导电性。美国海军研究实验室利用高热粒子注入工艺将氮原子掺杂到石墨烯中。由于氮原子和碳原子的尺寸和质量相似，因此实现了较高的掺杂率。掺杂后的石墨烯存在很大的负磁阻阻值，而且负磁阻的大小随掺杂氮原子数量及禁带结构改变，并成比例变化。利用这一效应，可以准确调节石墨烯的禁带宽度，而且材料稳定度高、缺陷密度低。由于高品质石墨烯的禁带、输运和载流子输运浓度等特性都非常理想，因此用高热粒子注入工艺能够使石墨烯用于自旋类或电子类应用。

（二）新型功能材料与硅衬底的异质集成技术

2016 年 8 月，在美国陆军实验室的支持下，北卡罗莱纳州立大学和美国陆军研究实验室研发出了一种可将新型功能材料异质集成到硅芯片上的技术，有望实现下一代智能器件和系统。可集成的新型功能材料包括提供铁电和铁磁性能的多铁性材料、体内绝缘表面有导电特性的拓扑绝缘体、全新铁电材料等。

研究人员提出两个与硅材料兼容的平台：用于氮化物基电子器件的氮化钛和用于氧化物基电子器件的氧化钇稳定化氧化锆。研究人员研发了一系列可用作缓冲结构的薄膜材料，通过排布在新型材料和平台材料的表面，实现材料间的有效互连，进而实现相应材料与硅材料的异质集成。

在硅上集成新材料带来新应用潜力，如可将数据感知、处理和传输等功能集成到一个紧凑型芯片，带来更快、更高效的器件。发光二极管（LED）目前使用不能直接与硅材料兼容的蓝宝石衬底，但此次技术突破使得 LED 能与多种硅器件集成，研发出真正实现"智能化"的照明器件。

（工业和信息化部电子第一研究所　李耐和）

（中国电子科技集团公司第十三研究所　李静　赵金霞　王淑华）

2016 年微/纳机电系统技术发展综述

2016 年，微/纳机电系统技术的发展以实现新能力为主线，可以划分为军用和民用两个类别。在军用领域，DARPA 正在发展新一代的 MEMS 技术，使之成为实现广域持久监视能力和实现独立定位、导航和授时能力的核心技术；在民用领域，微/纳机电系统技术正在成为虚拟成像、增强视觉、微电路自动修复、火山活动监测等新能力的使能技术，同时表现出传感技术与处理技术在单块芯片中集成发展的新态势。

一、军用 MEMS 技术以超低功耗和更高精度为发展重点

DARPA 是美国推动前沿电子技术发展的关键机构。2016 年，DARPA 在军用 MEMS 技术方面通过实施研究项目，发展下一代更低功耗、更高精度的 MEMS 传感器技术。

（一）DARPA 开发超低功耗军用 MEMS 传感器技术

2016 年 7 月，美国加州大学戴维斯分校在 DARPA "近零功耗射频与传感器"（N‑ZERO）项目的支持下，研制功耗仅有 10 纳瓦的 MEMS 超低功

耗传感器技术。与现有低功耗手机传感器的 10 毫瓦功率相比，新技术将降低功率，仅为原来的百万分之一，以满足美国国防部利用传感器进行持久监控的要求。

大多数传感器的电池供电时间只能达到数天至数周。DARPA 希望通过该项目研制出更低功耗的物理、电磁或其他类型的传感器技术（图 1）。新型传感器能够在一般情况保持休眠状态，功耗低于 10 纳瓦，仅在车辆行驶或发电机启动等外部事件出现后，才正常工作并消耗能量。

图 1   DARPA N – ZERO 项目的应用设想

一旦实现这种技术，将使无人值守传感器的工作寿命从数周延长至数年，从而降低维护成本，减少放置次数；或者，在保持传感器目前电池使用周期的前提下，将电池尺寸和数量减少到原来的 1/20 以下。

DARPA 于 2015 年 1 月发出了该项目的征询书。2015 年 9 月，DARPA 分别授予美国康奈尔大学、卡内基梅隆大学、加州大学圣地亚哥分校和加州大学戴维斯分校 196 万美元、130 万美元、89 万美元和 180 万美元的研发资金，正式启动该项目。项目分为三个阶段，每个阶段为期 12 个月。

加州大学戴维斯分校与美国应美盛公司开展合作，后者是陀螺仪和加速度计等 MEMS 传感器的专业生产商。加州大学戴维斯分校希望通过直接与器件制造商合作，加快市场化进程，在项目结束时迅速将研究成果转换为可用产品。

2016 年年底，项目第一阶段已经结束，加州大学戴维斯分校已经将其研制的超低功耗 MEMS 加速度计技术和 MEMS 麦克风技术，交由位于麻省理工学院的林肯实验室进行独立评估。第一阶段要求新型传感器在安静的环境中能够迅速识别出车辆驶过时传来的地面压力，但不用识别具体的车辆类型。第二阶段需要能够区分出是卡车还是轿车等车辆类型。研究人员表示，未来的超低功耗远程传感器能够被地面噪声之外的事件所触发，如麦克风可对特定的单词进行监听，而无须启动计算机或连接到云端来作关键词识别。

（二）DARPA 开发可独立定位、导航与授时的 MEMS 惯性测量技术

士兵依赖全球定位系统（GPS）进行定位、导航和授时（PNT），这种能力对其完成军事任务至关重要。然而，GPS 正面临越来越频繁的干扰和攻击。DARPA 已经开始寻求发展新的导航技术，其中之一就是 MEMS 惯性测量单元（IMU）。MEMS 惯性测量单元的好处主要是不依赖于外部信息，无法被干扰或攻击。DARPA 期望研发出低成本、微型化、低功耗的导航级 MEMS 惯性测量单元，使其在 GPS 拒止环境中依然拥有定位、导航和授时能力。

2016 财年，DARPA 投入 1630 万美元用于开发"精确稳健惯性弹药制导"项目（PRIGM）。项目包括两个部分：第一部分研制导航级惯性测量单元，目的是制造一个导航级的 MEMS 惯性测量单元，实现在 GPS 拒止环境下的弹药制导能力。新型 MEMS 惯性测量单元将采用嵌入式安装模式，用于取代现有的战术级惯性测量单元。第二部分研制先进惯性微型传感器，目的是实现弹药在发射和飞行阶段的导航功能。PRIGM 项目拟将微型光路和微电磁系统实现单片集成，以生产片上全光环形激光陀螺仪，使其对振动和冲击的敏感度比传统环形激光陀螺仪大幅降低。

2016 年 3 月，DARPA 选定诺斯罗普·格鲁曼公司参加"精确稳健惯性弹药制导：导航级惯性测量单元"项目（PRIGM：NGIMU），开发基于 MEMS 的新一代惯性测量单元。该系统通过加速度和角速度测量，为飞行控制系统提供导航数据。其目标是研发低成本微型化的导航级 MEMS 惯性测量单元，满足军用系统导航对尺寸、重量和功耗的需求。DARPA 在 627 万美元合同中，要求诺斯罗普·格鲁曼公司研制出满足规定性能及环境要求的 MEMS 陀螺仪和加速计。若研究顺利完成，DARPA 还将追加 530 万美元 MEMS 惯性测量单元研制合同。

2016 年 4 月，DARPA 微系统办公室又向美国休斯研究实验室投资 430 万美元，资助其开发抗振动、抗冲击的惯性传感技术，发展不依赖 GPS 的精确制导和导航能力。该项目将结合 MEMS 传感器——哥氏振动陀螺，并采用超级精确的原子钟作为频率参考源。

二、民用微/纳机电技术的应用领域仍在不断拓宽

民用领域给微/纳机电技术的发展提供了多样性的需求，在此环境下，2016 年民用微/纳机电技术的发展进一步向新的应用领域迈进，传感与处理已经呈现出单片集成的发展苗头。

（一）微光机电技术将多种应用新概念引入工业领域

2016 年 8 月，美国德州仪器公司展示了采用数码光源处理显示技术的

多种产品，包括可穿戴显示、无屏电视、机器人、交互式显示和微型投影仪等。DLP 芯片包括数字微镜器件（DMD）和显示控制电路两个功能部分。DLP 芯片上最高可装载 880 万个微型镜片（图 2），其每秒调整次数高达万次以上。数字微镜器件（图 3）是一种微光机电系统（MOEMS），数字微镜器件比其他微光机电系统复杂。简而言之，数字微镜器件是一组阵列式光开关器件，使在 CMOS 集成电路衬底上加工制造的 MEMS 器件，每个 CMOS 单元对应一个微镜像素。微镜具有双稳态特性，能够在底电极和 CMOS 逻辑单元控制下偏转。微镜就像跷跷板一样在两个方向上对光反射，控制光的开与关。其最大旋转角度为 10°，并定义 +10°的位置为"开"，即为亮的状态，定义 −10°为光的"关"，即为暗的状态，由此构成数字二进制，因此称为数字微镜器件。反射的微镜由铝金属制作而成，尺寸 16 微米×16 微米，机械开关时间为 16 微秒。可见，输入到 DMD 器件中的物理量有电信号，在 CMOS 中和底电极上用来控制微镜偏转所需要施加的电压信号，还有带调制的输入光信号，而输出为条字号成为图像的光信号。包含数字微镜器件的数码光源处理显示单元如图 4 所示。

图 2　数字微镜器件阵列

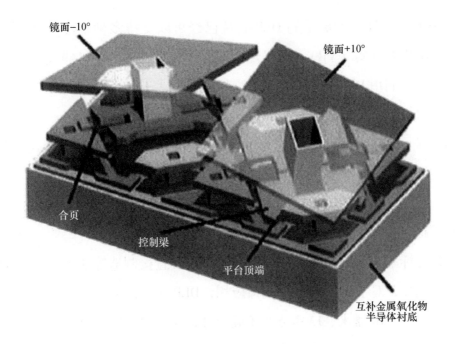

图 3　数字微镜器件

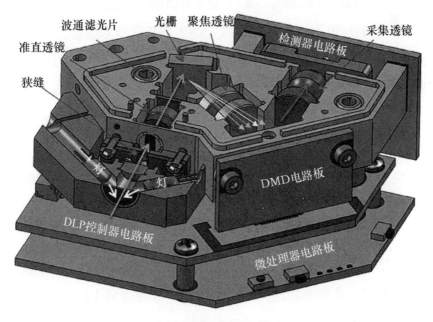

图 4　包含数字微镜器件的数码光源处理显示单元

2016 年，TI 公司展示的 DLP 芯片已经可以支持多种新概念产品的应用，包括虚拟现实（VR）、增强现实（AR）、无人车辆、机器人等多个领域。此外，利用 DLP 技术的先进光学控制能力，还将对 3D 打印、数字化直接成像以及近红外光谱分析等产业产生巨大推动。

在显示方面，采用 TI 公司 DLP 技术的"坚果"（JmGO）便携式微投影机，能够投射出高解析、高亮度的 100 英寸大屏幕影像，实现"无屏电视"概念。在此基础上，DLP 技术还能图像显示在观察者前方的视线内，实现多种虚拟现实和增强现实功能。

激光标签、三维打印原型设计、光刻以及直接制造等能力都可由 DLP 支持。例如，对于数字化直接成像应用，DLP 芯片内的微镜尺寸已经能够支持 7 微米、10 微米、13 微米等不同尺寸，支持的波长为 365～2500 纳米，适合各种紫外线光敏材料。对于 3D 打印技术，DLP 技术由于能够单次照射整层曝光，因而构造时间恒定，对于复杂图形而言比逐点技术构造速度更快。其分辨率可达 50 微米，因此可以灵活实现高分辨率图形。

光谱分析是 DLP 技术未来最有发展潜力应用领域，能够以低成本实现对固体和液体成分的分析判断。

（二）纳机电技术催生出电子器件自动修复能力

2016 年 3 月，美国加州大学圣地亚哥分校在美国能源部支持下，研究出受人体免疫系统工作原理启发的新型微机电执行器，这是一种可以自行推进的纳米电机。该纳米电机能够找出和修复电路上的微小划痕和断裂，恢复电子器件的功能。

集成电路特征尺寸的不断减小，芯片的集成度和复杂度越来越高，芯片越来越容易受工艺偏差和恶劣环境的影响，导致性能下降甚至功能失效。可自修复电子技术是对抗这种情况最有效的方法。

研究人员发现，当人体受伤流血后，血小板会自动定位伤口，并启动自修复程序。研究人员希望利用纳米电机在电路修复方面实现同样的功能。研究人员研制出由金和铂两种金属相互结合的纳米粒子，再向纳米粒子提供过氧化氢。铂金属能催化过氧化氢分解为水和氧气，纳米粒子可以由此获得自行推进的能量。在测试中，研究人员让纳米电机移动，经过一个连着 LED 灯泡的受损电子芯片的表面。当这些电机利用疏水效应找到电流通路上的裂痕时，就跳入其中，膨胀并互相连接，实现对裂痕的修复（图 5）。测试表明，电路能够在 30 分钟内完成修复，使 LED 灯泡重新被点亮。

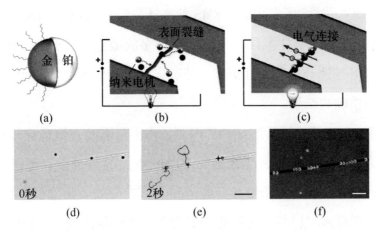

图 5　纳米电机自动修复

研究人员表示，该纳米电机能够修复太阳能电池导电层等极其微细化的电路，也可用于修复柔性传感器和可穿戴电池等电子元器件。

尽管成功完成了对基本概念的演示验证，但该技术距离普及应用仍需要进行深入的研究。目前，要完全实现对电路的自动化修复，必须事先设计好化学环境，实现对损伤的及时感知，并将纳米电机放置在电路中合适的地方。

（三）MEMS 技术有望支持对火山活动的持久监测

2016 年 5 月，英国格拉斯哥大学开发出低成本、高灵敏度 MEMS 技术——Wee－g 技术。Wee－g 技术采用硅弹簧，其面积仅有几平方毫米，可以侦测到非常细微的地壳变化，有望将重力仪的成本和尺寸大幅降低，有助于实现对火山活动的日常侦测。

重力仪用于测量地球的重力场，在天然气和石油探勘领域被广泛应用。然而，过高的成本和较大的体积，使传统重力仪应用受到局限。Wee－g 技术是一种 MEMS 技术，可以利用半导体工艺大量生产，其成本远低于传统重力仪。Wee－g 技术所采用的 MEMS 加速计与手机 MEMS 加速计虽然同属一类技术，但 Wee－g 技术具有比后者高得多的敏感度。此外，Wee－g 技术中的 MEMS 加速计的稳定性更高，能够连续数周侦测到地心引力的变化，并得到相当精确的结果。

利用 Wee－g 技术进行地球物理探测，将不再需要飞机运载笨重的测量仪器；在火山周围大量部署低成本的 MEMS 重力测量设备，可以方便地对火山爆发进行预测，将火山给社会经济和人员安全的威胁降低至最低水平。目前，格拉斯哥大学已与多家企业开展合作，共同探索 Wee－g 技术商用化的可能性。

（工业和信息化部电子第一研究所　王巍）

（中国电子科技集团公司第十三研究所　李静）

2016 年光电子器件技术发展综述

2016 年，多种光电子器件前沿技术取得突破性进展。先进激光器技术关注太赫兹波段激光器及硅上直接制造激光器，波长可调谐太赫兹激光器、太赫兹垂直腔表面发射激光器、直接在硅上制造微小激光器的技术、在硅晶圆上直接生长的垂直纳米激光器等新器件、新技术问世。硅基光电子集成技术取得重大突破，将极大地促进该技术的实际应用。法国首次实现激光器和调制器的硅基集成，突破通信速率瓶颈。英国在硅衬底上首次直接生长出量子点激光器，突破了光子学领域 30 多年没有可实用硅基光源的瓶颈。美国研制出有利于制造全集成中红外器件的首个中红外波段硅基量子级联激光器。在传感器、探测器方面，传统光学传感器朝微尺度、多信息载体方向发展，采用 MoSi、六方氮化硼半导体等新型材料的探测器不断提升探测效率。高效、紧凑的新型单光子源、非线性纳米谐振腔、首个纳米尺度单晶金刚石光学谐振腔等新器件，将促进量子计算、通信等技术的巨大进步。

一、先进激光器技术聚焦太赫兹及硅基制造

2016 年，先进激光器技术重点发展太赫兹波段激光器及硅上直接制造

激光器。英国曼彻斯特大学使用石墨烯等离子体开发出波长可调谐太赫兹激光器、美国加州大学洛杉矶分校研发出首个太赫兹垂直腔表面发射激光器，促进太赫兹波段激光器实用性；中国和美国多家研究机构联合开发出直接在硅上制造微小激光器的技术，德国慕尼黑工业大学在硅晶圆上直接生长出直径360纳米的垂直纳米激光器，促进光电子元件集成制造。此外，德国、英国联合首次成功地在半导体碳纳米管上证明了光与物质的强相互作用，朝实现有机半导体基电泵浦激光器迈出了重要一步。

（一）英国开发出波长可调谐太赫兹激光器

2016年1月，英国曼彻斯特大学开发出波长可调谐太赫兹激光器。太赫兹频段内的光波可无损检测塑料、织物、半导体和艺术品，可用于化学检测、鉴定，行星及其大气组分研究，但目前太赫兹激光器只能工作在特定波长，实用性受限。

因为激光器中存在金属，所以电场可以改变激光器的波长。因此，该新型激光器采用石墨烯替代激光器中的金属，先将砷化铝镓量子点和不同厚度的砷化镓量子阱放置在基板上，用金制波导覆盖，再将石墨烯薄膜放在波导顶部，最后用聚合物电解质覆盖该"三明治"结构，并用悬臂梁的方式调谐激光器。由于聚合物电解质会增大悬臂梁背部尖端与石墨烯片间的距离，从而影响该新型可调谐太赫兹激光器的精确控制，进而限制了其日常应用。目前，该新型激光器还处于实验阶段。

（二）美国研发出首个太赫兹垂直腔表面发射激光器

2016年1月，美国加州大学洛杉矶分校研发出首个太赫兹垂直腔表面发射激光器。该激光器的超材料表面反射镜阵列由多个天线与耦合微腔激光器组成。与平面镜反射不同，当太赫兹波在阵列表面发生反射时，还会被放大。使用超材料作为外腔的一部分，不仅可以改善光束模式，还可改变激光器腔体设计，从而为激光器引入新的功能。太赫兹垂直腔表面发射激光器可作为新型高品质激光器，用于空间探索、军事应用和安检等领域。这是超材料和激光器的首次结合，有望在太赫兹波段实现高功率、高质量的光束输出。

（三）美国开发出宽带可调红外激光器

2016 年 6 月，在美国国土安全部科学和技术委员会、国家科学基金、海军航空系统司令部、DARPA、NASA 资助下，美国西北大学开发出宽带可调谐红外固态量子级联激光器。该激光器具有捕获特殊气体光谱"指纹"的能力，可用于毒品和爆炸物检测。

新型固态量子级联激光器带有一个单发射孔径，能够在 2 ~ 9.1 微米波长范围内快速调谐，可覆盖大多数气体的光谱"指纹"区（气体的红外吸收特征光谱），因此具有识别大多数气体的能力。该激光器集成了一个取样光栅分布反馈激光器阵列（含有 8 个激光器）和一个片上合束器。整个系统唯一可移动的部分是用于冷却激光器的风扇，相对于仍需要机械部件来实现波长调谐的现有系统而言，是一个巨大进步。下一步工作重点是提高该激光器的稳定性。

（四）中国和美国联合研发出在硅片上直接制备的砷化镓激光器

2016 年 6 月，香港科技大学、加利福利亚大学芭芭拉分校、桑迪亚国家实验室、哈佛大学联合开发出直接在硅上制造微小激光器的技术，取得半导体行业的巨大突破。

通过光子学实现巨量数据长距离传输，是最节能且最具成本效益的方法。目前，能用于光通信的激光光源都是组件级，体积较大。由于硅和典型激光晶体的晶格不匹配，因此两种材料无法实现集成。该研究通过在硅基片上设计和构造纳米级模式可以限制晶格失配缺陷，从而使得硅基片砷化镓模式接近零缺陷，量子点中电子受量子限域效应影响增大，使得产生激光成为可能。

该新型激光器以"回音壁模式"工作，具有很低阈值，直径为 1 微米，比目前使用的激光器面积小 1/100 万，可集成在微处理器中用于高速数据通信，且运行功率更低。此外，这类激光器可以在硅片上生长，适用于大多数集成电路制造技术，这是硅基光电子集成领域的一大进步。

（五）德国在芯片上直接生长出垂直纳米激光器

2016 年 3 月，德国慕尼黑工业大学在硅晶圆上直接生长出直径 360 纳米的垂直纳米激光器。

由于各种材料具有不同的晶格常数以及不同的热膨胀系数，在硅晶圆上生长 Ⅲ – Ⅴ 族半导体常导致应变，产生大量缺陷，而不利于制备器件。慕尼黑工业大学研究人员采用独特的方法解决了在硅晶圆上制作 Ⅲ – Ⅴ 族半导体的难题。首先，在硅晶圆上蒸发制作了厚 200 纳米的 SiO_2 层，并在 SiO_2 层中刻蚀一些小孔，在这些小孔中沉积长度约为 10 微米的 GaAs 纳米线；再用分子束外延（MBE）技术在纳米线中生长出内核纳米线——铝砷化镓（AlGaAs）纳米线，构成 GaAs – AlGaAs 核—壳结构；最后通过可控制的横向生长选择性扩展砷化镓纳米线直径制备出多层的量子阱。该方法也使激光器的外形尺寸缩小到几立方纳米。

目前该项研究专注于开发可在硅芯片上实现电泵浦方式的纳米线激光器，以及可发至底层光子电路的整合型激光器。未来目标是改变激光器的发光波长及其他参数，从而更好地控制硅芯片上激光器在连续激射时的温度稳定性和光传播特性。

该技术证明了在硅芯片上集成纳米线激光器的可能性，是开发未来计算机应用的高性能光学元件重要的先决条件。

（六）德国刷新超快激光脉冲功率世界纪录

2016年2月，在欧盟"极端光基础设施"（ELI）项目的支持下，德国耶拿大学、弗瑞敕斯奇勒大学、弗劳恩霍夫应用光学和精密工程研究所、有源光纤系统公司联合开发了一个新型高重复率超短脉冲光源，实现了高达功率200瓦、6飞秒的激光系统，刷新了世界纪录。

该激光系统以拥有两个非线性压缩阶段的飞秒光纤激光器为基础，其泵浦源包括光纤啁啾脉冲放大系统和相干合成系统（由8个主要放大器通道组成）。第一个非线性压缩阶段实现功率408瓦（相当于320微焦脉冲能量）、大约30飞秒的脉冲。再经过第二阶段以及随后的压缩，最终实现了功率208瓦、6.3飞秒的脉冲。经测试，该系统发射激光重复频率为100千赫、功率为100瓦。

目前，该研究团队在此研究成果上正在为位于匈牙利赛格德的阿秒极光脉冲源（ELI－ALPS）开发新的激光系统。新系统的目标为激光重复频率为100千赫、能量为1毫焦、脉冲长度维持6飞秒。在第二阶段，该系统将升级，激光能量达到5毫焦，进而构建高重复率的阿秒脉冲。研究人员将根据这些脉冲对电子运动进行实时跟踪，有望在原子和分子物理领域、固态物理学以及等离子体光学等新领域取得重要进展。

（七）欧洲首次在碳纳米管上验证了光和物质的强耦合，有望实现有机半导体激光源

2016年11月，德国海德堡大学、英国圣·安德鲁斯大学联合首次成功地在半导体碳纳米管上证明了光与物质的强相互作用。这种光与物质之间的强烈耦合是实现新光源的重要一步，如可实现基于有机半导体的电泵浦激光器，在电信应用中也很重要。

基于碳的有机半导体是传统无机半导体材料，如硅的一种替代品，其

性价比更高、更节能。由有机半导体构成的发光二极管已经广泛应用于智能手机的显示屏，但在照明技术、数据传输和光伏领域的应用设备还处于原型阶段。然而，由于目前的有机半导体材料电荷传输能力有限，无法制备成一种重要的光电子器件——电泵浦激光器。

如果能够使光子（光）和激子（物质）充分相互作用，那么它们之间的强烈耦合可以产生出发光的准粒子——激子极化激元。在特定条件下，这种发光能够呈现出激光的特性。结合足够快的电荷输运速率，激子极化激元可以使我们接近于实现电泵浦的碳基激光器。

与其他有机半导体不同，碳纳米管微小的管形结构能够较好地传输电荷，因此能够实现激子极化激元的演示。该研究成果向实现有机半导体基电泵浦激光器迈出了重要一步，其所产生的激子极化激元还可在很宽的近红外范围内改变碳纳米管发射的光波长。

二、光电子集成技术取得多项重大突破

目前，硅基光电子集成技术是提高光电子器件性能，降低功耗、体积和成本的重要途径。由于缺少高性能、可集成片上光源，硅基光电子集成技术的实用化受到严重限制。2016 年，法国、英国、美国等国家在硅基光电子集成技术领域分别取得重大突破。

（一）法国首次实现激光器和调制器的硅基单片集成

2016 年 3 月，法国纳米科技技术研究所（IRT）宣布采用直接晶片键合技术实现了Ⅲ－Ⅴ族/硅激光器和硅基马赫—曾德尔调制器的首次单片集成。研究人员首先在 8 英寸绝缘体上硅（SOI）晶圆上将硅光电电路与调制器集成，然后在该晶圆上"键合"2 英寸Ⅲ－Ⅴ族材料晶圆，最后采用传统

半导体/微机电系统工艺，将该混合晶圆制备成发射器，从而实现了调制器和激光器的集成。

该发射器的通信速率达到 25 吉比特/秒。在硅片上集成光电器件将极大提高通信带宽、器件密度和可靠性，同时显著降低能耗，有望突破通信速率瓶颈。

（二）英国在硅衬底上首次直接生长出量子点激光器

2016 年 3 月，英国伦敦大学、卡迪夫大学和谢菲尔德大学联合研制出首个直接生长在硅衬底上的实用型电泵浦式量子点激光器，攻克了半导体量子点激光材料与硅衬底结合过程中位错密度高的世界难题。该激光器位错密度低至 10^5/厘米^2 量级，阈值电流密度为 62.5 安/厘米^2，波长为 1300 纳米，室温输出功率超过 150 毫瓦，工作温度为 120℃，平均无故障时间超过 10^6 小时。

制作过程如下：

（1）采用具有 4°斜切角、晶向为［100］的掺磷硅衬底，抑制反相畴。

（2）在 350℃ 使用迁移增强外延生长方式制备超薄的砷化铝（AlAs）成核层，显著地抑制位错的三维生长，为 Ⅲ－Ⅴ 族材料在硅表面生长提供高质量界面。

（3）在砷化铝成核层之上，采用三阶段生长模式，在 350℃、450℃ 和 590℃ 分别生长厚度 30 纳米、170 纳米、800 纳米的 GaAs，可将大部分反相畴限制在 200 纳米区域内，但仍有高密度穿透位错（约为 1×10^9/厘米^2）向有源发光区域衍生。

（4）采用四个 10 纳米铟镓砷（InGaAs）/10 纳米 GaAs 超晶格结构作为位错过滤层，过滤层由厚 300 纳米 GaAs 隔开，可将位错密度降低到 1×10^5/厘米^2 左右。

（5）在每个位错过滤层生长过程之后，在660℃进行6分钟的高温退火，以进一步提高位错过滤层的过滤效率。

硅基量子点激光器的问世，突破了光子学领域30多年没有可实用硅基光源的瓶颈，是硅基光电集成技术的重大进步。该技术突破有助于实现计算机芯片内、芯片之间、芯片与电子系统间的超高速通信，进一步促进高速光通信、量子通信技术的发展，有效地解决了大数据时代面临的高速通信、海量数据处理和信息安全等问题。

（三）美国研制出首个中红外波段硅基量子级联激光器

2016年4月，美国加州大学圣芭芭拉分校、海军实验室、美国威斯康辛大学合作研制出世界首个硅基量子级联激光器，有望满足中红外波段通信的应用需求。

由于硅是间接带隙半导体材料，载流子直接跃迁复合的效率很低，因此很难实现高效率的发光器件。目前的常用方法是采用Ⅲ－Ⅴ族半导体材料与硅基波导实现单片集成。但SiO_2对中红外波段光有很强的吸收力，因此在硅上制造量子级联激光器具有较大难度。研究人员使用SiN替代SiO_2埋入硅波导中，研发出绝缘层上氮上硅（SONOI）新型波导，从而克服了这一挑战。下一步，研究团队将通过改善散热来提升激光器的性能，以及实现硅基连续波量子级联激光器，并获得更高的功率和效率。

该项技术突破将有利于开发更多用于中红外波长的硅光电器件，并进一步制造出全集成中红外器件（如光谱分析仪和气体传感器等），满足传感和探测应用需求（如化学键光谱分析、传感、天文、海洋感知、热成像、爆炸物探测和自由空间通信等）。

（四）欧盟启动新项目以加速光电集成技术发展

2016年2月，欧盟启动了为期4年的"欧盟硅基直接调制激光"（DI-

MENSION）项目，旨在建立一个真正的单片光电集成平台，将光电集成的发展带入新高度。项目将在硅前道工艺中生长超薄Ⅲ-Ⅴ族材料结构，在后道工艺中嵌入有源光功能，使硅 BiCMOS、CMOS 平台和硅光子平台能够制造Ⅲ-Ⅴ族光子，实现在硅芯片上制造有源激光组件，可用于速率 25 吉比特/秒的通信，并显著降低制造成本。

三、光电探测器朝微尺度、多信息载体方向发展

2016 年，多种新型传感器、探测器问世，基于 GaAs 的光学传感器使传感技术向微尺度、多信息载体方向发展。纳米级光探测器体积为普通光电探测器的 1/100，通信速率达到 40 吉比特/秒，可用于片上光通信。采用 MoSi 的纳米单光子探测器、六方氮化硼半导体中子探测器、新型中红外传感器不断提升探测效率。首个全固态波长依赖型双极光电探测器问世。

（一）美国开发出可链接声波、光和射频的光学传感器

2016 年 4 月，美国家标准技术研究院（NIST）开发出基于 GaAs 的"压电光学"电路，能够实现光波、声波和电磁波信号间的转换，可用于下一代计算机和移动存储设备。

GaAs 属于压电材料，施加电场后会发生形变，产生声波。基于 GaAs 的"压电光学"电路位于光学谐振腔内，可将频率 2.4 吉赫的声子和波长 1550 纳米的光子合成光子—声子波导。每个光学谐振腔由一个砷化镓纳米梁上的空气孔阵列组成，该空气孔可像镜子一样反射光。同时，纳米梁将声子（机械振动）频率限制在千兆赫频率。通过纳米梁的振动影响空气孔阵列，进而影响腔体内光子的叠加，而腔体内光子的叠加又影响机械振动的大小，从而实现光子和声子之间的能量交换。通过能量交换，声子可以

改变设备中光子的性质。此外，该传感器还采用了叉指换能器增强压电效应，使电磁波和声波相互转化。

（二）德国研发出世界最小尺寸纳米级光电探测器

2016 年 7 月，德国卡尔斯鲁厄理工学院在欧盟第七研究框架计划"片间互联用纳米级颠覆性硅等离子芯片"项目资助下，研制出一种用于片上光通信的"等离子内光电发射探测器"（PIPED），器件尺寸仅 100 微米^2（为普通光电探测器的 1/100），通信速率达到 40 吉比特/秒。

PIPED 以机械生成光电流为基础，又称为内部光发射，利用表面等离子极化技术使金属电介质表面边界处的电磁波高度集中，载流子电荷在钛—硅界面生成，并在金—硅界面被接收，从而在狭小空间内实现光学元件与电子元件的结合。为提高光的吸收、转换效率，钛—硅界面和金—硅界面间距小于 100 纳米。这种新型光探测器体积小，能大量集成到半导体中用于片上光通信，显著提升系统性能。此外，该器件还可用于无线数据通信中太赫兹信号的生成。

（三）日本研发出首个波长可调谐全固态波长依赖型双极光电探测器

2016 年 9 月，日本丰田中心研发出首个全固态波长依赖型双极光电探测器。该新型双极光电探测器是首个全固态器件，与现有的基于液体电解质的波长依赖型双极光电探测器相比，其载流子迁移率高，因此具有极高的响应速率。

新器件使用了前、后表面均进行氧化处理和硫化处理的二硫化钨半导体薄膜。经过处理后的半导体薄膜前、后表面的带隙会增大或减小，使得材料整体的能带结构呈 U 形或倒 U 形。波长较短的光子在半导体材料中穿透深度小，会在材料前表面激发产生电子。而波长较长的光子穿透深度大，会在材料深层处激发产生电子。在 U 形或倒 U 形的能带结构作用下，波长较长和波长较短的入射光引起方向相反的电流，因此半导体薄膜可承载波长依赖型的光电流，从而使得新器件具有波长可调谐特性。

由入射光波长决定光电流方向的光电传感器是新型光逻辑门、颜色传感器和光催化剂的一个重要组成部分。新型全固态波长依赖型双极光电探测器可满足未来光电器件和逻辑门电路对更高响应速率的需求。

四、新型单光子源、光学谐振腔促进量子通信实用化

2016 年，量子通信领域光电子技术取得了显著进步，高效、紧凑的新型单光子源加速了量子技术的应用；非线性纳米谐振腔可在单光子尺度实现光波转换；首个纳米尺度单晶金刚石光学谐振腔可实现利用电线传输光信号，将促进量子计算、通信等技术的巨大进步。

（一）以色列开发出高效、紧凑型单光子源

2016 年 5 月，以色列希伯来大学开发出高效、紧凑型单光子源。该单光子源可在自然环境温度下工作，解决了目前量子通信使用的光子源工作温度低（液氦温度，约 –270℃）的难题。

该光子源包含半导体材料纳米晶体和纳米天线。纳米天线由金属和介电层制备而成，制备方法与当前的工业制造技术兼容。纳米晶体放置在纳米天线顶部，并由纳米天线将其发出的单光子沿指定方向发射，产生定向单光子流。实验结果表明，由于使用了纳米天线，该新型单光子源发射的光子具有较高的定向性，且单光子发射概率超过 70%。使用简单的光学探测器便可轻易收集大约 40% 的光子，光子收集效率比不含纳米天线的光子源提高 20 倍。这项成果解决了目前普通光子源光子定向性差、采集困难的问题。

这项研究为高纯度、高效率、室温工作的片上单光子源开辟了一个广阔的道路，为紧凑、廉价、高效的量子信息比特源以及未来量子技术应用带来显著的进步。

（二）美国研发出可在单光子级别实现光波转换的非线性纳米谐振腔

2016 年 4 月，美国国家标准技术研究院（NIST）和马里兰大学联合开发出纳米光子频率转换器，其核心器件是氮化硅（SiN）环形谐振腔。该谐振腔直径约 80 微米，厚度约数百纳米，由不同频率的泵浦激光器驱动。光子在谐振腔内会由于两个泵浦激光器的频率差异发生频率转换，从而实现波长 980～1550 纳米的升降频转换，转换效率高于 60%，功率为毫瓦级，是当前实验室阶段中环形谐振腔功率的 1%。该谐振腔光学噪声较低，信号清晰度较高。

量子通信网络要求网络中的光子频率完全相同，而通常量子通信系统的最佳频率远高于光纤通信频率，因此单光子频率转换器是量子通信中的重要工具。

（三）加拿大研制出首个纳米级别单晶金刚石光学谐振腔

2016 年 9 月，加拿大卡尔加里大学量子科学与技术研究所与加拿大国家纳米技术研究所联合利用单晶金刚石打造出了世界上首台纳米尺度光学谐振腔。

在纳米光学微腔中，光的振荡传播会引起腔体高频率、长持续时间的机械振动，从而可以将微小能量的光高倍放大。研究团队开发出新型纳米级别单晶金刚石的制造工艺，利用商用单晶金刚石片制作了纳米微盘，利用光使微盘振动频率达到千兆赫。该频率可用于计算机和手机的数据传输，从而实现利用电线传输光信号。

该单晶金刚石光学谐振腔为研究微观尺度的量子行为提供了一个全新

的平台，将促进量子计算、通信、先进传感技术及其他领域的巨大进步。

五、光学元件小型化朝微型化、低成本化方向发展

2016 年，新材料、新技术推动光学元件朝微型化、低成本化方向发展。其中：铜纳米光子元件可兼容 CMOS，且成本较低，将推动光学计算实用化；3D 激光写入技术将推动光学元件向微型化方向发展。

（一）俄罗斯制备出可与 CMOS 兼容的低成本铜纳米光子元件

2016 年 2 月，俄罗斯莫斯科物理技术研究所（MIPT）成功实现了铜纳米光子元件在光子器件中运行。这意味着，基于光的计算机比以前更接近现实，因为铜比金、银更便宜，且铜元件可以很容易地使用 CMOS 制造工艺在集成电路中实现。

光的衍射极限将光学元件的最小尺寸限制在约 1 个波长（1 微米）。光学元件尺寸太小会导致图像模糊、分辨率降低。当前短波长激光器和大数值孔径光学元件已达到技术极限，或成本太高。突破衍射极限，实现纳米级光学元件一直是光学领域的研究重点。大多数金属在光学频率范围内具有负介电常数，光在这些金属中的穿透深度只有 25 纳米，不能进行传播。但传统的三维光子可以转化为二维表面等离子体光子（或等离子体），从而可利用 100 纳米数量级的光学元件实现对光线的控制，远超出了衍射极限，有望实现真正的纳米级光子元件。

研究发现，铜制波导性能优于金制波导，成本较低，且铜制纳米级组件的硅基集成工艺相对成熟。研究人员通过对铜薄膜进行处理，然后利用近场扫描光学显微镜观察其纳米结构，从而证实了二维表面等离子体光子（或等离子体）的存在。目前，研究人员已开发出可实用化的铜纳米光子、

等离子体元件。未来，这些光学元件可用于发光二极管、纳米激光器、高灵敏度传感器，以及拥有数万个核心显卡的高性能光电处理器、超级计算机。

（二）德国利用 3D 激光写入技术制出微型光学器件

2016 年 4 月，德国斯图加特大学采用飞秒激光 3D 打印技术制出微型光学器件，器件尺寸仅 4.4 微米，并置于直径 125 微米的光纤中心。其性能接近仿真结果，具有较高的重复性和可靠性，将进一步推动装备向微型化发展。飞秒激光 3D 打印技术可直接打印任意微米尺寸的光学元件。目前，斯图加特大学正在尝试使用该技术制备多种相位掩模。

（工业和信息化部电子第一研究所　张慧）

（中国电子科技集团公司第十三研究所　何君）

2016 年真空电子器件技术发展综述

2016 年，真空电子器件技术在展宽器件的带宽、提高频率和功率方面取得了重要进展，主要包括：通过采用参差调谐、对腔技术、滤波器加载、分布作用电路、行波互作用段以及计算机模拟等技术手段，大大展宽了速调管的瞬时工作带宽；行波管的最高工作频率提高到 1. 03 太赫，220 吉赫行波管的功率达到 79 瓦；通过采用共焦波导、螺旋波纹波导、超材料等新技术，实现了一系列新型的回旋器件和高功率微波源。

一、大功率速调管核心技术取得突破

现代先进雷达系统通常采用脉冲压缩技术，采用高平均功率和宽瞬时工作带宽的末级微波功率放大器实现系统的威力和抗干扰能力。通过采用参差调谐、对腔技术、滤波器加载、分布作用电路、行波互作用段以及计算机模拟等技术手段，大大展宽了速调管的瞬时工作带宽。目前，在 700 千瓦至兆瓦级的功率电平上，L 波段和 S 波段宽带速调管的带宽已达到 10%，宽带速调管正向高工作频段发展。由英国 TMD 公司研制的 X 波段宽带速调管 PT6203，在 50 千瓦功率电平上，带宽为 5%，效率为 30%。该调速管采用周期永磁聚焦，整管质量仅 4.25 千克。

雷达用的多注速调管的性能在持续改进，主要目标是提高工作频率、输出功率、带宽和寿命。美国海军实验室正在发展峰值功率 500 千瓦、带宽 400 兆赫的 S 波段多注速调管。俄罗斯 ISTOK 研制的 S 波段多注宽带速调管，采用 36 个电子注，峰值功率大于 800 千瓦，工作比为 1.7%，平均功率大于 13.6 千瓦，相对带宽为 10%，效率为 38%，增益大于 43 分贝。C 波段多注宽带速调管，峰值功率大于 200 千瓦，平均功率大于 10 千瓦，相对带宽为 6.3%。X 波段多注速调管，峰值功率为 200 千瓦，平均功率为 17 千瓦。俄罗斯 Toriy 研制的 S 波段高峰值功率多注速调管，峰值功率为 5～6 兆瓦，平均功率为 5～20 千瓦。Toriy 研制的 S 波段和 C 波段多注宽带速调管，峰值功率为数十千瓦至数百千瓦，带宽为 50～300 兆赫。Toriy 研制的 X 波段双频段多注速调管，峰值功率为 45 千瓦，平均功率为 3 千瓦，该多注速调管采用双模工作方式，其相对带宽可达 6%。Toriy 的多注速调管大多采用周期反转永磁聚焦。近年来，俄罗斯 ISTOK 提出了具有平面分布电子注的多注速调管的新结构，将带状注阴极与多注速调管结合，降低阴极负载，在高频段实现高功率和宽频带。计算表明，对于峰值功率 250 千瓦的 X 波段多注速调管，采用 12 个电子注，8 个谐振腔，其相对带宽为 5%，效率为 40%～50%，而阴极发射电流仅为 7 安/厘米^2。

采用多个分布作用谐振腔实现微波功率放大的一种紧凑型速调管，适合在高频段，特别是毫米波波段工作。CPI‐Canada 公司等已发展成功多种类型 EIK，应用于通信、雷达等领域。CPI‐Canada 公司发展的用于卫星通信的 Ka 波段 EIK，工作频率范围为 27～31 吉赫，输出连续波功率为 300～1000 瓦，带宽为 300～1000 兆赫。采用多级降压收集极（MSDC），效率可达 48% 。该公司发展的 W 波段 EIK，工作频率为 95 吉赫，脉冲输出功率为 1 千瓦，−3 分贝带宽达 2.25 吉赫。正在发展连续波功率 1 千瓦的 EIK。法国 TED 公司发展的用于导弹导引头的 Ku 波段 EIK，峰值功率为 50 千瓦，瞬时带宽为 1.8% ，效率为 30% ，采用 PPM 聚焦，长度为 260 毫米，质量为 2 千克。CPI – Canada 公司正在为欧洲航天局寒区水文高分辨率观测卫星（CoReH20）开发发展 Ku 波段 EIK，峰值功率为 3.5 千瓦，工作比为 20% ，采用传导冷却方式，质量小于 9 千克。

二、新结构行波管技术研发获得新进展

美国麻省理工学院提出了三种新的 W 波段行波管结构，这些新结构可以实现更大直径的电子注通道，提高行波管的工作电流，进而提高峰值输出功率。这些新结构包括过模行波管、光子带隙行波管和体模式行波管。该类器件将用于雷达、通信及成像领域的 W 波段大功率信号源。

美国洛斯·阿拉莫斯国家实验室正在研制新型的大功率 W 波段行波管，目标是实现峰值功率 10 千瓦、平均功率 1 千瓦。该器件采用了陶瓷光子带隙结构，这种结构是在陶瓷上平行于电子注的方向加工出一系列的孔，钻孔是为了产生模式选择性以及使电磁波减速所需的等效介电常数。这种大功率 W 波段行波管设计用于高分辨率毫米波合成孔径雷达系统。

在 DARPA "视频合成孔径雷达" 计划支持下，诺斯罗普·格鲁曼公司研制出 233 吉赫真空电子高功率放大器。该器件在 232.6 ~ 234.6 吉赫输出功率超过 79 瓦，饱和增益为 23 ~ 24 分贝。采用小型永磁均匀磁场来实现电子注的聚焦和约束，采用精密加工的全金属折叠波导慢波电路。该器件工作比已经达到 50% 。

三、太赫兹真空器件技术研发取得新成果

在 DARPA "太赫兹电子学"计划支持下，诺斯罗普·格鲁曼公司研制出 1.03 太赫小型微加工真空电子放大器。该器件在 1.03 太赫产生 29 毫瓦的饱和功率，增益为 20 分贝，瞬时带宽为 5 吉赫。采用电镀的硅基深反应离子刻蚀（Si - DRIE）折叠波导慢波电路、高电流密度热阴极、高场强永磁均匀磁场等技术。这种小型真空电子放大器将应用于高速率保密通信、飞机防撞系统、非接触隐匿武器探测用高分辨率雷达成像等场合。

俄罗斯和乌克兰研制太赫兹磁控管多年，140 吉赫磁控管输出功率可达 4 千瓦，210 吉赫磁控管可达 1.3 千瓦，目前正在开展 325 吉赫和 375 吉赫磁控管研制，这种器件具有体积小、重量轻、脉冲功率大的优点，可以作为太赫兹微波源用于太空垃圾探测、高数据通信等领域。

四、新概念正交场器件研发启动

美国陆军实验室支持开展光学磁控管研制，这种磁控管可以直接将光转换为微波能量，频率可达 30 太赫，效率可达 1%，这种器件可以用于太赫兹成像、太阳能电站、卫星和飞行器供能等领域。

多输入/多输出前向波放大器是将现有的前向波放大器的阳极结构实现轴向叠加，同时共用阴极结构。当阴极加载高压时，输入端激励信号通过放大从输出端输出，可获得大功率输出；当阴极不加载高压信号时，输入端激励信号仅通过阳极结构从输出端输出，可以小信号输出。这种工作方

式可以实现察打一体化，即不加载高压时进行目标探测，当探测目标后，加载高压实现对目标的干扰甚至毁灭性打击。

五、回旋器件新技术研发进展顺利

美国麻省理工学院正在研制一种工作频率140吉赫、峰值功率1千瓦的回旋行波管。该管采用无切断结构的共焦波导作为其高频互作用系统，输入、输出系统为内置的伏拉索夫模式变换器，前级推动系统由100毫瓦、工作频率137~144吉赫的固态源以及100瓦、工作频率139~142吉赫的速调管组成。热测结果表明，当工作电压为47千伏、工作电流为1.7安时，在1.4吉赫带宽内可以获得23分贝的饱和增益。

俄罗斯应用物理研究所正在研制一种采用螺旋波纹波导结构的W波段回旋行波管放大链，整个放大链由两支W波段回旋行波管组成，其中一支高增益回旋行波管作为另一支高功率回旋行波管的推动级。该放大链可满足高峰值功率（100千瓦）、高平均功率（10千瓦）、宽带宽（5%~10%），高效率（20%~40%）以及低输入功率（10~100毫瓦）的应用需求，可应用于高分辨率雷达以及宽带通信等领域。目前，用于该放大链的输入、输出系统已经进行了测试。

以色列阿里埃勒大学正在研制一种采用水冷线包磁体的W波段二次谐波回旋振荡管。该管工作在95吉赫，工作模式为TE02模。由于采用了水冷线包磁体，超导磁体需要花费大量时间启动以及需要一直处于开启状态的缺陷均被克服，这极大地增强了回旋振荡管的实用性。目前的测试结果表明，该管在40千伏、2安状态下，可稳定工作2秒以上。

六、采用超材料的高功率微波源问世

美国麻省理工学院正在研制一种采用超材料的相对论返波振荡器，频率为 2.4 吉赫，已经测量到超过 1 兆瓦的微波功率。该器件是利用超材料加载波导中的负折射率模式与 500 千伏、80 安高功率电子注相互作用，是首个采用由互补开口环谐振器组成的谐振超材料的高功率微波源。在真空电子器件结构中，超材料的优点是比传统材料更实用、器件的体积更小，超材料作为平面部件更便于加工。

（中国电子科技集团公司第十二研究所　黎深根　曾旭　潘攀）

2016 年电能源技术发展综述

2016 年，多种前沿电池技术取得多项进展。钙钛矿太阳电池作为最具潜力的新型太阳电池，转换效率已成功突破 20%，有望实现商业应用。超级材料石墨烯被用于多种电池，使燃料电池、纸状电池、聚合物电池的性能得到显著改善，并实现可用于穿戴设备的超级电容器。钙、二维金属材料等新电池材料带来电池发展新路径；有机流电池原型、锂硫电池原型等新型电池原型有望实现低成本、高能量密度电池的制造。

一、钙钛矿太阳电池等新型太阳电池有望改变人类制备、应用电能方式

2016 年，钙钛矿太阳电池作为最有潜力的新型太阳电池，受到全球各研究机构广泛的关注，转换效率不断提高，成功突破 20%。超薄、柔性的有机薄膜太阳电池厚度不断减小，可达 1 微米，未来将可附着在各种表面。金属氧化物可使太阳电池具备储电功能，从而改变人类生产、储存和消耗能源的方式。

（一）钙钛矿太阳电池转换效率不断提高

2016 年 6 月，瑞士洛桑联邦理工学院将涂布工艺与简易真空工艺结合，得到高品质钙钛矿晶体，成功试制单元尺寸为 SD 卡大小的钙钛矿太阳电池，转换效率超过 20%。此前，钙钛矿太阳电池的转换效率最高为 22.1%，由韩国化学研究所（KRICT）与韩国蔚山科技大学联合开发，但面积仅为 0.1 厘米^2。洛桑联邦理工学院首次以较大单元尺寸（SD 卡大小）突破 20% 的单元转换效率，将其与现有硅基太阳电池串联，有望将转换效率突破 30%，理论极限为 44%。7 月，英国剑桥大学发现混合铅卤化物钙钛矿材料可循环利用光子，有望突破当前钙钛矿太阳电池的能源转化效率极限，达到太阳板硅片的水平。9 月，德国太阳能与氢能研究中心、德国卡尔斯鲁厄理工学院及 IMEC 联合研制出钙钛矿/铜铟镓硒（GIGS）薄膜太阳能光伏组件，将转换效率提升至 17.8%，并有望在未来几年超过 25%。

（二）有机薄膜太阳电池厚度再创新低

2016 年 3 月，美国麻省理工学院开发出一种超轻、超薄的柔性太阳电池，在航天器或高空探测气球等对重量较为敏感的场合具有重大应用潜力。这种太阳电池主要由两种材料组成，基底和涂层采用常见的聚对二甲苯，吸光层采用邻苯二甲酸二丁酯（DBP）材料。本次开发的电池厚度仅为 2 微米，是传统太阳电池的千分之一，功率重量比为 6000，是典型硅基太阳电池的 400 倍。此外，该太阳电池所有部件制造仅用一步完成，在真空室中利用气相沉积技术直接"生长"基底和太阳电池单元，无需其他工序，便于大规模生产，并缩短电子元器件在灰尘等污染环境中的暴露时间，提高产品质量。

2016 年 7 月，韩国利用砷化镓半导体研制出厚度 1 微米的超薄太阳电池，可环绕到普通铅笔上，发电量与厚 3.5 微米的超薄太阳电池相同。这项研究采用"冷压焊"技术将电池直接印制在柔性衬底上。衬底上的光刻胶在170℃时会熔化，然后将电池焊接到基板电极上。制备过程不使用黏接剂，使用的光刻胶在电池板冷却后就会被剥离，有助于降低电池厚度。这项研究把无机复合半导体微电池设备和可弯曲或可延展的基板结合起来，通过减少电池的厚度提高其柔韧性，可为衣服、皮肤等可穿戴电子设备供电。随着超薄太阳电池技术的发展，未来将可附着在各种表面，而不再限于地面电站或者屋顶。

（三）金属氧化物太阳电池实现储电功能

2016 年 3 月，美国斯坦福大学研究发现，加热铁锈等金属氧化物可以提升太阳电池的转换效率和能量储存效率。硅太阳电池无法储存电能，并非常规意义上的"电池"，而斯坦福大学则希望以金属氧化物代替硅，在白天借助日照产生电能，把光子转化为电子后，借助电子把水分子分解成氢气和氧气，再在夜间以某种方式"重组"氢气和氧气释放能量。

研究人员在不同温度条件下测试了钒酸铋、氧化钛和氧化铁三种金属氧化物，结果发现：温度升高时，电子通过这三种氧化物的速率加快，产生的氢气和氧气量相应增加。利用阳光加热金属氧化物时，产生的氢气可以增加 1 倍。

这一突破将可用于太阳电池大规模储能，改变人类生产、储存和消耗能源的方式。

二、石墨烯电池有望引领电池革命

超级材料石墨烯具有高强度、柔韧、高电子迁移率、高热导率等多种特点，也越来越多地用于多种电池中。2016 年，基于石墨烯的电池取得多项成果，采用石墨烯包裹镁纳米晶体可提高燃料电池效率；基于石墨烯的纸状电池比其他电池电极轻10%以上，充电放电循环效率接近100%，可在−15℃环境工作，适合多种航空航天应用；石墨烯聚合材料电池有望实现低成本、超快速充电；3D打印石墨烯电容器问世，成本低，可用于可穿戴的电子器件。

（一）石墨烯包裹镁纳米晶体可提高燃料电池性能

2016年3月，美国能源部劳伦斯·伯克利国家实验室开发了一种新型氢燃料电池，该电池利用氧化石墨烯片包围镁纳米晶体，从而改善其性能。

燃料电池利用氢气和氧气发生化学反应产生电子形成电流，副产物为水，通常采用金属氢化物存储氢气。但由于金属氢化物吸收和释放氢的速度相对较慢，因此燃料电池充放电循环过程较慢。伯克利实验室创建的石墨烯包封微小尺寸（3~4纳米）镁纳米晶体是新燃料电池快速捕获和释放氢的关键。石墨烯的微小孔径可允许体积较小的氢分子通过，而氧分子由于体积大而无法通过，从而可以保护其内部的镁纳米晶体不受氧气、水分和污染物的影响。镁晶体充当氢的"海绵"，以非常紧凑、安全的方式来吸收和储存氢气。同时，纳米晶体具有更多可用于反应的表面积，可使燃料更快地进行反应，并减小电池总体尺寸。

该方法可批量混合石墨烯片和镁纳米晶体，是一种简单、可扩展、低成本的技术。X射线研究显示了引入燃料电池混合物中的氢气与镁纳米晶体反应，形成更稳定的氢化镁分子，同时阻止氧气与镁接触。下一步将重点研究使用不同类型的催化剂，以提高化学反应的速度和效率，进一步改善燃料电池的电流转换效率，并改善燃料电池的总容量。

（二）基于石墨烯的纸状电池有望用于空间探索和无人机

2016年4月，美国堪萨斯州立大学研发出一种纸状电池。该电池电极由硅碳氧化物玻璃陶瓷和石墨烯制成，比其他电池电极轻 10% 以上，并且经过 1000 多个充电放电循环，效率接近 100%。该电池所用材料是廉价的有机硅工业副产品，工作温度低至 -15℃，可以适应多种航空航天应用。

将硅碳氧化物的玻璃陶瓷夹在大片化学改性的石墨烯之间，可制造出自支撑、便携式电极，解决了在电池实际生产中将石墨烯和硅结合时遇到的困难，如单位体积容量低、循环效率差、化学机械不稳定性等。由于采用了硅碳氧化物，该电极具有约 600 毫安·时/克，即 400 毫安·时/厘米^3 的高电容量。该纸状设计电池的 20% 部分由化学改性的石墨烯薄片制成。

纸状电池的轻质电极与目前电池中使用的电极不同，它消除了对增加电池容量无用的金属箔支撑和聚合物胶。该电极能够存储锂离子和电子，经过 1000 多次充放电循环，具有接近 100% 的循环效率。更为重要的是，该材料在实际应用中也能够达到这样的性能。

下一步的研究目标是，生产更大尺寸的这种电极材料，并进行机械弯曲测试，以掌握影响性能的参数。

（三）石墨烯聚合材料电池或将实现超快速、低成本充电

2016 年 7 月，西班牙石墨烯纳米（Graphenano）公司与科尔瓦多大学联合研制出首个石墨烯聚合材料电池，储电量是目前最高水平的 3 倍，充电时间不到 8 分钟。这种石墨烯聚合材料电池的使用寿命较长，是传统氢化电池的 4 倍，锂离子电池的 2 倍，重量仅为传统电池的 1/2，成本比锂离子电池低 77%。2016 年 7 月，澳大利亚墨尔本史威本大学利用 3D 打印技术制出石墨烯超级电容器，充电速度快，并且可以持续永久，显著降低了生产成本。此外，蜂窝状石墨烯薄膜非常强大和灵活，可用于可穿戴设备。

（四）3D 打印石墨烯超级电容器问世

2016 年 7 月，澳大利亚斯温伯恩科技大学开发了一种由 3D 打印石墨烯制成的新型超级电容器。该电容器由多个石墨烯片构成，具有非常大的表面积以存储更大的电量，可在几秒内完成充电，并且充电和放电不会降低电池的质量，因此可持续使用很长时间。

通常石墨烯电池生产成本高，但这款新型超级电容器采用 3D 打印技术，降低了生产成本，成为可负担得起的新型超级电容器。此外，电容器的极长寿命有助于进一步降低总成本。石墨烯片非常坚固、柔韧，因此该技术也可以用于开发柔性超薄电池，安置在可穿戴的电子器件中。

三、新材料、新技术开拓电池发展新路径

2016 年，多种新材料、新技术应用于电池开发，拓展了电池发展新路径。丰富且廉价的钙可成为液态金属电池重要原料，开辟了电池设计新思路；基于二维金属材料的超级电容器问世，其充电速度可达目前锂离子电池的 20 倍，具有较大的发展前景；用于电网存储的有机流电池原型、用于运输的锂硫电池原型等新型电池原型有望制造出成本低于 100 美元/（千瓦·时）的新型高能量密度电池。

（一）钙原料开辟了液态金属电池设计新道路

2016 年 3 月，美国麻省理工学院发现钙可降低大容量三层液态金属电池成本。钙是液态金属电池负电极层的理想材料之一，但钙易溶解于盐溶液，且熔点较高，如果用钙作为电极，液态金属电池必须在 900℃的高温状态下工作。为此，麻省理工学院利用钙镁合金，使熔点降低 300℃，同时保持良好的高压性能。同时，电解质采用氯化锂和氯化钙的混合溶液，不仅

可抑制钙镁合金的溶解，还可实现较高的离子交换速率，增加了电池的整体能量输出，并缓慢放电，电池持续放电时间长达 12 小时。

（二）基于二维金属材料的超级电容器问世

2016 年 11 月，佛罗里达大学开发出超级电容器原型，可在重复充电30000 次后仍能工作。该新型超级电容器采用了只有几个原子厚的二维金属材料，周围包裹微小的导电线。这些材料可以容纳大量的电子，将电存储在材料表面上，而不是利用锂离子电池必须采用的化学反应存储电子。通过周围包裹的导线，电子能够快速、轻易地从电容器核心传递到外壳，实现快速充电，具有较大的能量和功率密度。

该项研究仍处于概念验证的早期研究阶段，但已表现出很好的发展前景。如果该技术成功，所研制出的超级快速充电电池充电速度大约是目前锂离子电池的 20 倍，可在几秒内完成手机充电。

（三）新型电池原型有望实现低成本、高能量密度电池

2016 年 12 月，美国阿贡国家实验室能源存储研究联合中心经过研究超过 22500 种电池原料后，确定了可超越锂离子电池的两种低成本电池原型，即用于电网存储的有机流电池原型和用于运输的锂硫电池原型。目前，该中心正在对这两种原型概念进行全面测试，一旦测试通过，有望制造出成本低于 100 美元/（千瓦·时）的新型高能量密度电池。

有机流网格存储原型是有机分子液体代替锂离子电池中的固体电解质。携带电荷的有机分子流过电池时形成电流。有机分子可连接在一起形成大颗粒，并被多孔膜阻挡，保持液体中的带电颗粒与未带电颗粒分离，使电池不会短路。这种液流电池的巨大优势是可扩展，即如果使活性离子的体积扩大 10 倍，便可存储 10 倍的能量密度。这是锂离子电池无法实现的，因为锂离子的迁移率有限，使锂离子电池体积大 10 倍，锂离子将花费 10 倍的

时间穿过阴极或阳极，这个时间间隔远超过充放电时间，因此产生的能量远远小于10倍。此外，由于有机分子便宜、可回收、对环境无害，这种新型电池可使成本降低至商业电池成本的1/5，可用于大型电网储存风力发电和太阳能发电，而不必依赖天然气或核电站。

现有的锂硫电池已经超过锂离子电池，其能量密度更大、重量更轻，有望用于运输业，满足电动汽车、飞机等能耗大、对重量敏感的交通工具的需求。但是，目前锂硫电池寿命低，可再充电的次数少，限制了其广泛应用。该中心锂硫电池原型将从根本上重新设计电解质，以提高循环寿命和能量密度，优化锂硫电池性能，并使电池更轻，如多价镁电池。锂只具有一个正离子储存能量，而多价镁有两个或三个正离子，因此将可存储2倍或3倍的能量。该电池原型成功后，其理论能量密度将是锂离子电池的5倍。

（工业和信息化部电子第一研究所　张慧）

（中国电子科技集团公司第十三研究所　何君）

2016 年抗辐射加固器件技术发展综述

2016 年，抗辐射加固技术在抗辐射加固设计、单粒子效应测试技术、单粒子效应抗辐射方法和图像传感器辐射效应研究等方面均有所进展，为今后相关宇航抗辐照电子器件的研发奠定了理论基础。

一、抗辐射加固设计技术

抗辐射加固设计技术能有效缓解电子器件在太空环境中所受到的总剂量效应及单粒子效应的影响，从而保证了其在太空及军事等领域应用的可靠性。2016 年，美国博通公司报道了新式电荷转向抗闩锁设计有效改善了 16 纳米鳍式场效应晶体管抗软错误性能，此技术有望应用于先进工艺晶体管的抗辐照性能改善。佐治亚理工学院开发出以完全反相的硅锗异质结作为低噪声放大器的有源增益级并使单粒子瞬态效应得到极大缓解的新技术。在保证性能的前提下，使得噪声放大器的抗辐照性能得到了有效提升，具有很大的空间应用潜力。

（一）新式电荷转向抗闩锁设计可有效改善 16 纳米鳍式场效应晶体管抗软错误性能

随着半导体器件制造工艺尺寸的等比例缩小和与之相关的封装密度的

增大及电源电压降低，抗单粒子效应逐渐成为存储单元必须要面对和解决的一个关键可靠性问题。虽然通过存储单元交错排列、纠错编码或其他检错/纠错方案能够使单粒子效应得到缓解，但保证触发器不受单粒子翻转效应的影响依然十分困难，只能选择牺牲一部分器件性能来做出权衡。因此，急需一种全新的技术使触发器可以通过较小的性能损失获得有效抵抗单粒子效应的能力。

2016 年 12 月 21 日，美国博通公司的巴拉吉等人在 IEEE 的《核科学》汇刊上发表了一篇文章，报道了一种全新的可使电荷转向并远离器件关键敏感存储节点的触发器辐照加固设计方案。研究人员利用与内部闩节点相连的保护晶体管对因单粒子效应而产生的额外载流子的转向作用，使得这些由电离粒子轰击而产生的载流子获得了远离关键存储节点的低阻抗通道，从而改善了器件的抗单粒子效应性能。该技术方案相当于在受单粒子攻击的节点加入了额外的修复性电流驱动。研究人员将该设计方案应用在 16 纳米工艺制造的测试芯片中，并分别经过了 α 射线、质子和高能离子的辐射测试，结果显示该设计方案在大幅提高器件抗单粒子效应能力的同时保持了较高的器件性能。

（二）作为有源增益级的新型反相硅锗异质结双极晶体管可有效缓解低噪声放大器中的单粒子瞬态效应

众所周知，反相硅锗异质结双极晶体管与正向硅锗异质结双极晶体管相比，具有更强的抗单粒子瞬态效应的性能，应用于强辐射环境中，可降低实时系统的数据丢失率及系统器件和电路性能的退化速度。然而，由于硅锗界面的存在，使得反相硅锗异质结双极晶体管不可避免地造成器件电流增益的减小，从而导致器件高频性能的下降。截至目前，很少有将反相硅锗异质结晶体管作为射频电路有源增益级的研究文章报道。

2016 年 8 月 25 日，佐治亚理工学院电气与计算机工程系相关人员报道，他们开发出一种以完全反相的硅锗异质结作为低噪声放大器的有源增益级并使单粒子瞬态效应得到极大缓解的新技术。依托于器件制造工艺的不断进步和器件的小型化，研究人员使用先进的 90 纳米硅锗异质结双极晶体管构建出双互补金属氧化物半导体（BiCMOS）平台，形成了具有堆叠状共射集和共基集电路结构的低噪声放大器（图 1）。经过在美国海军研究实验室进行的贯穿晶圆的双光子吸收脉冲激光实验及其他模拟测试，表明以全反相硅锗异质结双极晶体管作为有源增益级的堆叠式低噪声放大器具有较强的抗单粒子瞬态效应的能力和优良的射频性能，具备应用的潜力。

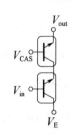

图 1　全反相硅锗异质结双极晶体管堆叠式低噪声放大器电路设计

二、单粒子效应测试技术及抗辐射方法研究

单粒子效应是电子器件在恶劣空间环境中所遇到的主要威胁之一，因此对单粒子效应测试技术及抗辐射方法的研究至关重要。2016 年，法国 IROC 技术公司开发出针对 65 纳米工艺芯片单粒子瞬态效应测试及表征的全新设计方案。该方案首次在拓扑学设计上实现了不同单粒子瞬态效应测试电路同时在同一颗芯片上进行的测试比较，有效提高了单粒子效应测试的效率和可靠性。另外，美国杨百翰大学的科研人员报道了关于现场可编程门阵列中 LEON3 软核处理器各单粒子翻转抗辐射技术互补性的研究成果，清楚地阐明了不同方法在抗单粒子翻转效应方面的作用及相互关系。

（一）1.65 纳米工艺芯片单粒子瞬态效应的测试与表征

对于必须在苛刻辐射环境下保持可靠运行的系统来说，克服单粒子瞬态效应影响始终是极大的挑战。虽然长期以来人们一直关注单粒子瞬态效应对系统可靠性的威胁，但受到单粒子瞬态效应测试、表征方法和手段的限制，相比于单粒子翻转，与单粒子瞬态效应发生率和脉冲宽度分布相关的报道并不多。

2016 年 12 月，法国 IROC 技术公司的 Maximilien 等人报道了其开发出的针对 65 纳米工艺芯片单粒子瞬态效应测试、表征的全新设计方案。该方案将测试芯片与一组脉冲宽度测量拓扑探测器集成在一起。如图 2 所示，每个脉冲宽度测量拓扑探测器主要由两部分组成，即单粒子瞬态效应传感器和单粒子瞬态效应检测器，其中单粒子瞬态效应传感器部分由一连串有可能发生单粒子瞬态效应的组合逻辑栅极组成。串联的组合逻辑栅极的信号输出端则与单粒子瞬态效应检测器中的三个独立的单粒子瞬态效应测试电路（游标电路、脉冲捕获电路和脉冲滤波电路）相连。这种利用不同单粒子瞬态效应测试电路同时对同一颗芯片进行测试和比较的拓扑学设计尚属首次。通过该设计方案，每个单粒子瞬态效应事件均可被三个不同的检测

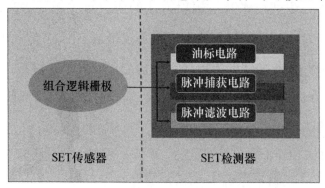

图 2　PWMT 探测器结构

器同时探测到，使三种测试方法的精度比较与假事件的甄别成为可能，为获得更加精确、更高质量的测量结果奠定了基础。

（二）基于静态随机存储器的现场可编程门阵列中 LEON3 软核处理器单粒子翻转抗辐射方法研究

软核处理器是应用于现场可编程门电路或其他器件中的一种微型处理器硬件，如 LEON3 就是一种开源的 32 位软核处理器。由于软核处理器对辐射所引起的输出错误具有足够的免疫特性，因此，它可以集成在基于静态随机存储器的商业现场可编程门阵列中，从而应用在辐射环境中。然而，单粒子翻转可通过改变现场可编程门电路的逻辑、路由和设计状态使软核处理器失效，从而导致软错误的发生。为此，各种各样的单粒子翻转抗辐射技术应运而生。

2016 年 12 月 1 日，美国杨百翰大学国家科学基金会高性能可重构计算中心 Andrew Keller 等人报道了关于现场可编程门阵列中 LEON3 软核处理器各单粒子翻转抗辐射技术互补性的研究成果。为使每一种单粒子翻转抗辐射技术相对独立，从而清楚地解释不同抗辐射技术之间的互补关系，研究人员在实验中设计了无单粒子翻转抗辐射技术、三模冗余技术、三模冗余技术搭配内部块随机存储器擦除技术、三模冗余技术搭配配置随机存储器擦除技术及三模冗余技术搭配内部块随机存储器擦除技术和配置随机存储器擦除技术五种单粒子翻转抗辐射技术的组合方案，并通过故障注入和中子辐射两种方法对上述五种条件下的单粒子翻转效应进行了测试和比较，单粒子翻转改善度由故障注入的敏感度降低程度和中子辐射截面的减小程度来表征。如图 3 所示的测试结果显示，不同单粒子翻转抗辐射方案对 LEON3 的单粒子翻转敏感度均有所改善，且应用的抗辐射技术种类越多改善越明显，当同时采用所有抗辐射技术时，故障注入和中子辐射测试下单粒子翻转敏感度的改善程度最大，均可达到约 50 倍的改善。当单独采用三模冗余技术或使用三模冗余技术与内部块随机存储器擦除技术组合时，LEON3 对于中子辐射的改善程度要明显好于对故障注入的改善。这个现象很可能是由于中子辐射造成的单粒子翻转数目多于故障注入所导致的单粒子翻转数目的缘故。将内部块随机存储器擦除技术与三模冗余技术结合使用，可大大提高系统对中子辐射单粒子翻转的抗辐射效果（16 倍的改善），这说明内部块随机存储器擦除技术的引入对于现场可编程门电路的单粒子翻转敏感度改善起到了非常大的作用。而引入配置随机存储器擦除技术可获得 27 倍的改善，这比引入内部块随机存储器擦除技术时还要多，这说明在 LEON3 的设计中，大多数计算位都属于静态配置内存的一部分。

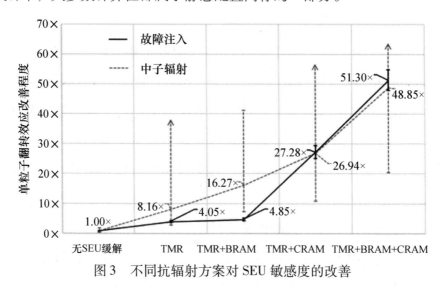

图 3　不同抗辐射方案对 SEU 敏感度的改善

三、CMOS 图像传感器辐射效应研究

互补金属氧化物半导体图像传感器是目前实现固态成像的主流技术，

近年来已广泛应用于地球勘探、遥感成像等重要领域。然而，空间环境中的高能离子及电磁波能导致互补金属氧化物半导体图像传感器出现功能错误和性能退化，甚至造成芯片的永久性损坏。因此，对其辐射效应进行深入的研究意义重大。2016 年，法国图卢兹大学报道了其对重粒子辐射下互补金属氧化物半导体图像传感器暗电流光谱的研究成果，阐述了互补金属氧化物半导体图像传感器中暗电流产生的原因和机理。Clementine 等人报道了他们对于辐射作用下硅基固态图像传感器中多级暗电流随机电报信号的研究成果，给出了检测硅基互补金属氧化物半导体图像传感器随机电报信号的新方法，解释了多级暗电流随机电报信号产生的原因。

（一）重粒子辐射下 CMOS 图像传感器的暗电流光谱研究

2016 年 12 月，法国图卢兹大学的 Jean Marc 等人报道了其对重粒子辐射下互补金属氧化物半导体图像传感器暗电流光谱的研究成果。该图像传感器研究团队在对 20 个经过不同能量质子、中子及各种离子辐射的互补金属氧化物半导体图像传感器的暗电流光谱进行研究后发现，在低能质子和轻离子辐射的库仑相互作用下，大多数异常像素源自一个量子化的暗电流光谱。对于这些像素来说，暗电流的增大主要由一些特殊的点缺陷引起，如空位对缺陷或磷—空位复合缺陷等。这些简单的点缺陷应该是由轻微且稀疏的辐射位移损伤所造成的。相反，在可产生高库仑量非电离能量损失硅初级反冲原子的中子及高能质子的核相互作用或低能重离子的辐射作用下，暗电流光谱并没有明显响应，所有异常像素的暗电流变化函数呈指数变化，并可延伸至非常高的暗电流值。这些像素中的暗电流增大主要由可在临近硅能隙中央位置引入能级的缺陷所导致的。这些缺陷比点缺陷复杂得多，因为它们的生成速率各不相同且通常在受到程度高、密度大的位移损伤时才形成。该研究通过对不同条件下暗电流光谱的分析，区分了库仑相互作用与核相互作用对暗电流变化函数分布的影响，并确定了两种相互作用下导致暗电流增加的主要辐照缺陷类型。

（二）辐射作用下硅基固态图像传感器中多级暗电流随机电报信号的深入分析

辐射诱导现象一直以来都是空间专用图像传感器所要面对的一大挑战。宇宙中大量存在的质子或电子等高能粒子会使探测器材料的晶体结构产生位移损伤，形成暂时或永久性缺陷，这些缺陷可在硅带隙中引入新的能级，从而导致暗电流的产生，使图像传感器的性能下降。

2016 年 11 月，Clementine 等人报道了他们对于辐射作用下硅基固态图像传感器中多级暗电流随机电报信号的研究成果。他们在自己开发的基于边缘检测技术的随机电报信号检测分析工具的基础上，加入了随机电报信号时间常数、能级跃迁平均间隔时间等全新参数获取功能，并改进了后处理技术。利用该工具，他们对经能量为 22 兆电子伏的中子束照射的互补金属氧化物半导体图像传感器进行了测试。结果显示，2 级随机电报信号（RTS）来源于具有双能级的缺陷中心，3 级随机电报信号来源于多能级缺陷中心，4 级随机电报信号既可能来源于两个双能级缺陷中心也可能源于一个多能级缺陷中心。该研究给出了一种检测空间专用硅基互补金属氧化物半导体图像传感器随机电报信号的新方法，解释了多级暗电流随机电报信号的产生原因。

（工业和信息化部电子第一研究所　李铁成）

重要专题分析

国际宽禁带半导体技术发展现状和前景

以碳化硅（SiC）和氮化镓（GaN）为代表的第三代宽禁带半导体器件由于具有禁带宽度大、击穿电场强度高、饱和电子漂移速度快、热导率大、抗辐射能力强等特点，正在成为有源相控阵雷达、军事通信系统、卫星有效载荷及电子战等军用武器系统的核心器件。多年来，欧盟各成员国、美国、日本等军事强国投入了大量的人力和物力开发宽禁带半导体技术，使军用宽禁带技术迅速发展，并在多种武器系统上得到应用。此外，美国、欧洲也不断挖掘 GaN 和 SiC 器件在大功率电力电子方面的应用潜力，并启动多项研发计划加以研究，使其在军用车辆、无人机、新能源、高速铁路、电动汽车等多个军用和民用领域得到应用。

一、宽禁带半导体技术发展现状

（一）军用氮化镓射频技术水平大幅提升，逐步实现实用化

近年来，美国和欧洲一些国家在军用 GaN 技术方面的投资十分巨大，如 2009 年 DARPA 启动"下一代氮化物电子技术"（NEXT）计划，迄今为

止投资上亿美元。自 2015 年开始，美国军费预算开始回升，GaN 功率器件应用的相关项目得到更大规模资金支持，如面向 GaN 功率器件集成应用的"异类器件异质集成"（DAHI）项目资金投入近亿美元。欧洲一些国家也于 2014 年建立独立的 GaN 供应链，加大在军用 GaN 技术领域的投入。

目前，美国和欧洲一些国家军用宽禁带半导体技术已取得许多令人瞩目的成就：材料、工艺和器件成体系发展；可靠性和成品率大幅提高；制造成本不断下降；应用范围迅速扩大；应用化水平不断增强，在雷达、电子战、导航等军用领域加速应用。美国军用 GaN 射频技术居于世界前列，多家公司 GaN 制造水平达到 8 级，其中 Qorvo 公司 GaN 器件制造水平达到 9 级，已经进入大规模量产阶段。同时，为了降低成本，Qorvo 公司、疾狼公司等主要 GaN 射频器件制造商已开始采用 6 英寸 SiC 衬底晶圆进行器件制作。

随着 GaN 技术制造平台、热管理、集成应用（射频微系统）的成熟和突破，GaN 器件在武器装备的大规模应用得以更快速发展。2015 年，雷声公司采用 GaN 有源电子扫描相控阵升级"爱国者"火控雷达；2016 年 10 月，美国空军实验室、国防部长办公室联合授予雷声公司价值 1.49 亿美元合同，用以升级其 GaN 制造工艺，提升工艺成熟度和制造成熟度等级；2016 年，诺斯罗普·格鲁曼公司与美国海军陆战队签订了价值 3.75 亿美元的合同，用于 9 部基于 GaN 技术的 AN/TPS－80 地/空任务导向雷达低速率初始生产，提高系统性能并减少成本、重量和功耗。

（二）民用 GaN 器件需求增大，5G 通信成主要发展领域

射频 GaN 器件的最大应用市场是雷达和电子战系统，军事应用占总市场规模的 40%，随着 GaN 在民用领域的需求不断增大，民用市场规模也将不断增大。自 2013 年开始，GaN 半导体逐步从军用市场向民用市场拓展，美国和欧洲一些国家均出台相关政策大力推进 GaN 半导体产业发展，GaN

半导体已经成了各家必争之地。

目前，GaN 功率器件民用市场包括开关式电源（SMPS）、电动汽车、电动汽车的充电器和电池管理系统、清洁能源（太阳能、风能、智能电网）、不间断电源、电机控制、大型家用电器（白电）、小型电子移动设备（自行车、滑板车等类似系统）、无线功率传输、音频放大等。GaN 技术在 5G 通信领域的应用潜力巨大，GaN 射频器件正凭借其性能优势成为 5G 通信用关键器件技术。2016 年，美国 Qorvo 公司、MACOM 公司及荷兰恩智浦半导体公司等纷纷为 5G 用 GaN 器件技术造势，促进了 GaN 射频器件在民用领域的迅猛发展。同时，GaN 军用主动电子扫描阵列和相控阵技术已经用于民用 60 吉赫毫米波 Wi-Fi 技术、汽车雷达系统和无线基站等。研究机构预测，5G 基站、汽车毫米波雷达、纯电动汽车/油电混合车将在 2018—2019 年开始广泛采用 GaN 射频元件，2020 年可实现 80% 的年复合增长率。

（三）氮化镓功率电子技术发展势头迅猛，成本不断下降

世界各国对 GaN 功率电子产业都极为重视。美国将第三代半导体功率电子当作提升未来基础电力设施的关键，并于 2014 年成立国家制造业创新研究所——第四研究所（下一代功率电子制造创新研究所）；美国能源部计划研发的下一代智能电网选取 GaN 电力电子器件；日本新能源产业综合开发机构最近成立了针对第三代半导体功率器件的高温封装技术联盟；欧盟各国也陆续推出"KORRIGAN"（投资金额 4000 万欧元）、"GREAT2"（第一期投资金额 860 万欧元）等 GaN 功率电子器件研究项目。由此可见，未来 GaN 电力电子器件的发展潜力巨大。

自 2012 年美国 TransPhorm 公司推出耐压 600 伏的 GaN 功率器件产品之后，陆续有多家公司宣布推出 600 伏乃至 900 伏 GaN 功率器件产品。Si 基 GaN 晶圆尺寸已达 8 英寸，12 英寸晶圆也处于研发阶段。目前，GaN 功率器件的主要商家包括美国国际整流器公司、TransPhorm 公司以及日本罗姆公司、三垦公司、东芝公司等。在市场需求驱动和政府资金支持下，德国英飞凌公司及日本富士公司、东芝公司、松下公司等纷纷投巨资进军 GaN 领域，加拿大 GaN 系统公司和美国 EPC 公司等已经量产 GaN 功率器件产品。比利时微电子中心 200 毫米硅基 GaN 实现工业生产，将使 GaN 器件的成本进一步降低。2016 年 6 月，台积电公司正式对外进行硅基 GaN 功率器件的代工服务，将直接挑战美国德州仪器公司及恩智浦公司的霸主地位。

目前，采用硅基 GaN 技术制作的 GaN 电力电子器件正在电动汽车充电器、电池管理系统和清洁能源等众多商用领域产生越来越大的影响，其中增长最快的是笔记本电脑和电子设备的充电器，预测到 2022 年消费类设备用充电器占据 GaN 功率总市场的 30%。虽然全球 GaN 电力电子器件的产值还很低，但研究机构预测随着技术水平的进步，2020 年产值有望达到 15 亿美元。未来 GaN 电力电子器件将在新能源、智能电网、信息通信设备和消费电子领域将得到广泛应用。

（四）军用碳化硅技术

SiC 器件可以使功率电子装备的体积更小、重量更轻、性能更强，有望推动各种军用车辆、无人机朝全电化的方向发展，在军事领域具有极其重要的意义。全球 SiC 需求的持续增加，带动了下一代 SiC 材料和工艺的不断改进，推动器件朝高性能、低成本方向发展。SiC 半导体器件的主要生产厂商包括美国飞兆半导体公司、Genesic 半导体公司、美高森美公司，德国英飞凌技术公司，瑞典 NorstelAB 公司，瑞士意法半导体公司，以及日本瑞萨电子公司、罗姆公司、东芝公司等。

近年来，美国在 SiC 技术领域投入巨大，同时企业间采取构建产业联盟以企业间并购的方式来提升企业自身的技术水平。2014 年，美国通用电气公司以合资企业的形式联合并领导纽约州 100 多个私营企业组成"纽约功率电子制造联盟"（NY - PEMC），共同开发下一代 SiC 材料和工艺，预计未来 5 年总投资将超过 5 亿美元；2015 年，美国能源部斥资 2200 万美元用于开发更高性能 SiC 电力电子器件，以提高矿物燃料输运和工业级压缩系统等高能耗产业、产品和加工技术的能效；2016 年，美国防部提供 1350 万美元资助 SiC 研发，开发大型 SiC 衬底和外延工艺，以推动技术在可承受性和质量方面的发展。

目前，美国研制的 SiC 功率管已经在 F - 16、F - 22"猛禽"战斗机新型雷达、远程雷达等重点装备试用，并已经将 SiC MOSFET 应用于美国下一代航空母舰 CVN - 21 配电系统的 2.7 兆伏·安固态功率变电站开发中。2016 年 3 月，美国陆军授予通用电气公司两份价值 210 万美元和 340 万美元 SiC 研发合同，目标是通过将 SiC 技术用于高电压地面车辆电子功率系统，优化在高温环境工作的电子系统的体积、重量、功耗，最终增加士兵的作战能力。

（五）碳化硅电力电子技术

SiC 电力电子领域包括应用于汽车、机车以及工业领域中的功率因数校正器（PFC）、电源单元、不间断电源、DC - DC 转换器和逆变器等器件，市场空间上百亿美元。

目前，SiC 二极管器件已实现产业化，拥有 600 ~ 1700 伏电压等级和 50 安电流等级的多款产品；SiC 结型场效应晶体管（JFET）也实现一定程度的产业化，产品电压等级为 1200 伏、1700 伏，单管电流等级最高可以达 20 安，模块的电流等级可以达到 100 安以上；SiC MOSFET 电压等级已经达到 1700 伏。2015 年疾狼公司研发出业界首款 1700 伏全 SiC 功率模块，在高功率模块的开关设备市场打开了一扇大门。全 SiC 功率模块已经在一些高端领域实现初步应用，包括高功率密度电能转换、高性能电机驱动等，并成为全球电力电子器件大型企业目前重点的发展方向，具有广阔的应用前景和市场潜力。

2015 年，6 英寸 SiC 晶圆材料已实现量产，有望进一步降低 SiC 器件成本。2016 年，德国爱尔福特的 X – FAB 硅铸造厂在其德克萨斯卢伯克工厂部署了高温离子注入机，成为世界上第一个支持 6 英寸 SiC 生产的半导体工厂。2016 年 8 月，美国能源部斥资 2200 万美元，开发更高性能 SiC 电力电子器件，以提高矿物燃料输运和工业级压缩系统等高能耗产业、产品和加工技术的能效。2016 年 5 月，德国英飞凌公司推出革命性的分立式 1200 伏 CoolSiC MOSFET 技术。该技术具备更大灵活性，可提高效率和频率，将有助于电源转换方案的开发人员节省空间、减轻重量、降低散热要求，并提高可靠性和降低系统成本，使产品设计可以在功率密度和性能上达到前所未有的水平。

另外，德国英飞凌公司斥资 8.5 亿美元收购美国 Cree 公司下属疾狼公司也成为 2016 年重点事件之一。这次收购使英飞凌公司一跃成为全球最大的 SiC 功率半导体厂商，并将在 SiC 衬底材料领域占据全球垄断地位，在射频功率领域也有机会争得第一。目前，疾狼公司的 SiC 技术水平仍保持世界领先水平，SiC 衬底材料也依然占据全球垄断地位，6 英寸 SiC 衬底材料已实现量产，将有希望进一步降低 GaN 器件和 SiC 器件的成本。

二、宽禁带半导体技术发展前景

国际宽禁带半导体技术正处于高速发展的时期，未来将朝高性能、低成本、集成化、系统化等方向不断发展，并在军民用多领域发挥越来越重要的作用。据 2016 年《环球透视》研究报告预测，全球 SiC 和 GaN 功率半导体产值将由 2015 年的 2.1 亿美元快速成长至 2020 年的 10 亿美元，2025 年将达到 37 亿美元。其中，GaN 功率半导体市场将以 18% 的速度稳步成长，全球销售额将从 2012 年的 1.43 亿美元大幅增加到 2022 年的 28 亿美元。SiC 功率器件市场（包括二极管、晶体管和模块）将从 2015 年的 2 亿美元上涨到 2021 年 5.5 亿美元，年复合增长率达到 19%。

（一）GaN 半导体技术朝高性能、集成化、小型化、低成本方向发展

GaN 半导体技术将继续在雷达、通信、导航、电子战等军用领域和 5G、通信等民用领域快速发展，高性能、低成本、小型化、集成化将是 GaN 器件的未来发展趋势。

GaN 制造技术升级是未来几年的研发重点，包括美国 Qorvo 公司、雷声公司均获得政府大量资金支持，以升级其现有的 GaN 工艺水平，在提高产量、降低成本、提高可靠性等方面得到进一步发展。

GaN 器件散热技术正成为目前各国研发的重点，GaN 技术面临的散热挑战正极大限制着 GaN 器件的性能提升，美国政府近年来采用多种方法加以解决。美国 Qorvo、雷声公司金刚石基 GaN 技术一取得重大成功，并使 GaN 功率器件性能提升 3 倍以上。2016 年，雷声公司在美国"类目Ⅲ"项目支持下，继续研发金刚石基 GaN 技术，以应对 GaN 器件的散热挑战。

GaN 集成技术已初见成果。2016 年，美国 Navitas 公司打破速度限制，推出业内首个 GaN 功率集成电路，设计出 650 伏单片集成 GaN 功率场效应晶体管及 GaN 逻辑和驱动电路，实现了 GaN 驱动、逻辑电路和 GaN 功率场效应晶体管（FET）的单片全集成。

硅器件与 GaN 器件的异质集成技术正成为目前研发的重点技术，2012 年 DARPA 启动"多样可用异质集成"（DAHI）项目，目标是开发晶体管级异质集成工艺，并将先进的化合物半导体器件（MEMS、GaN 器件、铟化磷器件、锗硅器件等）及其他新兴材料和器件与高密度 Si CMOS 技术紧密结合在一起。目前，麻省理工学院和雷声公司均已经研发出 GaN 高电子迁移率晶体管（HEMT）与 Si CMOS 异质集成的单片式微波集成电路，未来发展前景巨大。2016 年，德国 X–FAB 半导体公司发布了将 GaN 功率元件和采用 CMOS 工艺生产的硅元件通过接合集成在一起的称为"微转印"的制造技术。

（二）SiC 半导体技术将在多领域迅速发展

未来 SiC 技术的发展仍将围绕功率因数校正器（PFC）、电源单元、不间断电源、DC–DC 转换器和逆变器等器件展开，高性能、低成本将是未来的主要发展方向。

由于军用 GaN 器件主流衬底技术——SiC 衬底技术具有重要的军事意义，将继续成为各国未来研发的重点。2016 年，美国国防部提供 1350 万美元资助 SiC 衬底技术研发，将进一步推动 SiC 衬底技术的发展。

SiC 电力电子技术将在未来迅速发展，以满足能源、电力、功率转换等多领域的需求。全 SiC MOSFET 技术正逐渐成为各国研发的主流。

（中国电子科技集团公司第十三研究所　赵金霞）

先进硅基技术全球发展现状及前景

硅是优良的半导体，是现代电子技术的基础，是功率器件最基础的材料。经过 50 多年的微型化发展，硅基晶体管的尺寸缩减压力越来越大。2016 年 12 月，台积电公司展示了首个采用全新 7 纳米制程技术制备的 3D FinFET 晶体管。全球硅工艺制程技术竞争日趋激烈。硅基异质集成技术成为微电子行业的热研方向，并在硅基 GaN、砷化镓等两种材料的异质集成上取得了巨大的技术突破，并有光学相控阵芯片以及全硅毫米波放大器等多种应用产品问世。5G 通信进一步推动硅技术发展。

一、硅工艺制程将进入 7 纳米时代，5 纳米制程充满不确定性

尽管全球半导体业增长的步伐减缓，但是在先进制程方面没有停步，反而加快。芯片制造商之间的竞争激烈但差距缩小。目前，28 ~ 14 纳米工艺节点已趋于成熟，10 纳米工艺节点刚刚进入量产，7 纳米及其更小节点还处于研发阶段。进入 14 纳米节点以后，硅晶体管广泛采用鳍式场效晶体管（FinFET）结构，可以有效增强栅对沟道控制，减少漏电。最新趋势表

明，台积电公司和三星公司可能会反超英特尔公司，英特尔公司已经放慢了发布新工艺技术的步伐，因为摩尔定律的进展变得更加复杂和昂贵。

2016年10月，三星公司宣布量产10纳米FinFET工艺芯片，成为首家大规模采用10纳米工艺的厂商，首款10纳米处理器可能将于2017年初发布。台积电公司称其10纳米工艺2016年底能实现量产，2017年第一季度联发科公司的Helio X30芯片和苹果公司的A10X芯片有望基于该工艺生产。英特尔公司一直以每两年一次的速度改进生产工艺，基本与摩尔定律保持一致，但要继续追赶摩尔定律的步伐越来越困难。英特尔公司此前宣布，10纳米的芯片可能要到2017年下半年才能面市。作为全球第二大晶圆代工厂，美国格罗方德公司认为，10纳米将是过渡性制程，7纳米将是一个比较长生命周期的制程，并且与10纳米制程相比，7纳米制程能使运算能力提高30%，耗电量降低60%。因此，该公司决定跳过10纳米制程，直接开展7纳米制程研究，并计划将从2018年初开始进行7纳米制程风险生产。与其他厂商在7纳米上选择极紫外光（EUV）光刻不同，全球晶圆公司仍是沿用光学技术，选择低成本的全耗尽绝缘体上硅（FD-SOI）架构开发自己的7纳米制程，预计在2018年上半年量产。格罗方德公司已经开始第二代FD-SOI技术的开发，称为12FDX，预计在2019年量产。目前，中国大陆集成电路（IC）设计客户对于FD-SOI技术的接受度很高，格罗方德公司将是全球FD-SOI技术的核心供应商。

进入7纳米制程时代，全球只剩下四家半导体厂可以供应，即格罗方德公司、台积电公司、三星公司和英特尔公司。在2016年12月举行的IEEE国际电子元件会议上，台积电公司展示了其最新版3D FinFET晶体管。该晶体管采用首个全新7纳米制程技术，可用于生产更新一代智能手机及其他移动装置处理器，台积电公司正式加入全球7纳米制程技术竞争战场。台积电公司 7 纳米制程技术采用当前的 193 纳米浸润式微影技术，静态随机存储器（SRAM）良率已达 50%。三星公司将在 2018 年底之前推出 7 纳米 EUV 定位生产，仍采用 FinFET 架构。英特尔公司还没有详细说明其 7 纳米节点，但表示它预计密度将上升，每个晶体管的成本下降。EUV 光刻机是制程突破 10 纳米及之后的 7 纳米、5 纳米工艺的关键，在 7 纳米或以上节点所需的 EUV 系统将花费超过 1 亿美元。2016 年，ASML 宣布其 EUV 机性能逐步稳定，但也要到 2019 年才能成熟。

2016 年，台积电公司公布了其 5 纳米的 FinFET 技术蓝图，规划 5 纳米 FinFET 于 2020 年到位，开始对外提供代工服务，是全球首家揭露 5 纳米代工时程的晶圆代工厂。2016 年，比利时微电子研究中心（IMEC）发布无结全环栅（GAA）纳米线场效应管。该晶体管基于体硅衬底，具有卓越的短沟道特性，可与 FinFET 器件的性能媲美。GAA 结构能提供良好的静电控制能力，因此支持 CMOS 器件尺寸的进一步微缩，是实现 5 纳米 CMOS 微缩最具潜力的候选技术之一。法国电子与信息技术实验室（Leti）在 2016 年底 IEEE 国家电子设备大会上展示了使用纳米线技术制造的 5 纳米节点 CMOS 器件。

尽管尺寸缩小依然会继续，但综合目前看来，5 纳米工艺制程充满不确定性。这有多方面的原因：先进工艺节点制造成本高；缩小特征尺寸带来的经济效应也不像过去那样明显，单个晶体管的成本在上涨；无法有效散热等。国际半导体技术发展路线图（ITRS）2015 年报告指出，经过 50 多年的微型化，晶体管的尺寸可能将在 5 年后停止缩减。但这并非意味着摩尔定律将在 5 年内"死亡"，通过使用 3D 堆叠等新的技术，短期内芯片的晶体管密度将继续提高。

二、全球硅基异质集成技术发展迅速

硅基异质集成技术是整个微电子行业的热研方向，准单片集成结构、混合集成结构、单片集成结构均有向硅基衬底转移的趋势。目前，硅基GaN、砷化镓两种材料的异质集成已经取得了巨大的技术突破，硅与磷化铟、锗硅的异质集成技术相对较成熟，并有光学相控阵芯片以及全硅毫米波放大器等多种应用产品问世。

2016年5月，美国雷声公司在国际微波会议（IMS）上对未来的系统做了前瞻回答：未来的系统是硅、Ⅲ－Ⅴ族、无源器件通过异构或异质技术集成而成的一块芯片。为了发展异质集成技术，美国先后启动"材料与硅的异质集成"（HIMS）、"硅基化合物半导体材料"（COSMOS）和"多样可用异质集成"（DAHI）等多个项目，这些项目耗资巨大，仅DAHI项目2012—2016年的总投入就超2亿美元，可见美国政府对于异质集成项目的重视程度。DAHI项目研发团队包括HRL、麻省理工学院、雷声公司等多家科研院所和企业。2015年12月，欧盟启动"下一代高性能互补金属氧化物半导体（CMOS）系统级芯片（SOC）Ⅲ－Ⅴ族化合物纳米线半导体集成技术"（INSIGHT）项目，项目投入425万欧元，重点研发与硅CMOS相兼容的Ⅲ－Ⅴ族材料生产工艺，以及在硅器件上的异质集成，进而实现系统级芯片。

2016年12月，英国工程与物理科学研究委员会为化合物半导体应用创新中心投资1000万英镑，集聚英国学术界和产业界在化合物半导体领域的专业人员，并以此带动与该中心合作的26家初创公司和机构，共同协助卡迪夫大学和威尔士政府投资5000万英镑。基于硅的化合物半导体制造技术成为投资热点。

（一）低成本硅基氮化镓技术深受重视，发展前景看好

硅基 GaN 材料和器件具有低成本、大直径以及兼容硅工艺的优点，是 GaN 器件领域的一个重要发展方向，发展前景好。

2016 年 6 月，台积电公司进军 GaN 市场，正式对外进行硅基 GaN 功率器件的代工服务。台积电公司已经拥有 6 英寸、0.5 微米的 650 伏硅上 GaN 制造技术，从 2016 年 9 月开始受托生产耐压 100 伏产品，从 2016 年 6 月开始受托生产耐压 650 伏产品和耐压 100 伏产品。台积电公司预计在 2017 年 1 月推出 GaN 快充产品，并挑战目前快充芯片龙头美国德州仪器公司及荷兰恩智浦公司霸主地位。

硅基 GaN 技术也为欧洲科研院所和企业所重视。比利时微电子研究中心自 2009 年设立了"硅基 GaN 产业联盟"以来，为多个企业提供硅基 GaN 外延工艺和增强型 GaN 器件技术的联合研发平台，参与企业包括集成器件制造商（IDM）、设备和材料供应商、纯器件设计商和封装公司。目前，硅基 GaN 外延片的尺寸已从开始的 100 毫米、150 毫米发展到 200 毫米。该项目的最新进展是，通过使用 IMEC 独有的二极管架构和 IQE 的高质量外延片，IQE 和 IMEC 在 200 毫米晶圆上合作研制出 650 伏硅基 GaN 功率二极管。IQE 是该项目的参与者之一，通过该项目掌握了下一代外延工艺、设备和功率电子制造工艺，包括 IMEC 完整的 200 毫米 CMOS 兼容 GaN 器件制造工艺。

法国 GaN 技术初创公司 Exagan 与 HIREX 工程公司进行战略合作，共同推进硅基 GaN 产品的研发和商业化。Exagan 与 HIREX 合作的目标是证实硅基 GaN 的可靠性，同时向用户展现 GaN 所带来的性能提升，以及使用该新技术的低风险。Exagan 使用 200 毫米 CMOS 兼容 GaN 器件制造工艺，以及专用的 G 堆叠技术制造出硅基 GaN 功率电子产品 G－FET，适用于制造更小、更高功效功率转换器，在高增长市场中有广泛应用，包括插入式混电和纯电汽车、太阳能和工业应用，以及所有电子设备的高效充电。

（二）硅基光电集成技术成为研发热点

硅基光电集成是混合了光电、硅互补金属氧化物和先进封装等技术的技术。硅光电提供了硅技术优势，比传统光电器件具有更高的集成度、可嵌入更多功能、更低功耗和更高的可靠性。在硅基光电子时代，数据传输将以太比特每秒计算。硅基光电集成是一种可以更高效率、更安全地传输更多数据的方式，但是要实现大面积应用必须降低价格。

2016 年，英国伦敦大学、美国阿肯色州州立大学、德国柏林洪堡大学和美国陆军研究实验室使用分子束外延，合作完成首个直接在硅衬底上生长的砷化镓（InAs/GaAs）量子点红外光电探测器（QDIP），实现了光电探测器结构和硅基读出电路的单片集成，可用于实现高性能、多谱和大尺寸红外焦平面阵列（FPA），满足超光谱成像、红外光谱和目标识别等领域应用，以及应用于自由空间通信、监测、跟踪和导弹拦截、化学传感与生物医疗成像。

2016 年初，法国纳米科技技术研究所宣布首次实现了Ⅲ－Ⅴ/硅基激光器和硅基马赫—曾德尔调制器的单片集成，单信道内数据传输速率达到 25 吉比特/秒。为了实现激光器和调制器的集成，研究人员首先在 8 英寸绝缘体上硅晶圆上实现硅光电电路与调制器的集成，然后在该晶圆上键合 2 英寸Ⅲ－Ⅴ材料晶圆，最后对该混合晶圆使用传统半导体和/或微机电系统工艺，生产出集成了调制器和激光器的发射器。

硅基光电集成是小型化、大功率半导体激光器最具前景的技术。2016 年 3 月，英国卡迪夫大学等首次成功在硅衬底上直接生长出第一束实用性电泵浦式连续波Ⅲ－Ⅴ量子点激光器，有望实现计算机芯片和电子系统之间的超高速通信。2016年，德国慕尼黑工业大学开发了一种直接在硅芯片上淀积纳米激光器的技术。2016年，美国麻省理工学院光子微系统研究团队在DARPA的支持下，在300毫米硅晶圆上研制出体积小于10美分硬币的微型单片集成激光雷达，目标应用于自动驾驶汽车、无人机和机器人等领域。

2016年10月，市场研究和策略咨询公司法国悠乐（Yole）发布了《用于数据中心和其他应用的硅光电器件》的技术和市场分析报告，报告预测硅光电器件产业即将腾飞，到2025年，市场销售总值将达到数十亿美元。其中，硅光电器件在数据中心的应用将占主要份额，自动驾驶用激光雷达和生物化学传感器呈现巨大需求。目前，只有几家企业在公开市场提供芯片级硅基光电产品，包括美国迈络思公司、思科公司、Luxtera公司、英特尔公司及意大利意法半导体公司、Acacia和莫莱克斯公司等。

（三）硅芯片上新型功能材料异质集成将带来下一代智能器件和系统

2016年，美国研发出了一种可将新型功能材料异质集成到硅芯片上的技术，将带来下一代智能器件和系统。研究人员提出了两个与硅材料兼容的平台，可集成的新型功能材料包括多铁性材料、拓扑绝缘体以及全新铁电材料等。研究人员研发了一系列可用作缓冲结构的薄膜材料，通过排布在新型材料和平台材料的表面，实现材料间的有效互连，进而实现相应材料与硅材料的异质集成，从而将对应功能集成到电子设备上。

在硅上集成新材料带来新应用潜力。例如，可将数据感知、处理和传输等功能集成到一个紧凑型芯片，带来更快、更高效的器件。异质集成的最终目标是将不同类型的晶体管（如微电子器件、光电子器件、MEMS器件）集成在同一芯片上，构建片上微系统。

三、全球半导体厂展开 12 英寸硅晶圆产能竞赛，18 英寸悬而未决

12 英寸硅片自 2009 年起成为全球硅圆片需求的主流产品（大于50%），预计 2017 年将占硅片市场 75% 以上份额。2016 年，全球 12 英寸晶圆厂数量持续增长，半导体厂商展开 12 英寸硅晶圆产能竞赛。

市场研究机构 IC Insights 2016—2020 年全球晶圆产能报告显示，全球营运中的 12 英寸晶圆厂数量持续成长，截至 2016 年底达 100 座，预计 2020 年底，全球应用于 IC 生产的 12 英寸晶圆厂总数将达到 117 座。该报告估计，三星公司 12 英寸晶圆产能占全球比例达 22%，居全球第一；美光公司所占比例约 14%，位居第二；台积电公司与海力士公司所占比例都是 13%，并列第三。

高阶制程、3D NAND Flash 及中国大陆半导体厂商对于 12 英寸晶圆代工产能需求大增，然而未来几年全球半导体硅晶圆产能的年成长率仅有 2%（不含非抛光硅晶圆和再生晶圆），导致硅晶圆供应缺口持续扩大。近期，全球三大硅晶圆厂，即信越公司、Sumco 公司、Siltronic 公司均传出上调硅晶圆价格，预计 2017 年第一季 12 英寸硅晶圆价格上涨 10% ~ 20%，包括台积电公司、联电公司、美光公司等半导体大型企业都被迫买单。半导体硅晶圆产业酝酿近 16 年来最大一波涨价风潮，业界纷纷关注硅晶圆后续价格走势。

然而，业内人士对 18 英寸硅片的发展持有不同的看法。由于 18 英寸设备不是简单地把腔体的直径放大，而是要从根本上对设备进行重新设计，因此面临着经费与人力等问题。设备供应商无法确保未来市场能有足够的

投资回报率，因此缺乏研发积极性。尽管台积电公司等曾宣布将于2018—2019 年采用 18 英寸硅片，但根据目前半导体产业态势观察，很难取得实质性进展。采用 18 英寸硅片，如同前几次硅片增大直径一样，关键在于从经济上要有它的利益，包括芯片制造商及设备供应商在内，另一个是产业发展需要扩大产能的迫切性，所以等待未来市场的再次高潮到来。目前来讲，18 英寸硅片对于全球半导体业仍是一个悬而未决的课题。

四、绝缘体上硅技术用于 5G 通信，5G 成为硅技术的重要成长推手

射频绝缘体上硅（RF – SOI）在 RF 前端模块设计中带来了芯片设计和集成的优势，减少芯片数量，缩小移动应用尺寸，有助于移动电话制造商设计出更简单的射频模块，同时提高性能和数据传输速度，具有成本效益。随着 5G 的即将推出，RF – SOI 有望继续在创新结构开发方面扮演着更重要角色。

2016 年，欧洲启动"REFERENCE"项目，将 RF – SOI 技术应用到 4G + 无线通信前端模块，传输速率超过 1 吉字节/秒，为下一代 5G 通信做好准备。"REFERENCE"项目由欧洲共同体和几个国家政府共同支持，预算 3300 万欧元，持续 3 年时间。该项目致力于开发用于 4G +/5G 的创新型 RF – SOI 衬底，并与欧洲两家主要代工厂共同开发 4G +/5G RF – SOI 器件：模拟器件采用 200 毫米晶圆和 130 纳米工艺实现，射频数字器件采用 300 毫米晶圆和 22 纳米 RF – SOI 与 FD – SOI（全耗尽绝缘体上硅）相结合的工艺实现。该项目将把 RF – SOI 技术扩展到新领域，包括移动电话、物联网、汽车和航空等。

2016 年，英国航空航天系统公司研发出新型通用射频芯片，"可重置集成电路所需微波阵列技术"（MATRIC）是一个嵌入到灵活交换矩阵中的可重置射频电路阵列，支持电子战和通信系统的快速自适应。该芯片工作频率直流至 20 吉赫，采用 TowerJazz 商用 180 纳米 SiGe – on – SOI BiCMOS 工艺，通过使用 SOI FET 以实现低损耗开关，使用高电阻 SOI 衬底实现射频隔离（>80 字节，16 吉赫），由 DARPA "自适应射频技术" 项目提供资金支持。

在 DARPA 资金支持下，2016 年美国普渡大学研究出采用 SOI CMOS 工艺、基于三层共源共栅组合晶体管版图的高效率功率放大器，适用于 5G 移动通信、车用低成本防撞雷达和轻量微型通信卫星。现有移动电话中传输信号用功率放大器主要采用砷化镓，由于不能与其他硅基 CMOS 信号处理器件集成，限制了移动电话集成度的进一步提升。新的放大器基于 CMOS 设计，可提高集成度、寿命和性能，减少制造和测试成本，并降低功耗。普渡大学在新设计的 SOI CMOS 放大器中，对部分硅晶体管进行了堆叠合并，减少了晶体管间金属互连数量，减少了寄生电容，并获得更高工作频率。下一步工作是将该放大器与手机其他器件实现单片集成。

硅基 GaN 器件因其巨大的成本优势，有可能与 SiC 基 GaN 器件争夺 5G 通信市场。硅基 GaN 器件的制造商 MACOM 将首先选择基站作为应用的突破口，该市场规模在 10 亿~15 亿美元。

（中国电子科技集团公司第十三研究所　史超）

美国类脑计算朝实用化方向迈进

2016 年，AlphaGo 与职业围棋选手的对局引发了人们对于人工智能的高度关注。计算机在一个公认的非常复杂的计算与智力任务中，打败了人类顶尖选手，主要依靠"深度学习"或"深度神经网络"的方法——一种类脑的计算形式。AlphaGo 对深度神经网络的成功运用，并非孤立事件，其背后蕴藏着美国政府和军方推进类脑计算的宏大部署。

一、类脑计算的内涵

一般而言，类脑计算是指借鉴大脑中进行信息处理的基本规律，与现有的计算体系相比，在计算能耗、计算能力与计算效率等方面实现大幅改进。现有计算系统经过几十年的发展，虽然取得了长足的进步，但仍然面临两个严重瓶颈：一是系统能耗过高；二是对于人脑能轻松胜任的认知任务（如语言及复杂场景的理解等）处理能力不足，难以支撑高水平的智能。大脑在这两个方面的明显优势，使得借鉴大脑成为一个非常有前景的发展方向。类脑计算是生命科学特别是脑科学与信息技术的高度交叉和融合，其内涵包括对于大脑信息处理原理的深入理解，在此基础上开发新型的处理器、算法和系统集成架构，并将其运用于新一代人工智能、大数据处理、人机交互等广泛领域。类脑计算技术有望使信息处理系统以非常低的能耗产生出可以与人脑相比拟的智能。

这一发展前景，使美国政府和军方高度重视类脑计算及其衍生出的自主能力。美国国防部将自主能力的发展优先级确定为最高级别。2015 年 12 月，在美国国防部副部长沃克指出："国防部需重视发展自主能力，需要将自主能力纳入作战网络。"在美国国防部确定的支持"第三次抵消战略"的五大技术领域中，用于处理大数据的自主学习系统、实现人机合作、先进的人机作战编队（如有人驾驶和无人驾驶系统联合作战等）三大技术领域都与自主能力有关。美国国防部负责研发与后勤的助理部长在 2014 年"政府微电路应用与关键技术会议"上强调，"未来战争的胜负更多取决于无人装备的智能水平，自主能力建设绝对不是对现有系统打补丁，而是美军未来装备能力建设的重要方向。"

二、美国发展类脑计算的主要举措

类脑计算的研究大致分为神经科学的研究特别是大脑信息处理基本原理的研究、类脑计算器件（硬件）的研究和类脑学习与处理算法（软件）的研究三个方面。美国政府和军方在实施进程上则主要分为两个阶段：第一阶段主要是验证类脑计算的可行性；第二阶段则全面加速发展类脑计算。

（一）从算法和硬件两方面验证类脑计算的可行性

在算法方面，借助"深度神经网络"验证了多种自主能力。在现有计算系统上，DARPA借助软件实现"深度神经网络"，模仿人类脑皮层层次化的神经系统，运用人脑的机制来解释数据，让计算机在一定程度上获得了人类独有的信息处理能力。例如，基于"深度神经网络"，DARPA通过多个研究项目，实现了无人装备自主工作所需的多种基本能力。又如，通过"机动和操作能力最大化"（M3）项目研制出使机器人自主保持平衡和以适当力度握持物品的算法；通过"大狗机器人"（DOG）项目研制出使四足机器人灵活稳健行走的算法；通过"快速轻型自主化"项目研制出使小型无人机敏捷飞行，规避障碍的算法。2015年6月，DARPA组织了"机器人挑战赛"，通过机器人自主完成驾车、开门、钻孔、清障等8项救灾任务，验证了"深度神经网络"完成复杂任务的可行性。

在硬件方面，IBM公司已经研制出具有认知能力的类脑微处理器芯片。2014年8月，DARPA在"神经形态自适应可塑可扩展电子系统"项目下，以晶体管电路模拟人脑神经元、以存储器模仿突触、以"神经突触核心电路"模仿皮层柱、以类脑微处理器芯片模仿大脑功能分区、以多片类脑微处理器构成的类脑计算系统模仿整个大脑，研制出包含100万"神经元"和2.56亿"突触"的"真北"类脑微处理器芯片，以及包含16块"真北"芯片的类脑计算系统。该项目在真实场景下演示了类脑微处理器的模式识别、目标分类的能力，验证了"深度神经网络"以类脑硬件形式实现的高效性。2014—2016年，美国海军研究实验室、美国陆军研究实验室、洛斯·阿拉莫斯国家实验室分别基于IBM"真北"类脑微处理器芯片，以及由其搭建的服务器和超级计算机，进行模式识别和核武器模拟数据的分析，验证了其实际应用的可行性。

（二）全面加速类脑计算技术向实用化发展

目前，美国已经从对大脑信息处理基本原理的研究、类脑计算硬件的研究和类脑处理算法的研究三个方面实施或启动多项重大计划，加速推动类脑计算技术实用化。

1. 积极研究脑信息处理基本规律

在神经科学领域，现在对于大脑的工作原理已经积累了丰富的知识，这为类脑计算的发展提供了重要的生物学基础。人脑是一个由近千亿个神经元通过数百万亿个接触（突触）所构成的复杂网络。感觉、运动、认知等各种脑功能的实现，其物质基础都是信息在这一巨大的网络中的有序传递与处理。目前，对于单个神经元的结构与功能已经有较多了解。但对于功能相对简单的神经元如何通过网络组织起来，形成目前所知的最为高效的信息处理系统还有很多问题尚待解决。脑网络在微观水平上表现为神经突触所构成的连接、在介观水平上表现为单个神经元之间所构成的连接、在宏观水平上则表现为由脑区和子区所构成的连接。在不同尺度规模的脑网络上所进行的信息处理既存在重要差别又相互紧密联系，是一个统一的整体。

为了在上述各尺度规模上解析脑网络的结构，观察脑网络的活动，最终阐明脑网络的功能，即信息存储、传递与处理的机制，美国 2013 年 4 月启动"脑科学计划"，分别从基因、突触、脑回路、功能分区和脑皮层等不同层次，探索大脑活动与功能之间的因果联系，探索大脑信息处理机制。该计划从 2016 财年开始，实施为期 10 年的"脑科学计划"：第一个 5 年重点关注技术发展，突破对于脑网络结构的精确与快速测定，脑网络活动的大规模检测与调控，以及对于这些海量数据的高效分析等关键技术；第二个 5 年重点应用新技术获取大脑的根本性新发现，建立适当的模型和理论，形成对脑信息处理的完整认识。该计划经费总投入将达到 45 亿美元。

2. 研究类脑计算硬件

类脑计算器件研究的初衷是在不影响性能的前提下大大降低功耗，或者在相似功耗下极大提高速度。现代计算机虽然具有惊人的运算能力与运算速度，但与之相伴的是巨大的能量消耗。大型计算机的功耗往往在兆瓦量级以上，与之相比，成年人的脑功耗只有大约 20 瓦。巨大的能量消耗严重限制了系统进一步朝微型化方向发展（供能和散热都是难题），也无法在资源有限的任务环境（如宇航探索、飞行任务等）下提供足够的计算能力支持。

现代计算机能耗大的一个重要原因是计算机普遍采用的冯·诺依曼架构（简称冯氏架构）。在冯氏架构中，信息处理单元与存储单元分离，这样在运算过程中，势必要经常将数据在处理单元与存储单元之间进行传递。这一看似简单的过程，却消耗了近 50% 的系统能耗。与之相比，在大脑中，数据本身分布式存储于网络各个节点之间的连接（如由突触的强弱表征）上，而运算和存储在结构上是高度一体化的。这样，用少量甚至单个电子器件模仿单个神经元的功能，而将数量巨大的电子"神经元"以类脑的方式形成大规模并行处理的网络进行计算，就成为非常有吸引力的方向。

DARPA 和美国半导体研发联盟为了加速发展类脑计算硬件，推动类脑计算效能和效率接近人脑水平，启动了新一代半导体技术研究计划。一是在 2013 年 1 月启动长期性的"半导体技术先期研究网络计划"，其目标是在量子理论基础上重建半导体技术体系，拟用自旋器件实现神经元和突触功能，发展功能和机制更接近人脑的类脑微处理器，将类脑计算的能量效率至少提高 100 万倍，使电功率有限的无人装备也可以部署功能强大的类脑计算系统。二是在 2016 年 12 月，启动长期性"大学微电子研究中心"计划，将从模拟、随机统计、信息论等角度，拓宽对大脑计算本质的模仿与借鉴。该两项计划均为美国半导体技术核心骨干计划，计划的实施意味着美国类脑计算硬件的开发已经全面展开。此外，2015 年 DARPA 还启动了"大脑皮层处理器"项目，模拟人类的脑皮层神经层次结构，研制数据吞吐量、运算效率、功耗比目前提高几个数量级的新型处理器芯片，解决实时处理传感数据、模式识别、对运动灵活控制等多种技术难题。

3. 研究类脑计算算法

能够大大降低能耗的类脑处理器对于实现更高水平的智能无疑会有很大的帮助，但要真正实现人类水平的人工智能，除需要这样的硬件基础外，关键还需要理解大脑对于信息所做的计算，即大脑的处理及学习算法。

对于该方向，存在的顾虑是：现在神经科学对于大脑工作机制的了解还远远不够，是否能够开展有效的类脑算法研究呢？对此，可以从现在获得广泛成功的深度神经网络获得一些启示。从神经元的连接到神经网络训练等很多方面看，深度神经网络距离真实的脑神经网络还有相当距离，但它在本质上借鉴了脑网络的多层结构，而大脑中，特别是视觉神经网络的多层、分步处理结构是神经科学中早已获得的基本知识。这说明，并不需要完全了解脑的工作原理之后才能研究类脑的算法。相反，真正有启发意义的很可能是相对基本的原则。每一项基本原则的阐明及其成功地运用于人工信息处理系统，都可能带来类脑计算研究或大或小的进步。非常重要的是，这一不断发现、转化的过程不仅能促进人工智能的进展，而且会同步加深人们对于大脑为何能如此高效进行信息处理这一问题的理解，从而形成一个脑科学和人工智能技术相互促进的良性循环。

了解研究类脑计算算法的作用后，就不难理解美国国防部的做法。美国国防部已经于 2013 年设立"自主研究试点计划"，分别从机器感知、推理与智能，人与自主装备依靠自然语言交互与合作，建立可扩展的人与多种自主装备编队等方面发展"深度学习"算法，使之能够在强对抗性战场环境中发挥作用。与开展类脑计算硬件研究还在一定程度上开展国际合作相比，类脑计算算法的研究完全在联邦投资的研究机构内部进行，具体内容严格保密。

三、类脑计算发展已被纳入美国国家战略

在国家战略层面，美国给予类脑计算高度重视。白宫在 2015 年启动了"由纳米技术推动的未来计算大挑战计划"。该计划强调将结合"国家纳米技术计划""国家战略计算计划""脑科学计划"，全方位推动类脑计算发展。美国电气与电子工程师协会（IEEE）也将与美国半导体协会合作，制定取代国际半导体技术路线图的器件与系统路线图，作为其发展类脑计算的"重新振兴计算"宏大计划的一部分，用以预测发展难题，统筹协调各方力量与资源。

（工业和信息化部电子第一研究所　王巍）

美军积极推进先进芯片热管理技术研发

随着芯片特征尺寸不断减小、集成度不断提高、电路速度不断加快，芯片的功率和热流密度也越来越大，特别是三维芯片堆叠结构的快速发展，导致芯片功率分布变得更加不均匀，从而产生热流密度很高的局部热点。风冷、热沉等传统的传导散热方式不仅限制了器件性能和集成度的进一步提升，还导致先进计算机、雷达、激光器、功率源等军用装备中热管理部分所占体积和重量的不断上升，已经无法满足散热需求。为此，美军积极推进先进芯片热管理技术研发。

一、开发外部散热新技术

为了克服集成电路发展面临的散热难题，近 10 年来，DARPA 积极研发先进的芯片内热管理技术，利用新型纳米材料、纳米加工工艺、新散热结构等技术挖掘外部散热潜能。

（一）热平面衬底项目

热平面（TGP）项目于 2007 年 4 月启动，目标是开发一种可以改善军用电子系统性能的高性能实用热衬底。该项目开发的热平面衬底具有的优点：功率密度传输能力远优于多芯片模块衬底；能够在 196 米/秒^{2}以下的加速度工作；采用很薄的平面几何结构；低密度；对选定的半导体材料（如硅、砷化镓、氮化镓、碳化硅）的热膨胀系数匹配达 1% 以内；可无限期工作，不会降低性能。预计热平面衬底能够与美军现有电子系统完全兼容，其应用可提供新的工程容限，降低电子部件工作温度，缩小热管理系统尺寸。此外，热平面衬底的实用性可使未来美国军事系统设计在提高密度、增大功耗和提高性能等方面具有更大的灵活性。

（二）"风冷交换器微技术"项目

"风冷交换器微技术"（MACE）项目于 2008 年 1 月启动，目标是开发和演示风冷发生交换器，大幅降低热沉热阻和散热功耗。其主要技术手段包括：①调整交换器气流的新概念开发，如采用合成射流、移动机械结构或提供增强型对流传热的表面；②改进机箱至交换器表面的热导；③降低交换器气流阻力，从而降低鼓风机功耗；④提高鼓风机效率。

在"风冷交换器微技术"项目支持下，美国 Thermacore 公司采用热蒸汽室和三散热技术研发出新一代可定制紧凑型高性能风冷热沉，采用铜、铝等标准材料制造，可嵌入 3U ~ 6U 四种单板计算机机箱中，支持从 250 ~ 2000 瓦的热负荷。

（三）"纳米热界面"项目

"纳米热界面"（NTI）项目于 2008 年 5 月启动，目标是显著提高美军应用中热界面材料的工作效能。其重点是基于新型材料与结构思想的发展和演示，显著减少电子设备和封装界面的热阻，包括采用基于热平面和/或纳米热界面技术成果，如复合材料、工程化纳米结构、混合相材料。一旦该项目取得成功，将促成许多高性能军事系统设计，通过降低设备运行温度，提高热界面材料使用性能，还可减少冷却系统尺寸或重量，进一步提高系统性能。

（四）"有源冷却模块"项目

"有源冷却模块"（ACM）项目于 2009 年 4 月启动，目标是开发和演示基于新型材料和结构的冷却技术，通过厘米级制冷模块为功率 100 瓦的器件提供数十摄氏度冷却，其性能系数优于 3。

二、探讨内部散热新理念

在挖掘外部散热潜能之后，DARPA 将研究重点移至芯片内部，启动了"近结热传输"及"芯片内/芯片间增强冷却"项目。

（一）"近结热传输"项目

"近结热传输"（NJTT）项目于 2010 年 11 月启动，旨在减少大功率、光电子等元器件 PN 结附近区域和衬底的热阻，实现芯片内部热传导效率的提升。DARPA 先后与美国射频微系统公司等三家公司签订 6 份研发合同，计划通过选用金刚石衬底材料、减少外延层和转移层、使用液体冷却等方式，降低元器件 PN 结附近区域和衬底的热阻，最终将氮化镓等射频功率器件的功率提升 3 倍。"近结热传输"项目标志着 DARPA 电子元器件热管理技术发展方向"由外向内"的转变。

（二）"芯片内/芯片间增强冷却"项目

为进一步强化芯片内部散热技术的研究，DARPA 于 2012 年启动"芯片内/芯片间增强冷却"项目，开发具有创新的嵌入式微流体散热技术，其应用目标包括：①用于氮化镓射频单片微波集成电路功率放大器，热通量达 1 千瓦/厘米^2，过热点热通量超过 15 千瓦/厘米^2，整体散热密度超过

2 千瓦/厘米³；②用于高性能嵌入式计算机模块，热通量达 1 千瓦/厘米²，过热点热通量达 2 千瓦/厘米²，芯片堆栈散热密度达 5 千瓦/厘米³。

嵌入式微流体散热的工作原理（图 1）：在集成电路设计时，增加嵌入式微流体通道，将微流体引入基质、芯片或封装中，再将热量导入热交换室。在热交换室内，芯片工作产生的热量传递给微流体，热交换室之间可通过微阀门控制微流体流动速度，最后微流体携带芯片热量流出，实现芯片冷却功能。这种方法可显著扩大集成电路的有效液冷面积，提高散热效率，比风冷散热效率提高近 60%。

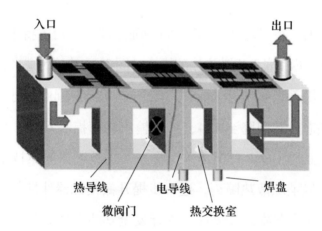

入口 出口

热导线　电导线　焊盘
微阀门　热交换室

图 1　嵌入式微流体散热工作原理

2015 年 10 月，美国乔治亚理工学院研究人员展出芯片内液体散热技术。该技术在现场可编辑门阵列（FPGA）背面距离晶体管只有几百微米距离的地方设置微流体通道，并注入冷却液，实现散热（图 2）。测试表明，将 20℃的去离子水以 147 毫升/分钟的速率从通道流入，经过散热后，现场可编辑门阵列工作温度保持在 24℃，而使用传统风冷散热时其工作温度达到 60℃。二者相比，温度降低 60%。测试证明，该技术可有效代替传统风冷散热，实现电子元器件和计算系统的性能提升和高度集成。

图2　现场可编辑门阵列芯片液体冷却散热

2016年3月，在"芯片内/芯片间增强冷却"项目支持下，洛克希德·马丁公司研制出芯片嵌入式微流体散热片（图3），其长5毫米、宽2.5毫米、厚0.25毫米，热通量为1千瓦/厘米^2，多个局部热点热通量达到30千瓦/厘米^2。该散热片可使芯片热阻降至1/4，射频输出功率提高6倍。目前，洛克希德·马丁公司正与Qorvo公司合作，将嵌入式微流体散热技术与氮化镓器件工艺集成，以消除散热障碍，进一步提升氮化镓器件性能。此外，该公司正在利用嵌入式微流体散热片技术开发全功能发射天线原型，以提高其技术成熟度，为该技术在电子装备的应用奠定基础。

图3　嵌入式微流体散热片

嵌入式微流体散热片技术有望解决芯片散热难题，可应用于中央处理器、图形处理器、功率放大器、高性能计算芯片等集成电路，促进其朝更高集成度、更高性能、更低功耗方向发展，显著提高雷达、通信和电子战等装备性能。

三、结束语

在传统的传导散热方式中，芯片运行产生的热量需经衬底、焊料、散热片、热沉等材料才能释放到空气中。由于每一部分材料都有热阻，导致散热效率无法匹配热产生效率。DARPA 的热平面等项目通过引入新型纳米结构、材料和先进技术，分别降低热传输环节上的热阻，实现芯片散热（图4）。

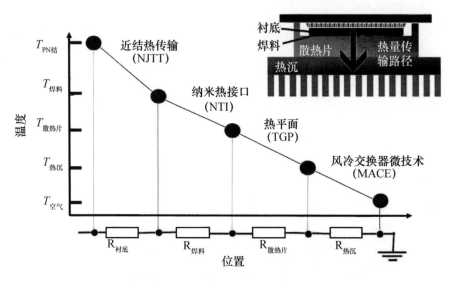

图 4　先进热管理技术与散热通路的对应关系

"芯片内/芯片间增强冷却"项目主要研究可嵌入芯片版图、衬底和/或封装中的热管理技术，重点构造单个芯片和多芯片间微流体冷却模型，特别是对三维堆叠封装芯片间隙中微流体特性的表征，实现微风冷和/或微水冷等技术的嵌入集成，克服传统冷却方式所带来的庞大重量和体积。该项目是在"近结热传输"项目基础上，对芯片内热管理技术的大胆尝试，有助于实现嵌入式冷却技术的通用化和标准化。

如果能克服芯片散热瓶颈，将给集成电路和军事装备发展带来革命性影响，使散热不再成为制约器件性能发挥的因素，从而大幅提升集成电路性能、可靠性和寿命，推动军事电子装备高性能和轻量化。

（工业和信息化部电子第一研究所　李耐和）

美国推动半导体技术朝后硅时代发展

自 1959 年集成电路发明以来的半个多世纪，是半导体技术发展的"硅时代"。硅材料和晶体管构成了"硅时代"的时代特征和两大支柱。然而，2016 年发布的"国际半导体技术路线图"提出两点判断：一是 2021 年前后硅材料将达到应用极限；二是 2030 年前后晶体管将达到微细化极限。这两场危机撼动着半导体产业的根基。为了维系优势地位，美国主动应对，推动半导体技术向后硅时代发展。

一、技术路线

通过对美国的长期性探索研究计划——"纳米电子研究计划"，以及美国半导体技术长期性骨干研究计划——"重点中心研究计划""半导体先期研究网络计划""大学微电子联合研究计划"的分析，可以发现美国推动半导体技术向后硅时代发展的技术路线。该技术路线在 1998—2016 年的"国际半导体技术路线图"（ITRS）中逐渐明晰，在"国际半导体技术路线图"被"国际器件与系统路线图"（IRDS）取代这一枢纽性事件中得以印证。

该技术路线包括两方面的内容：

一是将晶体管微细化推向极限，为后续发展争取时间。根据 2016 年发布的 ITRS，2021 年前后特征尺寸达到 5 纳米后，晶体管对电子迁移率的要求将超出硅材料的能力范围；此后，需要采用锗、锗硅、铟镓砷、碳纳米管等高电子迁移率的非硅材料构建晶体管，使特征尺寸从 5 纳米经过 3 纳米、2.5 纳米，在 2030 年前后微细化至 1.5 纳米最终极限。

二是加速量子器件发展，重建半导体技术体系。在深纳米尺度，量子效应占据支配性地位。重建半导体技术体系，必须充分利用量子效应。目前，美国经过长期探索，已经筛选出自旋开关器件、自旋忆阻器和半导体固态量子位三类量子器件为重点发展的器件类型。围绕三类量子器件，在材料方面将建立具有多铁性、多金属性、低维度（零维量子阱、一维纳米线、二维纳米片）等能充分体现量子效应的材料体系；在芯片架构方面，将创建与三类器件相对应的高容错数值计算、类脑计算、量子计算等架构体系；在制造工艺方面，将发展纳米级的自组装工艺体系，取代目前以光刻技术为代表的现有半导体工艺体系。

二、发展模式

半导体技术起源于美国，美国也是当今世界毫无争议的半导体技术最发达的国家。在长期的发展过程中，美国半导体产业界逐渐达成一项共识，即"从（提出技术解决方案的）第一篇论文发表，到生产出（包含该技术的）芯片，通常需要长达 12 年的产业化周期。"基于这一共识，美国形成了令其半导体技术长盛不衰的发展模式。该发展模式的要点：

一是由 ITRS 预测未来 15 年整个产业可能遭遇的重大共性基础问题。

ITRS 成立于 1998 年，其设立的原因就在于当时业界普遍认为晶体管微细化至 25 纳米以下时，将会遭遇技术困难，需要明确问题以便攻关。该路线图建立之后，每两年更新一次，继续预测未来 15 年可能阻碍微细化的共性技术问题。

二是由政府、骨干企业和大学杰出学者组成研发联盟，集中优势资源，提前 12 年研究能够解决难题的技术方案。企业的研究活动往往侧重于在未来 5 年内能够形成自身独特竞争优势的技术；而对长期共性基础技术的开发则超出了单独企业的能力和意愿。为了化解这一矛盾，DARPA 和美国半导体骨干企业对等出资，共同资助大学杰出学者就企业根据"国际半导体技术路线图"设立的主题开展研究。

实际上，成立于 1998 年的"重点中心研究计划"（FCRP）就是为了解决 ITRS 预测的技术问题而设立。1998—2012 年，该计划由 DARPA 和 IBM、英特尔等美国半导体骨干企业每年共同出资 4000 万～5000 万美元开展研究，设立了 120 项研究主题。

为攻克 FCRP 确立的研究主题，在政府机构和企业的资助下，美国大学"集中最优秀的头脑，解决最艰巨的挑战"，从材料、器件、电路、互联、系统等层面设立 6 家虚拟研究中心，汇聚全美 49 所大学的 451 名世界一流学者、近 2100 名博士和博士后，对 120 项研究主题开展协同攻坚，发表论文 11000 余篇，获得 101 项专利授予。该计划对确保美国半导体技术和产业顺利发展的作用受到广泛认可，其最具代表性的成果是资助加州大学伯克利分校的器件组，提出"三栅晶体管"和"绝缘体上硅"两项实现 28 纳米以下微细化的技术方案。目前，这两项技术已经成为目前全球半导体技术最高水平的代表。FCRP 计划的空前成功带来了深远影响，美国后硅时代半导体技术发展依旧采用这种路线图和研发联盟相结合的模式进行。

三、主要举措

美国发展后硅时代半导体技术并非一步到位，这是一个逐步发展演进的过程。

（一）调整"国际半导体技术路线图"

2013 年，ITRS 在实施了 15 年后，首次酝酿改变预测内容，不再关注实现更小的晶体管，也不再追求更密集或更快的存储器，而是更多专注于数据中心、物联网、移动设备等对半导体技术提出更低功耗要求的应用领域，开始预测晶体管在实现低功耗方面的技术问题。该 ITRS 被称为 ITRS 2.0，于 2016 年正式发布，并成为最后一版 ITRS。

此后，未来的半导体技术不仅考虑器件自身的要求，而且应满足计算系统的未来需求，这已经超出了半导体产业的熟知领域。因此，新版路线图将由美国电气与电子工程师协会牵头，并与美国半导体产业协会以合作的方式联合制定，同时更名为"器件与系统技术路线图"（IRDS）。IRDS 不再侧重如何提高运算速度和性能，而是关注如何让未来芯片更满足智能化、低功耗、对复杂数据认知处理等方面的需要。

（二）设立"半导体技术先期研究网络计划"

作为对 ITRS 做出重大调整的呼应，FCRP 自 2012 年 12 月开始不再执行。而从 2013 年 1 月起，FCRP 计划更名为"半导体技术先期研究网络计划"（STARnet），其任务也从主要解决晶体管未来微细化，附带考虑晶体管失效后的下一代器件发展问题，转变为一方面将晶体管微细化推向最终极限，另一方面加速新兴量子器件的发展成熟。两者相比，只是研究的重点内容发生了变化，计划的组织形式、合作方式均延续 FCRP 的原有机制。

STARnet 实施 3 年来，正在持续地研究开发量子计算、受通信信息论启发的大数据信息处理、受大脑形态结构启发的认知计算等芯片核心架构；在此基础上，研制可将三类芯片核心异构集成的可扩展芯片架构，为搭建未来超级计算机奠定基础；研制集传感器、执行器、处理器、换能器、射频收发器于一体的城际智能物联网芯片架构，推动物联网与互联网智能融合。

（三）筹建"大学微电子联合计划"

2016 年 11 月，由 DARPA 和美国"半导体研究联盟"宣布，将组建对 2025 年之后半导体技术开展研究的"大学微电子联合计划"。与 STARnet 计划的"瞻前顾后"不同，该计划以解决 2025—2030 年的未来半导体技术发展问题为唯一目标，是美国对 STARnet 长期性研究计划的延伸与加强。

目前，"大学微电子联合计划"包含六个研究中心，采用横向研究中心和纵向研究中心形式促进理念融合，分别对应支持六个研究主题。

纵向中心以应用为研究导向，关注产业面临的关键问题，主要解决跨越多个领域的科学和工程问题。此类研究中心将创造出能力超出现有产品的复杂系统，并在 5 年内做好技术转化准备，在 10 年内完成技术转化。横向研究中心对特定学科或特定类别学科开展基础研究，构建专业知识，以创造 DARPA 和产业界感兴趣的颠覆性突破。此类研究中心将识别并加速传统 CMOS 器件之后的新技术发展。

纵向研究中心关注的主题包括从射频到太赫兹的传感器和通信系统研究中心、分布式计算与网络研究中心、认知计算研究中心、智能化存储器与存储研究中心。其中，认知计算研究中心寻求实现具有层次化学习能力，能够执行推理、有目的制定决策并与人进行自然交互的计算系统解决方案。研究将探索模拟计算、随机计算、受香农信息论启发的计算、估值计算以及类脑计算等多种模型替代冯·诺依曼模型，构建认知计算系统。此外，该主题所发展的技术，应能通过对编程范式、算法、架构、电路和器件方面的改进，在性能、能力和能量效率方面带来根本性的改善。

横向研究中心关注的主题包括先进架构与算法研究中心及先进器件、封装与材料研究中心。先进架构与算法研究中心解决实现新兴计算、通信与存储所需集成电路和先进架构的物理实现问题。该领域的研究中心需要发展采用新兴器件的可扩展异构体系结构，衔接硬件与算法，将最优化、组合学、计算几何、分布式系统、学习理论、在线算法、加密方法等涵盖在内。先进器件、封装与材料研究中心重点发展新材料和非常规合成方法，解决有源和无源器件、互连以及封装问题，将支持下一代计算范式，并提供更强的可扩展性和能量利用效率。

（工业和信息化部电子第一研究所　王巍）

Ⅲ－Ⅴ族纳米线晶体管的研究进展

一、引言

传统晶体管的特征尺寸依照摩尔定律持续减小，与之相应的是晶体管的性能和集成度稳步提升，并不断推动着微电子产业发展。然而，传统的硅晶体管随着技术节点的迭代缩减，特别是特征尺寸突破 10 纳米以下时，短沟道效应会使晶体管的阈值电压持续下降（阈值电压发生漂移），甚至使晶体管无法关断。短沟道器件中的漏致势垒降低效应也不容忽视，即源端的势垒受到漏端电压的影响而降低，使载流子可以轻易越过势垒进而形成导电沟道，也会使器件无法关断。而受到表面散射和杂质散射的影响，载流子的迁移率会骤降，直接抑制了器件工作频率的提升。同时，关态电流 I_{OFF} 显著增加，使整个器件的性能进一步恶化。而且，在该尺寸下晶体管制备过程中可能需要超浅结工艺和更快速的热退火工艺等更为复杂工艺条件。上述问题都是微电子产业继续发展所面临的严峻问题，也使得摩尔定律的延续举步维艰。因此，在集成电路集成度稳步提高的同时，为了使单个晶体管的性能也能迭代提升，科研人员不断开发探索着新型结构和材料的晶体管。

英特尔公司曾提出未来晶体管三种可能的发展方向：①改进晶体管结构，用三栅或环栅等 3D 结构来控制导电沟道，取代目前的平面 CMOS 技术，有利于降低驱动电压；②采用Ⅲ－Ⅴ族材料、碳纳米管等高迁移率材料来代替目前的体硅材料，有利于获得高频、高性能和低功耗的晶体管；③改变现有晶体管的工作原理，利用栅电压来控制沟道中的势垒高度，利用电子在结处的带间隧穿来实现载流子输运，有利于优化晶体管的亚阈值摆幅，进一步降低器件的驱动电压。结合这三个方面的研究工作，某些具有特殊结构或特殊材料的新型晶体管已研制成功。英特尔公司在 2012 年首次应用于 Ivy Bridge 架构中央处理器中的晶体管，就是新型结构的硅基鳍式场效应晶体管（FinFET）。这种 3D 晶体管芯片的问世，使已经发展了近半个世纪并见证了大规模集成电路进步的摩尔定律得以延续。

尽管这种 3D 结构以及其中的应变硅材料在一定程度增加了集成密度、提高了开关性能、降低了器件功耗，但是要进一步优化其电学特性，将不得不采用迁移率更高的半导体材料。国际半导体技术路线图（ITRS）早已经指出，高迁移率非硅材料的应用仍然是半导体技术得以持续发展的关键途径。近十几年来，包括锗、金属氧化物、碳纳米管（CNT）、石墨烯、MoS_2 和Ⅲ－Ⅴ族 InAs、InGaAs 等在内的半导体材料逐渐受到了科研工作者的重视，并已经成为研究的热点。

2016 年，Ali Javey 等人发表了具有 1 纳米栅长的一维 MoS_2 场效应晶体管，如图 1 所示。该晶体管以单壁碳纳米管为栅极，以 MoS_2 为沟道；碳纳米管纳米量级的直径，使有效栅长缩减至 1 纳米，如图 1（a）晶体管的 3D 结构所示。该晶体管的开关比 I_{ON}/I_{OFF} 高达 10^7，亚阈值摆幅到达 65 毫伏/倍频程，但由图 1（c）可以看到，双层 MoS_2 的规格并不统一，为了便于碳纳米管和

MoS_2 的搭接，采用的是背栅结构，这种结构使晶体管在低电压下导通困难；而且需要持续施加负偏压使晶体管保持关断状态。

该 MoS_2 一维 FET 具有相对优异的性能，其目的和意义在于探索晶体管有效栅长的极限，尚处于研究阶段却为未来晶体管的发展指明了方向，印证了改进晶体管结构、采用高性能材料是延续摩尔定律的必经之路。

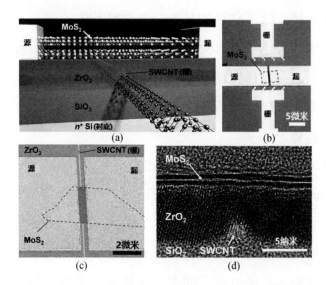

图 1　一维 MoS_2 场效应晶体管的结构和 TEM 图

碳纳米管和 MoS_2 等材料虽然性能优异却仍处于实验阶段，而 Ⅲ – Ⅴ 材料早已应用于某些高性能器件中。Ⅲ – Ⅴ 族材料具有优异的光电性能（多数为直接带隙半导体），尤其在载流子迁移率方面与硅相比，具有得天独厚的优势。例如，$In_xGa_{1-x}As$ 材料中电子的迁移率比纯硅高 8 ~ 30 倍，而 InSb 中电子迁移率甚至比硅高出 50 倍以上。此外，调节 $In_xGa_{1-x}As$ 中 In 含量可以得到窄带系半导体（形成 InAs），其表面的电子积累层有利于在源极和漏极形成欧姆接触。因此，采用 Ⅲ – Ⅴ 族高迁移率沟道材料的新型结构晶体管无疑具有巨大的发展潜力。

Ⅲ－Ⅴ族材料的潜力不仅体现在载流子迁移率上，而且体现在其他方面。对于逐渐缩小的器件尺寸，功耗也随之降低，导致偏压持续减小，甚至低于1伏，而这与禁带宽度 E_g 直接相关，所以势必要采用 E_g 更小的Ⅲ－Ⅴ族材料。因此，用Ⅲ－Ⅴ族材料代替目前的体硅沟道材料来获得高性能、低功耗的器件，可能成为提高未来晶体管性能的主流发展方向。

正如前面所述，除了材料的替换，器件结构的改进也是晶体管变革的途径之一。双栅结构、三栅结构及鳍栅在内的多栅结构，都可看作环栅结构的一种变形。若提高栅控能力，使短沟道效应和关态电流的影响达到最小，以及获得更为理想亚阈值摆幅和漏致势垒降低效应，环栅结构是晶体管发展的必然趋势。

目前，Ⅲ－Ⅴ族材料仍然是成本较昂，而且还不能与当前的平面硅工艺完全兼容。因此，如果考虑将Ⅲ－Ⅴ族高迁移率材料与平面硅衬底集成，既能降低器件成本，保证工艺的兼容性，又能提高器件的性能，降低功耗。然而，异质材料间固有的晶体结构差异、晶格失配和热膨胀系数失配等问题严重阻碍了这种器件的发展。随着纳米技术的发展，科学人员发现在硅衬底上生长Ⅲ－Ⅴ族纳米线，只要纳米线的直径小于某一临界直径，就可以使晶格失配应力与热膨胀系数失配应力从纳米线上表面和侧面两个维度得以释放，实现无位错外延生长。因此，将环栅结构与纳米线结合，开发硅基Ⅲ－Ⅴ族纳米线沟道3D晶体管必将进一步有效提高晶体管的性能。

二、Ⅲ－Ⅴ族纳米线的制备

Ⅲ－Ⅴ族纳米线的制备通常采用自上而下工艺与自下而上工艺。自上而下工艺是利用光刻和刻蚀技术来制造纳米尺度结构的方法，即"从大到小"。自下而上工艺是利用原子或分子化学合成,以达到纳米尺度结构的方法,即"从小到大"。

自上而下工艺对较大尺寸半导体材料进行刻蚀过程中,由于高能粒子的轰击,可能会对纳米线结构造成损伤。最重要的一点是,干法刻蚀技术的发展无法满足 IC 按几何级数不断提高的集成度,因此一些科研人员把目光转向了自下而上工艺。利用该工艺进行外延生长的纳米线结构,具有晶体质量更为良好、易于形成低维有序的纳米线阵列以及更易于集成等诸多优点。因此,自下而上工艺在微纳尺度加工领域对推动具有纳米线结构器件的发展至关重要。

Ⅲ–Ⅴ族纳米线晶体管可分为垂直结构和水平结构两类。垂直纳米线结构的晶体管优点是Ⅲ–Ⅴ族纳米线容易在衬底上生长,并进行绝缘介质和金属环栅的沉积;缺点是与当前的平面硅 CMOS 工艺不兼容,与目前大规模、高度集成的工业化 IC 生产相比,其逻辑布线更为困难。此外,图 2 (a) 为在 Si (111) 衬底上生长的垂直 InAs 纳米线,但由于旋胶和上电极与纳米线接触等后续工艺的影响,会导致 InAs 纳米线批量倒塌,如图 2 (b) 所

(a)在Si (111) 衬底上采用　　(b)纳米线受后续工艺
MOCVD技术生长的　　　　　影响批量倒塌
垂直InAs纳米线

图2　Si (111) 衬底上的 InAs 纳米线

示，使接下来的工艺无法进行。这也是除了生产工艺不兼容与逻辑布线难度提高之外，垂直纳米线晶体管无法取代主流硅平面 CMOS 的又一原因。

具有水平纳米线结构的晶体管优点是与当前已成熟发展的平面硅工艺兼容，逻辑布线与成熟的硅 CMOS 技术几乎不存在差异，但缺点是现今的 Ⅲ－Ⅴ族水平纳米线阵列制备工艺尚处于探索阶段，水平纳米线定向生长技术依然不成熟。自下而上工艺可利用两种方法获得水平纳米线：一是运用金属催化或界面间的应力诱导直接在衬底上生长水平纳米线阵列；二是首先利用第一种方法获得垂直生长的纳米线，然后采用平面转移技术来获得水平纳米线阵列。

三、垂直Ⅲ－Ⅴ族纳米线晶体管

垂直纳米线晶体管之所以受到科研人员的青睐，是由于在现有技术的条件下，易于获得定位的垂直纳米线阵列。一般采用的是自下而上工艺，即在一定实验条件下使多种前驱物自组织化学合成纳米线结构。以气相—液相—固相生长法或应力诱导为依据，采用分子束外延、金属有机物气相外延，以及普遍采用的金属有机物化学气相沉积等技术外延生长垂直纳米线，进而制成垂直纳米线晶体管。

作为一种通常采用的技术，VLS 生长法能够较容易地批量制备Ⅲ－Ⅴ族纳米线阵列。2006 年，T. Bryllert 等人利用该方法制备了垂直高迁移率环栅 InAs 纳米线晶体管，如图 3 所示。由图 3（a）可以看出，在 InAs 衬底上垂直生长同质纳米线，导热性能较好的 SiN_x 作为晶体管的栅介质与隔离介质，并覆盖有性能更优越的 Au 作为电极；如图 3（b）所示，中间为垂直栅阵列，上端为漏极，衬底为源极。单个晶体管并不是图 3（a）中所示的单纳米线沟道，其沟道实际是几十根垂直纳米线组成的阵列，这种设计既可以提高器件的机械强度，又能提升驱动电流与跨导；同时，沟道中的掺杂浓度约为 2×10^{17}/厘米^3，也确保了较大的驱动电流。实际测试中的电子迁移率达到了 3000 厘米^2/（伏·秒），远高于目前的硅器件，在高频功率器件中有潜在的应用。同时，这种晶体管仍然遵循着 $\sqrt{I_{DS}} \propto V_{GS}$（$I_{DS}$ 为源漏电流，V_{GS} 为栅源电压）的数学关系，这有利于对器件性能参数的分析。该 n 型环栅晶体管的阈值电压 $V_{TH} \approx -0.15$ 伏，这是由于沟道需要更负的偏压才能使载流子完全耗尽，这也意味着晶体管的静态功耗可能较传统晶体管更高。

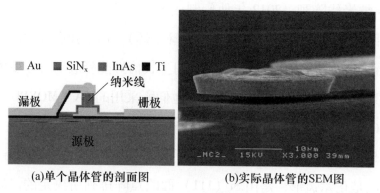

(a)单个晶体管的剖面图　　　　(b)实际晶体管的SEM图

图 3　垂直晶体管的结构

当时传统硅晶体管的工艺节点仍处于 65 纳米，但凭借 InAs 材料 0.35 电子伏的禁带宽度和极高的迁移率，该垂直纳米线晶体管偏压 $V_{DS} < 1$ 伏时，开态电流便可达到饱和状态，表现出了较为优异的电学特性。在推进技术进步的同时，验证了 VLS 生长法外延有序 III – V 族纳米线阵列，以及基于该阵列制备纳米线器件的可行性。值得借鉴的是，因为单根纳米线搭接漏端平板电极的难度极高，可能会使纳米线阵列倒塌而使晶体管失效，因此在独立的晶体管中采用纳米线阵列作为沟道，同时提升了器件的机械强度

与驱动电流。

该器件完全采用 InAs 制成，由于Ⅲ–Ⅴ族材料的成本远高于硅，加之 Au 催化的 VLS 生长法会使成本进一步提升，这与摩尔定律是相悖的，因此性能的微弱提升并不会使厂商为此放弃硅晶体管。此外，该垂直型晶体管与当前的大规模平面硅 CMOS 并不兼容，也限制了其应用。

鉴于上述情况，除了采用 VLS 生长法，也可利用材料界面间的应力诱导前驱物成核，直接在衬底上生长垂直纳米线阵列。同时，为了解决工艺兼容性与Ⅲ–Ⅴ族材料成本高昂等问题，2011 年，K. Tomioka 等人采用选区金属有机物气相外延（SA–MOVPE）技术在 Si（111）衬底上获得了垂直的 InGaAs 纳米线阵列，2012 年他们制成了硅基 InGaAs 垂直纳米线环栅晶体管，如图 4 所示（图中的 BCB 为苯并环丁烯）。由于异质界面间高表面能的存在导致了晶格应变，而纳米线沿轴向生长恰好能释放这种应变能，因此纳米线阵列能实现无位错地外延生长。他们所采用的 SA–MOVPE 技术，正是利用 InGaAs 纳米线倾向于在 Si（111）面上垂直生长的这一特性。如图 5 所示，在 Si 衬底沉积 SiO_2 薄膜，通过周期性电子束曝光和化学腐蚀定义掩模，掩模之所以是正六边形，是由 Si（111）面的点阵排列所决定的，最后采用 SA–MOVPE 技术生长纳米线，所得到的 InGaAs 纳米线平均直径约为 90 纳米。

这种生长技术与以 Au 为催化剂的 VLS 生长法相比，优点是不会引入对硅器件电学特性产生影响深能级。晶体管的制备流程与相关文献所涉及的 InAs 纳米线器件制备流程相同。对垂直 InGaAs 纳米线阵列采用原子层沉积技术依次淀积 InP、InAlAs 等材料，进而制成如图 6 所示的多重壳层结构，这种结构会在纳米线一侧形成二维电子气（2DEG），能够减弱Ⅲ–Ⅴ族纳米线沟道与绝缘层间界面态的影响。该晶体管与垂直高迁移率环栅 InAs 纳米线晶体管不同，每条栅控的沟道只包含一根纳米线。

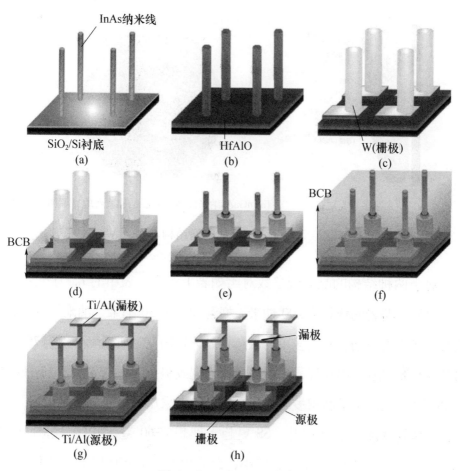

图4 SA – MOVPE 流程

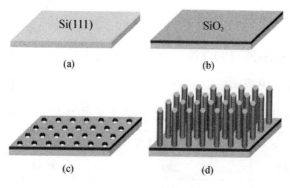

图5 晶体管制备流程

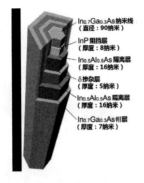

(a)纳米线多重壳层；　　　　　(b)InGaAs纳米线多重壳层结构截面的TEM图。

图6　纳米线沟道结构

对于两种结构的晶体管参数对比如表1所列，表中的 I_{ON} 为开态电流，g_m 为跨导。两者的栅长为200纳米，栅漏间距为50纳米，纳米线直径为90纳米。多重壳层结构和无多重壳层结构晶体管的亚阈值摆幅分别为75毫伏/倍频程和82毫伏/倍频程，两种晶体管的漏致势垒降低值分别为35毫伏/伏和48毫伏/伏。由于利用多重壳层结构，与未采用多重壳层栅结构的器件相比，晶体管性能有显著提升。SS更趋于理想值60毫伏/倍频程，而且In-GaAs多重壳层结构的寄生电容更小，会缩短器件的响应时间，降低额外功耗；实际测试电子迁移率达到了7850厘米²/（伏·秒），远高于目前的硅晶体管，因此在高频功率器件中有潜在的应用。同时要注意的是，栅漏间距 L_{GD} 显著影响着晶体管的性能，说明实际应用的纳米线不宜过长，否则会对器件性能产生消极影响。

表1　具有多重壳层结构与无多重壳层结构的晶体管参数对比

结构	g_m/（微西·微米$^{-1}$）	V_{TH}/伏	I_{ON}/I_{OFF}
无多重壳层结构	280	0.18	10^6
多重壳层结构	1420	0.38	10^8

K. Tomioka 等人在后续的研究中将纳米线材料由 InGaAs 改进为 InAs。之所以选择 InAs 材料：首先，因为其具有很小的有效电子质量（约 $0.023m_0$），这使 InAs 具有更高的电子迁移率；其次，由于费米能级的"钉扎"效应，在 InAs 表面形成 2DEG，可以降低接触电阻；再次，InAs 的 E_g 只有 0.35 电子伏，因此与金属构成接触时的压降很小，有利于降低驱动电压，减小功耗。

该 InGaAs 垂直纳米线晶体管所采用的技术将 Ⅲ－Ⅴ族纳米线和平面硅衬底无位错地集成，而且与 VLS 生长法相比，硅衬底上的周期性窗口解决了纳米线无法定位生长的问题。将传统平面结构的高电子迁移率晶体管转变为立体结构，改善了栅控能力的同时，大幅提升了开态电流和跨导。也说明通过调制掺杂浓度，可避免异质结势垒对载流子输运的影响。避开器件的工艺兼容性不谈，该纳米线晶体管以其高迁移率，在微波通信领域具有潜在的应用价值。

该 SA－MOVPE 技术可以消除了 Au 等深能级杂质对硅的影响，是对传统 VLS 生长法的突破。受到这种生长方式和异质结构的启发，在 2012 年，K. E. Moselund 等人找到一种将异质结构集成于纳米线沟道的制备方法，并发表了 InAs－Si 纳米线异质结隧道场效应晶体管的报道。该晶体管所涉及的纳米线制备方法与 K. Tomioka 等人的选区外延方法类似，如图 7（a）所示，对于已采用 SA－MOVPE 生长的垂直 InAs 纳米线，去除 SiO₂ 掩模后，利用垂直 InAs 纳米线作为掩模，干法刻蚀本征硅（i－Si）层，基底形成 i－Si 纳米柱。然后沉积高介电常数介质，进而得到 InAs－Si 纳米线异质结隧道 FET。图 7 中的 TEOS 为正硅酸乙酯，起到隔离的作用。由干法刻蚀产生的大量界面态对器件电学性能的影响十分严重，因此需要探索新的异质集成方法。

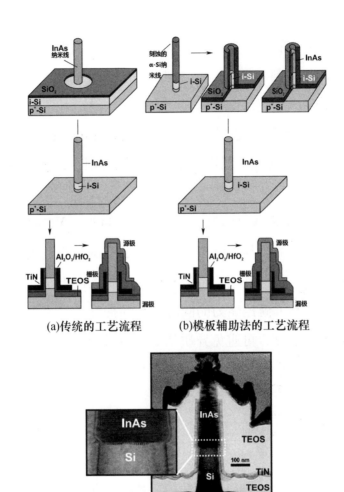

(a)传统的工艺流程　　(b)模板辅助法的工艺流程

(c)模板辅助法制备的晶体管的TEM剖面图（左侧附图为InAs/Si界面的TEM图）

图 7　InAs – Si 纳米线 TFET 制备流程与截面 TEM 图

　　为了实现纳米线沟道的异质结集成，在 2015 年，D. Cutaia 等人改进了 K. E. Moselund 等人的设计方案，并发表了 p 型沟道垂直环栅 InAs – Si 纳米线隧道场效应晶体管（GAA NWTFET）的报道，如图 7 所示。他们的第一种制备纳米线的方法与 K. E. Moselund 等人的方法相同（图 7（a）），不再赘述。第二种方法是模板辅助法，如图 7（b）所示，在多晶硅（α – Si）

纳米柱表面生长 SiO_2 层,将上部的 $\alpha-Si$ 去除后,在纳米管内外延 InAs,最后去除外层 SiO_2,获得 InAs 纳米线,进而得到如图 7 所示的晶体管。

由于模板辅助法目的是在纳米管内生长 III - V 族纳米线,与传统的在硅 (111) 衬底外延生长不同,因此这种方法提供了更多的自由度,可以使 III - V 族纳米线与任意晶向的 Si 衬底集成。同时模板辅助法的另一个优点是,在 i - Si 处生长并去除 SiO_2 层,可以消除 i - Si 处由干法刻蚀产生的表面态,有助于提升器件性能。

由图 7 可以看到,采用模板辅助法制备的栅控沟道中存在一个 InAs - Si 的异质结。该异质结提供了有效的隧穿带隙,易形成大隧穿电流,增大了 I_{ON};然而硅的 E_g 更大,同时由于栅介质主要沉积在 Si 周围,且经处理后与 InAs 相比具有更少的界面态,因而漏区的 I_{OFF} 会受到抑制。其结果是大幅提高了 I_{ON}/I_{OFF}。

虽然晶体管等效氧化层厚度很薄,但 InAs 部分的纳米线并未做钝化处理,$InAs-Al_2O_3$ 界面仍存在大量界面态,这对参数的影响更为显著,所以应采取措施尽可能减少界面态的数量。同样,偏压下的晶体管由于异质结的存在,提高了 I_{ON},而且 I_{ON}/I_{OFF} 高达 10^6。晶体管低温下 SS 等性能参数明显优于常温,这说明温度较高情况下界面态对电学参数的影响更为严重。同时,该晶体管的 I_{OFF} 并未随栅压改变而急剧变化,这说明器件表现了良好的静态性能。

由于工作机制的不同,该 p 型纳米线隧穿场效应晶体管(TFET)在 $|V_{DS}|$ <1伏的条件下可获得微安量级的饱和开态电流,随着物联网和移动设备的普及,低功耗是对器件提出的必然要求,而 TFET 可以解决功耗和性能之间的矛盾,满足低功耗的需求。另外,若能控制硅和 III - V 族材料之间以及 III - V 族纳米线和栅绝缘层之间的界面态,则可以获得远低于 60 毫伏/倍

频程的亚阈值摆幅，进而获得更低的静态功耗。因此如前面所述，工作原理的改进是晶体管发展的必然趋势。

Ⅲ－Ⅴ族材料的高表面态密度是阻碍其应用的原因之一，也是造成亚阈值摆幅维持在较高水平的主要因素，解决这个问题对Ⅲ－Ⅴ族纳米线器件的普及将起到巨大的推动作用。虽然科研人员也提出了一些减弱界面态影响的方案，但是 D. Cutaia 等人并未采用这些解决措施，致使表面态限制了异质结晶体管优异性能的发挥。不过这种晶体管仍有值得借鉴之处，器件制备中利用模板辅助法允许了更大的自由度，可以使Ⅲ－Ⅴ族纳米线与任意晶向的硅衬底集成，为垂直纳米线晶体管的制备提供新途径。但不容忽视的是，纳米管的孔径过小会导致纳米线无法外延。虽然这种Ⅲ－Ⅴ族材料 p 型晶体管性能不敌同类型的 n 型晶体管，但其在 CMOS 电路中仍占据不可替代的地位。相信将来技术上的突破能为 p 型硅基Ⅲ－Ⅴ族纳米线晶体管带来性能的巨大提升。

异质结构对激光器、晶体管以及太阳能电池等半导体器件的发展起到了举足轻重的作用，而上述三种垂直晶体管也印证了器件从同质结构向异质结构，从传统硅器件向硅与Ⅲ－Ⅴ族材料异质结构器件的演变。但是，这种异质集成仍面临着Ⅲ－Ⅴ族材料表面态的问题，限制该类晶体管的发展，对此，科研人员提出了多重壳层结构和材料表面钝化等方案，这些都有助于减弱表面态的影响，对垂直和水平结构的Ⅲ－Ⅴ族纳米线晶体管的发展具有重要意义。

此外，垂直型晶体管具有一个共性问题，即与传统的大规模平面 IC 工艺并不兼容，若投入应用则需要面对批量更换生产线的问题；器件的工艺流程和栅极逻辑布线与目前的平面硅 CMOS 晶体管相比更为复杂，间接导致了生产成本的提高。这些因素都限制了垂直型晶体管的工业化生产。因此，实现水平结构的Ⅲ－Ⅴ族纳米线晶体管，对下一代晶体管的发展具有深远意义。

四、水平Ⅲ－Ⅴ族纳米线晶体管

随着半导体技术的进步，电子通信技术也实现了跨越式发展。通信设备所用到的电磁波段，经过了从无线电波到微波的发展历程；而频率高低决定着信号的传输距离，因此高频信号对保密要求更高的卫星通信具有重要作用。对于传统硅器件，由于载流子迁移率的限制，其工作频率正逐步趋近理论极限。虽然器件结构能够延缓这一过程，但是采用迁移率更高的Ⅲ－Ⅴ族材料才是下一代功率器件的必然选择。同时，水平纳米线晶体管具有工艺兼容性好、工艺难度更低，且成本相对较低等优点，所以水平结构的Ⅲ－Ⅴ族纳米线晶体管与垂直结构相比，优势更为明显。

2015 年，X. L. Li 等人研制出最高频率为 75 吉赫的平面 GaAs 纳米线阵列高电子迁移率晶体管（HEMT）。该团队成功地在半绝缘（SI）GaAs（100）衬底上采用 MOCVD 技术，以 VLS 生长法获得了水平 GaAs 纳米线。GaAs 纳米线之所以水平生长，其原因可能是反应腔室的温度适当降低，前驱物原子团未获得足够的能量，不能沿垂直轴向迁移，而是在水平方向上沿轴向迁移，最终形成水平生长的纳米线。图 8 为平面纳米线阵列 HEMT 的结构。图 8（a）为多重壳层结构简图，图中 E_F 为费米能级，E_C 为导带底能级，这种结构能够在 GaAs 纳米线一侧形成 2DEG，与界面分离，从而减弱界面态的影响。图 8（b）为平面 GaAs 纳米线阵列 HEMT 的 SEM 伪色图，30 根栅长 $L_G = 150$ 纳米的 GaAs 纳米线横跨源/漏极。该 HEMT 的开关比 $I_{ON}/I_{OFF} = 10^4$，其他直流参数与传统硅晶体管相比也并不具有明显优势。同时需要指出，随着 V_{GS} 增大，关态电流显著增加，这会严重影响器件的静态和动态功耗。

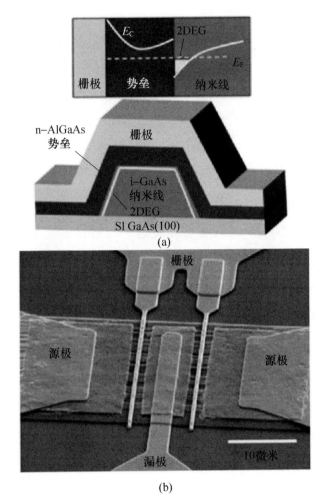

图 8　平面 GaAs 纳米线阵列 HEMT 结构和 SEM 图

由图 9（a）频率关系曲线（图中 C_S 为小信号增益，V_{GS} 为源漏电压，h_{21} 为短路电流增益，MAG 为最大资用增益，MSG 为最大稳定增益）可以看出，晶体管的特征频率 f_T 和最高频率 f_{max} 分别为 33 吉赫、75 吉赫，达到了当时同类纳米结构晶体管最高的工作频率，并且远高于硅功率器件的最大工作频率，说明器件能够以很低的功耗获取更大的增益。

但不能忽视的是该 HEMT 仍具有较大的寄生电容，这对器件的功耗与响应会有一定负面影响。图9（b）为具有不同沟道晶体管的性能对比，这些器件属于不同的公司或研究机构。可以看到，与其他的场效应晶体管相比，该HEMT同时具有更高的 $f_{max} \cdot L_G$（L_G 为栅长）和开关比 I_{ON}/I_{OFF}。

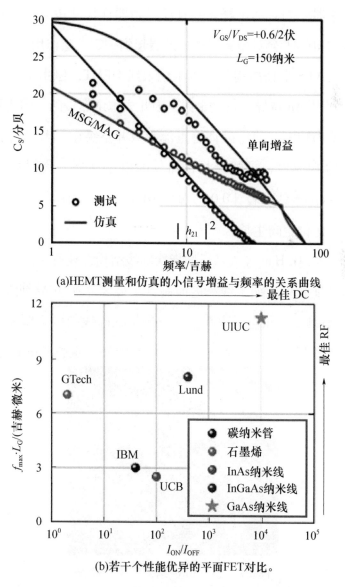

(a)HEMT测量和仿真的小信号增益与频率的关系曲线

(b)若干个性能优异的平面FET对比。

图9 平面 GaAs 纳米线阵列 HEMT 的性能图示

该器件解决了Ⅲ－Ⅴ族纳米线水平生长的问题，并凭借较为优异的性能和器件的电学一致性，验证了自下而上工艺在后硅时代制备水平Ⅲ－Ⅴ族纳米线技术的可行性。同时，该 HEMT 优异的高频特性印证了Ⅲ－Ⅴ族材料是下一代功率器件的必然选择，并且伴随着器件尺寸进入纳米量级，具有纳米线结构的 HEMT 会对微波器件的发展起到一定借鉴作用。

虽然采用 VLS 生长法制备了水平纳米线 HEMT，但由于该器件完全采用 GaAs，且使用 Au 诱导生长纳米线，因此成本依然较高。因为界面态数量较多且栅控能力较弱，使得晶体管直流参数并不突出。若经过表面钝化处理并减薄绝缘栅厚度，可能会优化器件的电学性质。值得注意的是，该 HEMT 中 GaAs 纳米线沿着 $[0\,\bar{0}\,1]$ 和 $[01\,\bar{1}]$ 两个相反晶向互补生长，即仍然无法实现定位定向生长。

2016 年，W. H. Han 等人基于插指状硅线结构，获得了高密度且晶向统一的悬空水平Ⅲ－Ⅴ族纳米线，进而制备了硅基水平 InAs 纳米线晶体管。由图 10 可以看到，利用电子束曝光刻蚀插指状硅线结构，增大面积提高成核概率，使水平 InAs 纳米线沿硅（111）侧墙外延生长。InAs 纳米线和硅

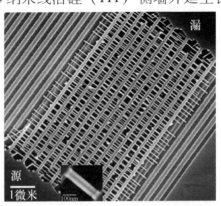

图 10　水平 InAs 纳米线生长状况

（附图是单根纳米线的形貌，标尺为 100 纳米）

线两者相互垂直，且 InAs 纳米线桥接相邻的硅线，作为导电沟道，然后采用与平面硅兼容的工艺完成晶体管的制备。该晶体管的开关比 I_{ON}/I_{OFF} 达到了 10^5，关态电流约 100 皮安，表现了较为出色的栅控能力。但由于 InAs 材料较高表面态密度与栅绝缘层形成串联电容，使亚阈值摆幅较高，约 250 毫伏/倍频程（图 11）。

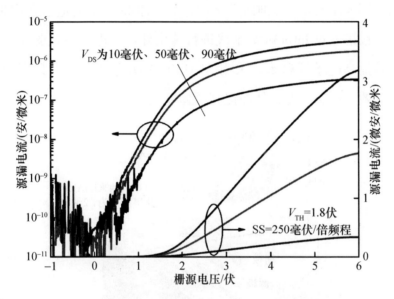

图 11　室温下 InAs 纳米线晶体管的直流转移特性曲线

采用在硅衬底上以应力诱导的方式生长悬空水平Ⅲ–Ⅴ族纳米线在此之前鲜有报道，而该晶体管的制成则验证了此技术的可行性。同时，解决了水平Ⅲ–Ⅴ族纳米线在硅衬底上生长密度低和晶向不统一两个关键问题，为高密度、晶向统一且数量可控的水平Ⅲ–Ⅴ族纳米线的获得奠定了基础。而下一步要解决的问题正是通过调节硅线的长度和晶向，以及采用合适方法降低Ⅲ–Ⅴ材料表面态密度，间接控制Ⅲ–Ⅴ族纳米线的数量，并提高晶体管中的载流子迁移率。

对于水平定位纳米线的获得，自下而上工艺自身存在局限性，科研人员转而把目光投向了自上而下工艺。2012年，P. D. Ye等人利用干法刻蚀制备了悬空的水平InGaAs纳米线结构，进而制成了InGaAs环栅纳米线场效应晶体管（图12）。由于干法刻蚀具有各向同性的特点，使其可获得任意晶向的纳米线。他们利用ICP技术沿［100］刻蚀InGaAs纳米线沟道，如图12所示，沟道层采用的是"三明治"结构，该结构的导电沟道会在中央形成，同时用硫化铵溶液对InGaAs纳米线进行钝化处理，进一步减弱界面态的消极影响，并提高电子迁移率。采用Al_2O_3/$LaAlO_3$等高介电常数栅介质，有利于减薄等效氧化层厚度，从而提高了栅控能力。

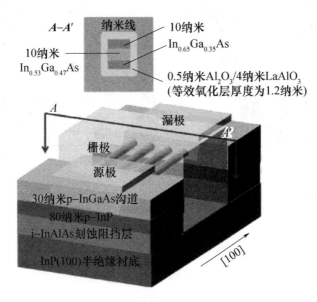

图12 InGaAs环栅纳米线FET的三维结构

InGaAs环栅纳米线MSOFET的亚阈值摆幅的最小值可以达到63毫伏/倍频程，非常接近理想值，远远强于目前主流的n型硅晶体管，这都表现出器件优异的栅控能力与较低的界面态密度对晶体管性能提升的意义。而

且跨导 g_m 基本上不随沟道长度 L_{ch} 变化而显著改变，这表现出近弹道输运的特性，也说明纳米线沟道异质结构对载流子弹道输运起到了一定辅助作用。

基于自上而下的制备工艺，该 p 型 InGaAs 环栅纳米线场效应晶体管采用感应耦合等离子体刻蚀技术，工艺相对简单，工艺具有各向同性的特性，解决了水平Ⅲ–Ⅴ族纳米线无法定位定向的问题。另外，纳米线沟道采用异质结构，并进行了表面钝化处理，两者的共同作用使界面态的影响大幅减弱，同时等效氧化层厚度减薄使栅控能力提升，这些都有助于器件大幅提升晶体管性能，这种处理措施对控制Ⅲ–Ⅴ纳米线晶体管的表面态密度很有借鉴意义。但不容忽视的是：由于器件整体由Ⅲ–Ⅴ族材料制成，依然存在成本高昂的问题；ICP 刻蚀过程中存在较大的浪费，而且会对纳米线造成损伤。这些因素都会制约该晶体管的工业化生产。

2016 年，N. Waldron 等人利用材料沉积与化学机械抛光相结合的技术，报道了双纳米线沟道环栅场效应晶体管（GAAFET）。如图 13 所示，关键流程是烘烤刻蚀的 InP 凹槽，使其回流，以便在两侧形成浅槽来沉积 InGaAs。

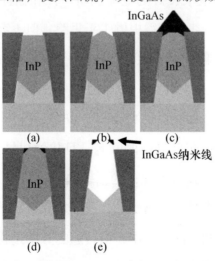

图 13　制备 InGaAs 纳米线的关键流程

然后进行化学机械抛光，形成两根直径均为 6 纳米的 InGaAs 纳米线，最后进行沉积 $Al_2O_3/HfO_2/TiN$ 栅介质层和栅电极 W 等步骤，器件制备完成。图 14 为纳米线截面的 TEM 图。

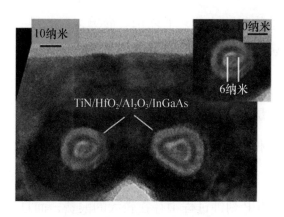

图 14　纳米线截面的 TEM 图

对于栅长 $L_G = 85$ 纳米的纳米线 GAAFET，亚阈值摆幅为 66 毫伏/倍频程，与目前的晶体管值相比非常接近理想值，开关比 I_{ON}/I_{OFF} 达到了 10^7，参数均优于 FinFET，表现了良好的电流关断特性和栅控能力。同时，该晶体管为水平Ⅲ－Ⅴ族纳米线的获得提供了新思路。但不容忽视的是，采用该工艺得到完整的纳米线难度极高，仅从技术上为水平Ⅲ－Ⅴ族纳米线的制备提供了参考。

由于水平生长有序Ⅲ－Ⅴ族纳米线阵列的难度较高，而通过干法刻蚀技术制备的纳米线可能存在良品率的问题，且化学机械抛光技术精确研磨得到纳米线的工艺难度很高。因此，为了解决上述问题，并较好地控制水平纳米线的定位，科研人员采用特殊的转移技术获得水平Ⅲ－Ⅴ族纳米线，进而制成高性能晶体管的方法。其中，最普遍的方案是将Ⅲ－Ⅴ族纳米线转移到 Si/SiO_2 水平衬底的途径制备晶体管，这样既能削减成本，又能获得高性能的Ⅲ－Ⅴ族纳米线晶体管。

纳米线平面转移实际上是基于自下而上工艺的一种获得水平纳米线的折中方法。现有的 SA－MOVPE 技术或 VLS 生长法均能够较容易地批量获得垂直生长的Ⅲ－Ⅴ族纳米线阵列，然后将垂直Ⅲ－Ⅴ族纳米线通过特殊技术（如超声技术）转移到置于液体介质中的衬底平面上，并进行栅介质的沉积与源/漏接触，进而制成水平Ⅲ－Ⅴ族纳米线沟道晶体管。

国内外有很多关于纳米线转移技术方面的报道。J. J. Hou 等人利用 VLS 生长法在硅衬底上获得垂直结构 InGaAs 纳米线，然后在乙醇中利用超声技术将纳米线振落于另一个 p 型掺杂 Si/SiO$_2$ 衬底上的随机位置，再进行源/漏接触等后续处理，最终获得电子迁移率近 3000 厘米^2/（伏·秒）的背栅型纳米线场效应晶体管。图 15 为背栅型单纳米线与多纳米线场效应晶体管的 SEM 图和结构简图。可以看到，纳米线散乱地横跨于源/漏极之间，对于单纳米线或多纳米线器件，这都会使有效栅长发生改变，进而影响晶体管的电学特性。但若事先在衬底表面刻蚀出与纳米线尺寸相当的凹槽，由于周围液体介质的微流动，纳米线则更趋向于直接落入这些凹槽中，从而能够比较精确地控制纳米线的定位。以这种方式制备的纳米线晶体管多为背栅结构。

目前，通常采用的纳米线转移手段包括振动和粘贴等。2013 年，S. Sasaki 等人研制出了水平环栅 InAs 纳米线场效应晶体管（GAA NWFET），所采用的纳米线转移技术就是超声振动。图 16 为制备 GAA NWFET 的流程，图 17 为纳米线轴向剖面图和径向剖面图，图 18 为晶体管的 SEM 伪色图。采用 VLS 生长法在 GaAs（100）衬底上外延垂直 InAs 纳米线阵列，再通过超声技术将上述 InAs 纳米线振落于异丙醇溶液中已预沉积源/漏和下栅极的 Si/SiO$_2$ 衬底上，完成源/漏接触等后续步骤，进而获得水平 GAA NWFET。

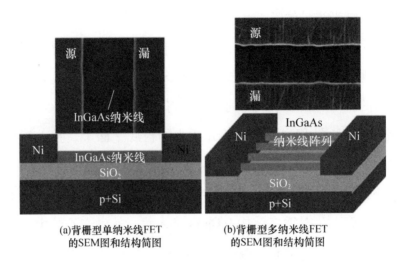

(a)背栅型单纳米线FET
的SEM图和结构简图

(b)背栅型多纳米线FET
的SEM图和结构简图

图 15　InGaAs 纳米线 FET 的 SEM 图和结构简图

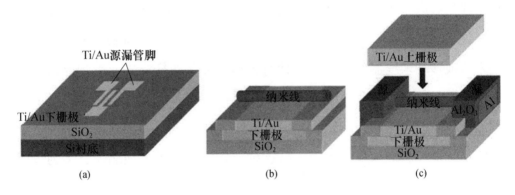

图 16　晶体管制备关键流程

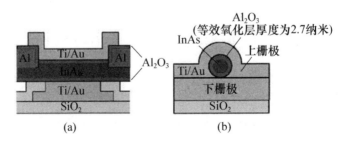

图 17　纳米线轴向剖面图及径向剖面图

由图 17（b）可知，由于纳米线与衬底是完全接触的，所以设计上栅极和下栅极，就是为了将 InAs 纳米线完全包裹，形成环栅结构，以便提升栅控能力。实际测试的载流子迁移率为 760 厘米²／（伏·秒），与传统的硅器件相比，其优势并没有显现。可能的原因有很多，如计算模型过于简化，未能准确得到栅电容，以及未能准确定位

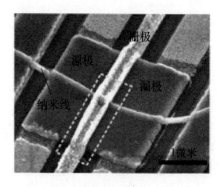

图 18　晶体管的 SEM 伪色图

导致有效栅长的变化等。而且，晶体管的其他参数也未与传统的硅晶体管拉开差距，可能的原因依然是大量界面态的存在和较弱的栅控能力。

由该水平环栅纳米线晶体管和同类型器件可以看出，这种转移方案力图将Ⅲ－Ⅴ族纳米线与平面硅集成，关键是解决了无法采用 VLS 生长法在硅衬底上外延水平Ⅲ－Ⅴ族纳米线以及利用应力诱导方法很难在平面硅衬底外延水平Ⅲ－Ⅴ族纳米线两个问题。与垂直结构相比，这种技术与主流工艺的兼容性更好，使得工艺难度相对降低。此外，与完全由Ⅲ－Ⅴ族材料制备的器件相比，其工艺成本会大幅削减。但不容忽视的一个关键问题是，这种技术仍然无法精确定位纳米线，会导致有效栅长改变，提高了器件性能分析的难度；而且在该方案中，晶体管的制作基于纳米线的振落位置，随机性过高而不利于工业化生产。因此，作为一种制备硅基水平Ⅲ－Ⅴ族纳米线晶体管必需的解决方案，亟待科研人员深入研究。

虽然目前的水平纳米线晶体管与垂直结构相比性能上存在一定差距，但无论采用何种方式进行制备，由于水平结构更趋近于主流的平面硅工艺，依然具有垂直结构无法比拟的优势。由现今已成熟的硅 CMOS 工艺可知，硅与Ⅲ－Ⅴ族材料的集成必将是下一代晶体管技术上的突破点。

五、结束语

对于传统的硅晶体管而言，随着器件尺寸迭代缩减，量子效应引起的诸多问题使 10 纳米节点成为巨大的挑战。改进器件结构、采用具有更高迁移率的Ⅲ－Ⅴ族材料等途径是获得高性能、低功耗器件的必然选择。本文涉及的Ⅲ－Ⅴ族纳米线晶体管，受短沟道效应的影响很小；采用的高介电常数栅介质能够减小等效氧化厚度，从而具有良好的栅控性能；若能够改善Ⅲ－Ⅴ族材料的表面态密度，亚阈值摆幅也会进一步降低。虽然某些性能可能低于当前的硅器件，但技术的突破会逐渐优化这些Ⅲ－Ⅴ族纳米线器件的性能。

对于垂直纳米线晶体管，由于与目前的平面硅工艺不兼容和逻辑布线难度提高等问题，成为下一代晶体管的可能性并不大。对于纯粹的Ⅲ－Ⅴ族材料晶体管，成本过高是其取代传统硅器件的最大障碍。与单纯的体硅材料和Ⅲ－Ⅴ族材料制成的器件相比，硅基Ⅲ－Ⅴ族纳米线晶体管具有的优点：①短沟道效应和漏致势垒降低效应对纳米线沟道晶体管的制约很弱，使器件向 10 纳米以下的技术节点发展成为可能。②高质量的Ⅲ－Ⅴ族纳米线不需要缓冲层就可以在失配率高于 10%的硅衬底上无位错地生长，有利于Ⅲ－Ⅴ族纳米线与当前的平面硅工艺集成。这对低成本、高性能的硅基Ⅲ－Ⅴ族器件的发展有重要意义。③在水平结构的硅基Ⅲ－Ⅴ族纳米线晶体管中，水平Ⅲ－Ⅴ族纳米线作为体型沟道，避免了表面散射的影响，载流子具有极高的迁移率；并且与当前的大规模平面硅制造工艺兼容，能够满足高速逻辑电路低功耗、高性能的发展需求。

综上所述，水平结构的硅基Ⅲ－Ⅴ族纳米线晶体管在实现性能提升的同时，又具有工艺兼容性和缩减器件成本的优点，为向 7 纳米技术节点的发展奠定了基础，也为下一代晶体管的变革指明了方向。

（中国科学院半导体研究所半导体集成技术工程研究中心

张望　韩伟华　赵晓松　吕奇峰　王昊　杨富华）

能谷电子学——造就下一代纳电子器件的新希望

　　能谷电子学是近年来兴起的一门全新的学科领域，源自人们对电子谷自由度的研究。在固体材料的能带结构中，导带上的局部最小值或价带上的局部最大值称为能谷。与电子的电荷自由度和自旋自由度类似，能谷自由度是电子的另外一种内禀自由度。众所周知，传统的半导体微电子技术是通过操控电子的电荷自由度来实现的，而利用电子的自旋角动量替代电子电荷作为信息处理和存储的载体又开创了自旋电子学。因此，不难推测，以电子在固体材料能带结构中极值点上的分布状态作为内禀自由度的能谷自由度也具备作为信息载体的潜力，这也正是能谷自由度又称为赝自旋的原因。

　　近年来，随着材料科学与技术的快速发展，特别是以石墨烯和过渡金属硫化物等为代表的新一代二维材料的出现，降低了谷自由度构建及调控的难度，使得能谷电子学产生了飞跃式的发展，逐渐成为凝聚态物理前沿技术研究的又一个活跃领域，研究成果和新突破不断涌现。由于能谷电子调控受小尺度效应的影响较小且对电子状态的控制效率很高，因此，与传统微电子器件相比，基于能谷自由度调控原理的谷电子器件在信息处理速度、信息存储可靠性、集成度、能耗和传输距离等方面具有显著的优势，可实现信息存储、逻辑处理和通信等功能的高度集成,是造就下一代纳电子器件的新希望。

一、能谷电子学研究进展

截止到目前,能谷电子学材料可分为三类:

第一类是以硅和金刚石为代表的常规半导体能谷电子材料。此类材料体相布里渊区空间高对称轴方向的价带底由电子占据的椭球状简并谷构成。通过引入平移对称性破缺或外部磁场可打破谷简并产生谷电流。

第二类是以石墨烯为代表的二维单原子层材料。这类材料具有六方结构,其布里渊区存在两个不等价谷,利用引入晶界缺陷和应变等手段可以产生谷极化电流。

第三类是以过渡金属硫化物为代表的新一代光电材料,这些材料的单层结构为直接带隙半导体,逐渐增加材料的层数可实现从直接带隙半导体到间接带隙半导体的过渡。每个能谷点通过直接的带间跃迁便可获得额外的轨道磁矩,根据动量守恒定理可推出价带与导带间的跃迁符合选择定则。利用圆偏振光的激发作用,可产生非平衡态下的极化能谷电流。此外,利用自旋自由度与能谷自由度以及层状材料的层自由度与能谷自由度之间的耦合还分别可以产生能谷霍耳效应和磁电效应,有望在量子计算中得到应用。

(一)常规半导体谷电子学

硅基场效应管(FET)是传统半导体集成电路制造的基础,其中硅的自旋轨道耦合较弱,具有较长的自旋相干时间,因此有望在量子计算和量子通信领域得到应用。如图1(a)所示,Tsuneya Ando 等人经研究发现,无应力作用下,体相硅布里渊区空间主轴上的导带底由六重简并的椭球状谷点组成。而对于硅基金属氧化物半导体场效应管（MOSFET），由于在受限方向（如图1（b）所示的［100］晶向）上会产生对称性破缺，使得六重简并谷点发生劈裂，从而形成在受限方向上的极化谷。由于体硅材料中导带底附近能带上电子的有效质量具有各向异性（椭球长轴对应的有效质量 $m_1 = 0.916m_0$，短轴对应的有效质量 $m_t = 0.190m_0$，其中 m_0 为自由电子的有效质量），平面内载流子的运动不受限制，而平面外载流子的迁移率则会受到受限效应的影响而呈现量子化的能级。虽然利用此方法可实现谷简并的打开，但仍会出现诸如面内简并退相干等不利于量子计算和量子通信应用的因素。

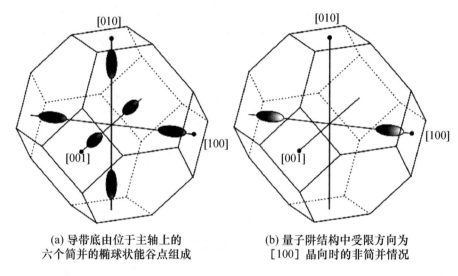

(a) 导带底由位于主轴上的
六个简并的椭球状能谷点组成

(b) 量子阱结构中受限方向为
［100］晶向时的非简并情况

图1　第一布里渊区能带结构

与体硅相类似，金刚石的布里渊区主轴上六个能谷点的电子也具有不同的有效质量，其中长轴对应的有效质量 $m_1 = 1.150m_0$，短轴对应的有效质量 $m_t = 0.220m_0$。能谷电子有效质量的各向异性可导致载流子输运的各向异性。金刚石的谷间声子散射需要纵向声学模式声子和横向光学模式声子的辅助，横向光学模式声子的振动需要克服约 120 毫电子伏的激发势垒，激发所需时间较长，而同轴能谷间声学模式的声子散射具有较低的势垒（约为 65 毫电子伏），激发所需时间较短（约 1 纳秒）。Isberg 等人根据这一特性发现沿 [100] 晶向施加电场所产生的热电子将会受到能谷间声子的散射作用而聚集在平行于电场方向的晶格轴向，从而获得了寿命为 300 纳秒的谷极化电子。

（二）石墨烯类材料谷电子学

2004 年，英国曼彻斯特大学的安德烈·海姆和康斯坦丁·诺沃肖洛夫采用微机械剥离法首次成功剥离出单层石墨烯。由于其具有独特的二维无质量狄拉克费米子能带结构，因此，很快成为材料科学的研究热点，同时为能谷电子学的研究提供了全新的思路。

如图 2 所示，单层石墨烯为二维六方蜂窝状构型，由于其布里渊区费米面上有两个非等价的狄拉克点 K 和 K'，使得狄拉克锥除具有双重简并的子晶格自由度外，还具有与时间反演对称性相关的双重简并的能谷自由度。一般情况下，电子占据 K 和 K' 谷的概率相当，因此使具有不同能谷自由度的电子分离从而产生谷极化电流是石墨烯类材料谷电子学所要解决的最为核心的问题。

Rycerz 和 Akhmerov 等人设计了具有锯齿状（Zigzag）边界的石墨烯纳米带的量子点接触结构，该结构相当于一种谷电子过滤器，只允许指定的某个能谷的电子通过而另一个能谷的电子则被反射。将两个谷过滤器平行排列又可构成能谷阀门，谷阀门的开关取决于两端电极电子隧穿的宇称效应，可通过调节两端电极的电势差来控制能谷阀门，得到能谷极化电流。中国科学院半导体研究所的常凯等人也报道了类似的器件，其两端电极仍然保持锯齿状边界，而散射中心则采用了扶手椅状边界，利用扶手椅状边界石墨烯纳米带的能隙不同来控制隧穿电流的导通。然而，由于石墨烯纳

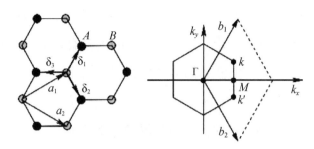

(a)石墨烯的蜂窝状晶格结构(左)及其布里渊区(右)

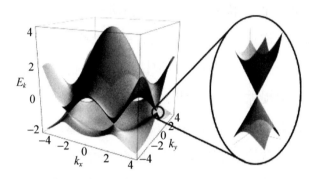

(b) 布里渊区内价带与导带接触有6个狄拉克锥点
(插图显示的是其中一个谷的色散曲线，可明显看出
其线性无质量狄拉克粒子特征)

图2　石墨烯晶格结构及电子色散关系

米带边界难以精确控制及存在缺陷和吸附物等因素，导致利用纳米带边界形成谷极化电流的方法很难得到广泛应用。

　　Martin 等人利用双层石墨烯在外加电场作用下打开能隙的特性，设计出一种一维孤子模型器件，在双层石墨烯的两边分别施加相反的偏压，在受限效应的作用下在界面附近形成类似孤子的一维通道，而电极两边的电势差将只允许一个能谷的电子穿越一维通道，从而实现能谷电子过滤的效果。Guinea 等人通过理论预测应变会在石墨烯布里渊区内的 K 和 K' 能谷处产生大小相等、方向相反的赝磁场，这就为石墨烯能谷电子器件的设计提供了新方案。为此，Chang 等人设计了由应变石墨烯和自由石墨烯组成的异质界面，应变引起赝磁场，当石墨烯内的电子束以某些特定入射角入射到应力界面时，位于其中某个谷的电子可以顺利隧穿通过应力区，而位于相反谷的电子则会被应力区完全反射。

在具有反演对称性破缺的六角形二维晶体中，K 和 K' 能谷具有相反的贝里曲率，这相当于在动量空间内引入了一个等效磁场，可诱导谷极化电流的产生，即能谷霍耳效应。尽管石墨烯和双层石墨烯晶体都具有中心对称性，但通过外部扰动可以破坏晶体的反演对称性，从而产生有限带隙和对应于 K 和 K' 能谷的相反的贝里曲率。基于以上理论，Gorbachev、Yankowitz 和 Hunt 等人利用六方氮化硼衬底的超晶格势在单层石墨烯晶体中成功引入了反演对称性破缺，而 Shimazak 和 Sui 等人则通过施加外部电场的方法破坏了双层石墨烯晶体的反演对称性。如图 3 所示，利用"霍耳条"测试实验，可在石墨烯/六方氮化硼异质界面和施加偏压的双层石墨烯中明显观测到由相反非零贝里曲率和外加电场所引发的能谷霍耳效应以及因此而产生的能谷极化电流。

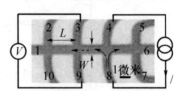

图 3   "霍耳条"测试实验
（L 为霍耳接触长度，W 为沟道宽度，浅色和深色箭头分别对应于 K 和 K' 能谷的极化电流流向）

（三）过渡金属硫化物类材料能谷电子学

过渡金属硫化物具有与石墨烯类材料类似的依靠范德华力结合在一起的层状结构。按堆砌方式的不同，其体相结构有 2H 型（由两个单层构成的六方结构）、3R 型（由三个单层构成的菱方结构）和 1T 型（由一个单层构成的四面体结构），其中以具有中心反演对称性的 2H 型结构最为常见。图 4（a）为二硫化钼的体相结构，可见其单层为"三明治"结构由一层钼原子夹在两层硫原子之间所形成。从图4（b）可以看出，单层二硫化钼为直接带隙半导体。

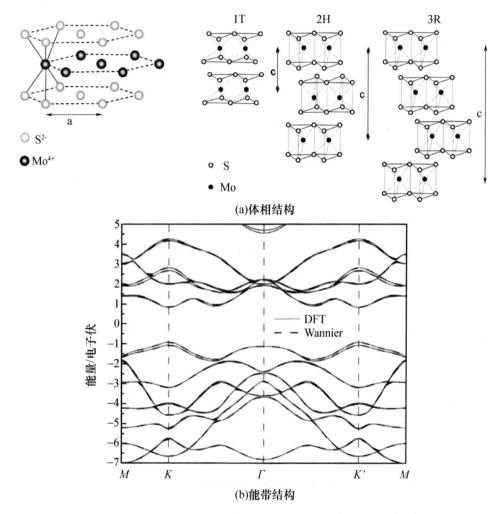

(a)体相结构

(b)能带结构

图4　二硫化钼体相结构及单层二硫化钼电子能带结构

单层二硫化钼无反演对称中心，具有能谷选择性圆极化光响应和相应的轨道磁矩。Feng 等人采用密度泛函微扰理论（DFPT）方法对单层二硫化钼进行了计算，结果表明，当不考虑自旋—轨道耦合相互作用时，从价带顶至导带底的直接跃迁谷极化均匀分布在 K 和 K' 能谷周围，而能谷极化的符号在两个能谷的边界处则发生了改变。如图5所示的计算结果显示，在面内电场的作用下，载流子受到贝里曲率的驱动可获得反常速度，这说明单层二硫化钼材料具有优良的能谷霍耳效应特性，可利用其对圆偏光的选择性产生能谷极化电流。

能谷激子是依靠强库仑相互作用而束缚在能谷中的电子—空穴对复合体，其决定着单层过渡金属硫化物材料的光学响应特性，对基于过渡金属硫化物材料的光驱动能谷电子学器件的研究至关重要。

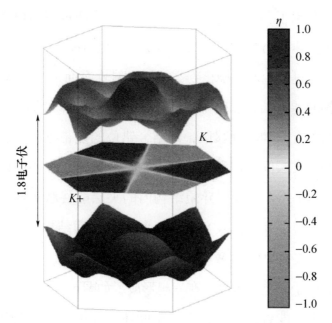

图5 单层二硫化钼的能谷选择圆二色性示意图

由于具有比传统半导体中的万尼尔（Wannier）激子更紧密的束缚特性，单层过渡金属硫化物中的能谷激子和光子之间存在着很强的耦合。这意味着光子可作为不同单层间连接各能谷的有效载体。然而，具有如此之强的跃迁偶极矩也意味着其较短的固有辐射寿命。Dufferwiel、Palummo 等人经计算预测了该寿命范围为 0.1～1 皮秒，这一理论结果与 Moody 等人的实验结果相一致。虽然 Amani 等人利用化学处理的方法已将单层二硫化钼中的能谷激子的寿命延长到了约为 10 纳秒的水平，但如此短的寿命仍有可能会限制能谷激子在能谷电子学空间输运过程中作为能谷赝自旋长程载体的能力。

堆叠二维材料形成定制结构技术的出现，使得制作具有全新能谷功能特性的层状器件成为可能。由不同种过渡金属二硫化物类材料堆叠而成的双层异质结构受到了科研人员的广泛关注，成为通过研究电子能带结构和能谷自由度来探索能谷电子学应用的全新平台。Terrones、Rivera 等人预测出一种由不同种过渡金属二硫化物类单层材料堆叠而形成的双层异质结构，经过对该结构的能带结构、带隙及功函进行理论计算可知，这样的垂直堆叠的层状结构能有效消除耗尽区，再结合错位的能带排列和较大的能带偏移，可显著增大夹层间的电荷转移速度，形成载流子在不同的单层内极度局域化的面外 pn 结，即双层异质结构内的夹层能谷激子。以图 6 所示的 $MoX_2 - WX_2$（其中 X 可代表 S 或者 Se）双层异质结构为例，电子被束缚在 MoX_2 层而空穴被束缚在 WX_2 层，在二维材料强大的库仑相互作用下，空间上分离的电子和空穴被绑定在一起形成了如图 6 中所示的分布在夹层内的能谷激子。夹层能谷激子无论在实空间还是动量空间均为间接激子，这是因为电子和空穴分别被束缚在不同的层内且两层的导带与价带都呈错位排列。这些效应综合在一起使得夹层能谷激子的寿命比在单层过渡金属二硫化物材料内的激子寿命要长几个数量级，这对于能谷电子器件的实现来说非常关键。

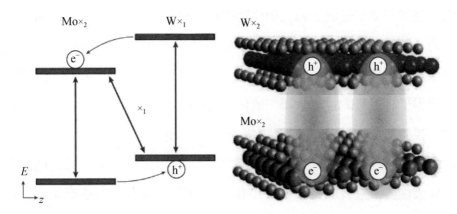

(a) 异质结构能级图显示在电子和空穴的
超快转移过程中所形成的夹层能谷激子态

(b) Mo×₂–W×₂异质结构中的夹层能谷激子

图6　双层过渡金属二硫化物类材料异质结构中的夹层能谷激子示意图

（四）实现能谷电子器件的新突破

在能谷电子学理论研究的不断积累和发展的前提下，能谷电子器件的实验研究也取得了长足的进步。2016年，能谷电子器件实验研究屡获重大突破，让人们看到了下一代能谷电子微纳器件成为现实的希望。

2016年4月，美国加州大学伯克利分校与中国科学院半导体所半导体超晶格国家重点实验室合作，在单层过渡金属二硫化物材料中首次实现了电子能谷自由度的电学调控。很长一段时间以来，调控过渡金属二硫化物二维材料中电子能谷自由度主要采用光学手段，而利用电学手段调控电子的能谷自由度是实现能谷电子器件的必要条件。在单层过渡金属二硫化物材料中，由于空间反演对称性破缺和强自旋轨道耦合效应，使得电子的能谷自由度和自旋自由度相互锁定，因此有望在过渡金属二硫化物/铁磁材料异质结构中，通过电学自旋注入的方法实现对过渡金属二硫化物材料电子能谷自由度的电学调控。研究人员利用磁性半导体（Ga，Mn）As作为铁磁电极实现了对单层过渡金属二硫化物的高效自旋注入，其工作原理如图7所示。为了获得较高的自旋注入效率，研究人员开发出一种可精确定位和转移单层过渡金属二硫化物的技术，在制备的垂直易磁化（Ga，Mn）As薄膜上，获得了高质量的过渡金属二硫化物/（Ga，Mn）As异质结。在该异质结构中，控制（Ga，Mn）As薄膜的磁化方向，便可以调节注入自旋的极化方向，从而在不同能谷中产生极化载流子。能谷极化程度可以通过电致发光的自旋极化度来进行表征。这项工作不仅首次利用电学方法产生和调控了能谷载流子，而且为能谷电子学和自旋电子学的研究搭建了一座新的桥梁。

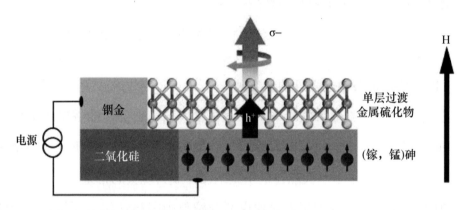

图7 单层过渡金属二硫化物电子能谷自由度的电学调控示意图

2016年8月，美国宾夕法尼亚州立大学材料研究所在美国海军研究实验室支持下成功研制出由双层石墨烯组成的能谷电子原型器件（图8），研究人员将一对栅极放置于双层石墨烯的上、下两侧，然后施加垂直于平面的外加电场，再通过石墨烯上、下表面施加的正、负相反的偏压，可将双层石墨烯间的一个能带隙打开。将一维金属态或电线置于能隙中便形成了可对 K 和 K' 能谷电子进行分流的通道。在单独的双层石墨烯中 K 和 K' 能谷电子可以向任何方向移动，但在新器件中它们则会沿着通道朝相反的方向运动，如图8所示。理论上，被分流的能谷电子在通道中运动时的电阻将会非常小，这就意味着此电子器件在运行时的功耗和产热量会很低。该器件的成功研制从实验上验证了控制电子动量以及制造比标准 CMOS 晶体管功耗更低、产热量更小的电子器件的可行性，能谷电子学器件的成功研发又向前迈进了一步。

图8　新型双层石墨烯能谷电子器件结构

二、展望

综上所述，能谷电子学是一个全新的且充满希望的研究领域。特别是以石墨烯和过渡金属二硫化物为代表的新一代二维材料能谷电子学的研究发展迅速，各种新的研究成果不断涌现，全新物理现象和概念层出不穷。近期，在能谷电子器件实验研究方面获得突破性进展，我们相信，基于操控能谷自由度的原理进行新型器件的设计和制造在不远的将来一定会成为现实，下一代纳电子器件的实现也指日可待。

（工业和信息化部电子第一研究所　李铁成）

半导体激光器发展现状与趋势分析

激光与原子能、计算机、半导体并称 20 世纪人类四项重大发明。大功率半导体激光器经过多年演变，不断朝着小型化、高能量、高光束质量方向发展。近年来，激光器种类不断增加，出现了超快激光器、紫外激光器、纳米激光器、太赫兹激光器、量子级联激光器等多种新型激光器；多种新型激光器加工技术涌现，如合束技术、叠阵技术、硅异质集成技术；应用领域不断拓展，在激光模拟战场、激光雷达、激光照明、激光引信等小型、轻量、战术型武器中大显身手。

一、发展态势与特点

半导体激光器的研究于 2010 年后呈现出大规模复苏的态势，一举成为全球发展最为迅猛的技术之一。根据美国《激光世界》杂志报道，半导体激光器的销售额占整个激光市场的 50%，其中光纤激光器用大功率泵浦源需求量最大，大功率激光二极管的年复合增长率高达 8.6%。目前，半导体激光器技术发展具有以下几个特点。

（一）美国加大投资力度

近年来，美国在半导体激光器领域不遗余力的投资不仅为其他国家提供了技术发展的风向标，还推动其成为全球发展势头最为迅猛的领域之一。以 DARPA 为先导，美国国土安全局、国家科学基金、海军实验室、国家航空航天局等重要部门在半导体激光器领域给予足够的支持，启动多项科学研究。例如，2011—2017 年投资 3.5 亿美元的"大功率高光束质量半导体激光光源"计划，2015—2017 年美国和欧洲联手开展"高重复频率先进拍瓦激光器"项目，2015—2017 年美国西北大学开展"量子级联激光器"项目，2016 年美国"国家光电倡议"（NPI）成立高功率激光器特别小组，促进军用高功率激光器所需光电器件的研制。

（二）欧洲和日本制订技术发展路线图

欧洲以欧盟为先导组织开展了多项激光器研制项目，其中德国在多个项目中担当着核心领导地位。例如，德国启动 2011—2021 年"德国光子学研究——未来之光"十年规划，旨在扩展光子学基础研究；2016 年 2 月，欧盟启动了总经费 340 万欧元，为期 4 年的"欧盟硅基直接调制激光"（DIMENSION）项目，由德国德累斯顿工业大学领导，旨在建立一个真正的单片光电集成平台。日本在蓝绿光激光器技术领域领先全球，在光纤激光模块、直接半导体激光器领域也具有一定优势。表 1 和表 2 分别是欧洲及日本制定的激光技术发展路线图。

表 1　欧洲激光器技术发展路线图

项目	2014—2015 年	2016—2017 年	2018—2019 年
技术性挑战	·高效的激光器和设备 ·光束传输、塑造和偏转系统 ·质量控制		

（续）

项目	2014—2015 年	2016—2017 年	2018—2019 年
研究计划	高效的激光器和设备： ·涂料和组件 ·非线性光学材料 ·高功率、高重复频率、超短脉冲激光器（NIR、VIS） ·快速调制与同步高速扫描设备 ·高亮度二极管激光器（固态） ·高效、稳定的 UV/EUV 激光器	·高效工业中红外激光系统（高达 1 千瓦） ·柔性激光器（多色，UV－VIS－NIR－MIR） ·紫外激光成像装置（CW，100 瓦）	·超短脉冲光纤传输
	光束传输、塑造和偏转系统： ·远程技术 ·柔性光束成型 ·激光列阵、光纤列阵	·衍射极限的光纤传输（大于 1 千瓦，大于 100 米） ·连接器和合成光束开关 ·高功率连接器检测、监控系统 ·高速扫描装置（1 千米/秒）	
	质量控制： ·过程监控传感器 ·激光技术与在线非破坏性测试技术相结合	·FAI 应用的实时控制过程 ·多光谱成像和聚焦光学系统 ·多光谱成像传感器	
创新要求	·大尺寸精密光学元件 ·高重复率激光器/激光同步装置 ·表面处理费用的成本：低于 1 欧元/米^2 ·亮度个性化产品（交通、医疗、消费） ·广阔的量程范围：宏—微米—纳米		
交叉重点扶持技术	·绿色产品，少化学过程，少能源消耗 ·新型表面材料 ·新产品制造		

表 2　日本激光器技术发展路线图

分类	技术要素	2015 年	2025 年
光源及激发光源	表面发射型半导体激光器（VCSEL）高功率密度技术	2 千瓦/厘米^2	10 千瓦/厘米^2
	VCSEL 泵浦型光纤激光器技术	100 千瓦	300 千瓦
	短波长半导体激光器高亮度化技术	10 瓦	50 瓦
	可见激光光纤技术	红光 500 瓦	红光 1 千瓦
	直接半导体激光器高功率化技术	20 千瓦	50 千瓦
	直接半导体激光器短波长化技术	600 纳米	400 纳米
	短波长直接半导体激光器高功率化技术	1 千瓦	10 千瓦
短波长化	短波长激光技术	红光光纤激光	绿光光纤激光
高平均功率	光纤激光器模块技术	大于 1 兆瓦级	大于 3 兆瓦级
高光束质量	高功率单模化技术	单模 10 千瓦	单模 20 千瓦
高稳定性	高可靠性技术	室内全环境响应	全天候响应
	产品点数减少化技术		结构化单片
	半导体激光器长寿命化技术	15 万小时	100 万小时

（三）国防和军事领域增长迅速

2016 年，英国行业研究公司 Technavio 发布名为《2016—2020 年全球军用激光器系统市场》的报告，指出随着全球电子战策略的不断演化和激光器需求的增长，截至 2020 年，全球军用激光器系统市场复合年增长率将达到 8%。以美国为例，未来 4 年将持续加大在激光武器领域研制项目的投入，研究重点集中于增加能量存储和功率密度的、发射非致命警告的锂电池供电激光器，用于迎战无人机和导弹的高能激光器以及高度安全、可靠、灵活水下通信的蓝绿激光器。

（四）行业巨头年度成绩斐然

2016 年，世界各大半导体激光器公司在亚太地区的销售额均呈上升趋势，其中光纤激光器增长速度最为迅猛，占整个市场的45%。光纤激光器行业巨头美国 IPG 光学器件公司2016年销量远高于预期目标：材料加工销量同比增长10%，大功率光纤激光器销量同比增长17%，其中在中国、日本、韩国的销售额实现了强劲增长，而在欧洲和北美的销售额增长缓慢。美国 II - VI 族公司2017财年激光器产品预定量同比增长17%，其中光通信用组件增长最快，工业激光器保持稳定。美国相干公司2016年销售收入再创纪录，同比增长30%。

二、技术发展现状

半导体激光器最重要的应用：一是作为固体激光器和光纤激光器的光源；二是半导体激光器的直接应用。如何获得高功率、高可靠性和高能量转换效率，同时提高光束质量并拥有良好的光谱特性，是多年来科技人员的共同追求。

（一）GaAs 和 InP 基半导体激光器的应用范围不断扩大

GaAs 和 InP 基半导体激光器技术最为成熟，通过改进和优化器件结构可使半导体激光器的功率和效率实现阶跃式提升，且应用范围得到不断扩大。当前的重点技术领域包括光栅技术、Si 衬底 GaAs 和 InP 集成技术、微通道散热技术等。

适用于原子钟的780纳米、795纳米窄线宽 GaAs 基单模 VCSEL，适用于硅光子集成的 GaAs 基量子点激光器，适用于中远红外到太赫兹领域的 GaAs 和 InP 基分布反馈布拉格激光器（DFB）和量子级联激光器（QCL），适用于未来通信领域且方便与硅光子技术相集成的波长可调 InP 基激光器，适用于激光雷达的1310纳米、1550纳米 InP 基大功率脉冲激光器，适用于气体传感器的长波长（大于 1.6 微米）InP 基 DFB 激光器，均是当前该领域全球研究热点，在民用和军用激光器领域持续起到核心作用。

（二）宽禁带半导体激光器是短波长领域的生力军

以 GaN 为代表的宽禁带半导体激光器的发光波长覆盖蓝绿光、紫外、深紫外、极紫外区域，由于波长短、能量集中，且具有"冷加工"特性，被认为是短波长领域最具发展前途的材料体系。短波长半导体激光器还是未来高速、高保密性通信应用的基础性技术，是当前和未来通信、加工和军事应用的支柱，目前的研究重点正在向 Si 基 Ⅲ－Ⅴ 族激光器集成系统转移。

GaN 基紫外、深紫外（DUV，193 纳米）甚至极紫外（EUV，135 纳米）半导体激光器在微电子加工领域的研究异常活跃，213 纳米半导体激光器光源成为当前微电子光刻光源热门的研究对象，深紫外光源在半导体应用中已成功突破 90 纳米光刻节点，将继续成为未来几年的主流技术，极紫外光刻源的目标是突破 22～32 纳米。目前的研制重点应放在蓝绿光半导体激光器功率转换效率的提高和紫外激光器的实用化方面。

（三）量子级联技术是中远红外、太赫兹光源的重要选择

辐射波长大于 2 微米的半导体激光器统称为中、远红外半导体激光器。以 InSb 和 InAs 为衬底，采用 InAsSb、InGaSb、InGaAsSb 等 Ⅲ－Ⅴ 族化合物多元材料制作的中远红外半导体激光器始终是人们探索的目标。美国在该领域居于领先地位，已研制出室温输出功率 3 瓦的原型器件，并将在此基础上开发红外对抗装备。

量子级联激光器（QCL）开创了宽禁带半导体中远红外至太赫兹激光器的先河，是中远红外和太赫兹领域的主力军，是最具发展前景的小型、大功率、可集成半导体激光器，在中红外波段的连续波输出功率达数瓦、

脉冲峰值功率可达数十瓦，太赫兹波段峰值达到上百毫瓦。目前，量子级联激光器从直接堆叠向隧道结级联多层半导体激光器发展，通过隧道结级联2～4层半导体激光器可使光输出功率提高到百瓦。此外，太赫兹频率垂直外部腔式表面发射激光器（VECSEL）、DFB－DBR 结构单片可调太赫兹光源也是实现太赫兹激光器的重要手段。

三、发展趋势

半导体激光器技术通过多年的发展，工作波长已覆盖紫外至远红外及太赫兹的大部分区域，并继续向两极方向发展；量子阱异质结构、量子级联结构、高集成度等结构，宽带可调、窄线宽、高功率、高亮度、高光效、长寿命、低噪声等性能是目前半导体激光器的发展目标。

（一）硅基异质集成是实现小型化、大功率半导体激光器的最佳方法

硅基异质集成技术是微电子领域的研究热点，具有可与 CMOS 工艺兼容、结构简单、成本低的优点，并在中红外信号传输和处理方面显示出独特优势。目前，准单片集成结构、混合集成结构、单片集成结构均向硅基衬底转移，通过将Ⅲ－Ⅴ族半导体材料与硅基波导单片集成已成功实现了硅量子级联激光器和纳米激光器。

欧盟通过在硅前道工艺中生长超薄Ⅲ－Ⅴ族材料结构，在后道工艺嵌入有源光功能，使用硅 BiCMOS、CMOS 平台和硅光子平台制造Ⅲ－Ⅴ族光子，实现了在硅芯片上制造有源激光组件，降低通信成本。

（二）半导体激光器的直接应用是未来加工和军事热门技术

直接二极管激光器（DDL）以半导体激光器为核心，可利用单级半导体器件将电能直接转化为激光束，具有体积小、重量轻、功耗低的特点。

通过单管合束、线阵合束、叠阵合束技术，可使激光二极管的功率提高几个数量级，不仅在材料加工领域有望取代 CO_2 和固体激光器，成为新一代加工光源，而且将在红外对抗、目标照射、炸弹清除、激光引信等领域发挥巨大作用。美国 TeraDiode 公司使用先进的激光合束和光束整形技术制作出 6 千瓦高亮度 DDL，光光转换效率为 87.5%，电光转换效率为 45%，现已应用于新型机器人的焊接和切割系统中。

（三）超快激光器成学术界和激光应用热门

超快激光器也称超短脉冲激光器，在冷加工、纳米结构制作、光子器件、高密度存储、医疗生物工程，甚至爆炸物拆除等方面都得到广泛应用，还可为光通信提供高重复频率的超短脉冲光源和超快速光开关，并极大地提高光纤通信的容量，同时为军事防御带来了巨大影响。目前，超快激光科学正处在出现重大突破的"前夜"，高功率皮秒、飞秒激光和光纤超快激光技术的研制已取得重大突破，开始从实验室走向实际工业应用。美国策略无限（Strategies Unlimited）公司预计，2019 年超快激光器市场总额将超过 14 亿美元。

（四）半导体激光器的军事应用受到空前重视

随着全球军用激光器系统市场的增长，未来几年激光武器在地面车辆、舰船和飞机上的应用将显著增加，先进激光器系统的研制受到空前重视，重点是增加能量存储和功率密度。美国军用激光器研究机构主要分为两个梯队：第一梯队包括 BAE 系统公司、洛克希德·马丁公司、诺斯罗普·格鲁曼公司、雷声公司和泰勒斯公司；第二梯队包括美国激光企业公司、相干公司、法兰克福激光公司。

激光模拟武器是半导体激光器的一项重要军用应用，主要用于新型军训和演习。目前，最主要的激光模拟武器是激光交战系统，采用对眼睛安全的 904 纳米半导体激光器为基础。最早只有美国、英国、瑞典拥有并出售该种系统，而现在北约国家、以色列、阿根廷、俄罗斯、中国也都在开发这种系统。

此外，半导体激光器可作为战术武器的泵源使军事对抗性武器实现小型化和高精度，还可以直接用作激光引信、激光照明、模拟武器、激光测距、光纤通信光源等，从而使半导体激光器的军事需求被推向新高。

（五）红外激光照明将逐渐取代发光二极管

据蓝光发光二极管（LED）发明者中村修二预测，下一代照明技术应该是基于 GaN 激光器的激光照明，且有望将激光照明和激光显示融合发展。这是因为 LED 发光效率低，而半导体激光器发光效率高、准直性好，可以实现 100 米至几千米夜视监控照明。

红外激光照明主要使用 810 纳米、860 纳米半导体激光器作为光源，多用于夜视，如公安、边防等。可见，光激光照明主要应用于汽车大灯，欧司朗、宝马、松下等公司都不约而同地开展激光照明技术的研究。松下公司开发的半导体激光器汽车大灯达到世界最高水平，其新型半导体激光器采用易于导热的氮化铝，使输出功率从以往被视为极限的 3 瓦提高到 4.5瓦，照射距离从 500 米增加到 700 米，有望在 2019 年前实现商业化应用。

（中国电子科技集团公司第十三研究所　何君）

硅基Ⅲ-Ⅴ族量子点激光器的发展现状和前景

一、概述

随着微电子器件的尺寸日益逼近其物理极限，摩尔定律很难进一步延续，硅集成电路的发展面临着巨大的挑战和机遇。硅基光电子学旨在将光子学器件和电子学器件集成在硅晶片上，把 CMOS 工艺兼容的激光器、光调制器、光波导和光探测器等组件集成到微电子电路上从而实现硅基光电子集成。它兼具光子学器件的高传输处理速度、高传输带宽，以及电子学器件的低成本、微尺寸、高集成度等优势，有望给信息产业领域注入新的生机和活力，引起了大量科学家和工程师的研究兴趣。然而，由于硅是间接带隙半导体，不具良好的发光特性，因此实现硅基光电子集成的首要任务是如何实现硅基高效率发光的激光光源。10 多年来，持续的投入和努力使该领域得到较快发展，如美国麻省理工学院 Michel 研究组通过引入张应变和重掺杂的方法，大大提高了发光效率，实现了电泵浦的硅基锗激光输出，德国 Grützmacher 研究小组在硅基上外延生长了锡含量高达 12.6% 的高质量锗锡薄膜，观察到了光泵浦的硅基直接带隙锗锡合金的激光输出。然而其发光效率依然没有达到商用水平，因此在硅基全Ⅳ族激光光源方面，仍需进一步提高锗中的张应变，锗锡合金的薄膜质量及锡的含量，或者探索巧妙设计的锗/硅超晶格结构。另外，Ⅲ-Ⅴ族半导体如镓砷、铟砷是直接带隙材料，具有极高的发光效率，将Ⅲ-Ⅴ族材料高质量外延生长在硅衬底上则可获得高效激光光源。在硅基上生长Ⅲ-Ⅴ族材料存在着反向畴、晶格失配和热膨胀系数差异等问题。可喜的是，2011年伦敦大学学院刘会赟和中国科学院物理研究所王霆等人在锗衬底上成功生长出高质量的铟砷/镓砷量子点，并实现了1.3微米波长量子点激光器的室温连续激射，然后进一步实现了硅基铟砷/镓砷量子点的室温连续激射。

二、硅基Ⅲ-Ⅴ族量子点激光器

（一）量子点激光器的主要优势

自1963年双异质结半导体激光器被提出以来，量子结构的激光器就引起了广泛的关注和研究。尤其是30多年来，生长制备技术得到了全面的发展和提高，如分子束外延技术，它可把材料生长的精度控制在原子尺度，已成功地生长制备出高质量的二维量子阱、一维量子线和零维量子点结构。零维量子点结构能实现三维的量子限制，被认为是人造原子，且随着量子点物理尺寸的减少，量子限制效果会随之增强。在半导体量子阱激光器中，注入的载流子会受到热激发而从低能级跃迁到高能级，如从基态跃迁到激发态乃至异质结构中，因此高能级的载流子复合会导致阈值电流的显著升高从而降低激光的光电转换效率。1982年，Arakawa和Sakaki预测了量子点激光器可以大幅度减少由载流子注入引起的热激发，考虑到阈值电流和温度之间是幂次方关系，量子点对于温度的不敏感性可以大幅度提高激光器的工作温度和器件寿命。结合高温生长镓砷分隔层和调制掺杂量子点等技术，量子点激光器的特征温度 T_0 相对于量子阱激光器得到了大幅度提高。图1显示不同温度下铟镓砷/镓砷量子点和量子阱激光器的输出功率随阈值电流的变化。由图1可见，量子阱激光器输出功率和阈值电流的比值随温度的增加出现大幅衰减，且最高工作温度只能在85℃，而在量子点激光器中，输出功率和阈值电流的比值在 −40～100℃ 之间并没有明显变化。10多年来，量子点激光器多个方面的优势如低阈值电流密度、高工作温度和调制频率都已成功实现，目前自组装生长的铟砷/镓砷量子点激光器已在通信波段广泛应用。

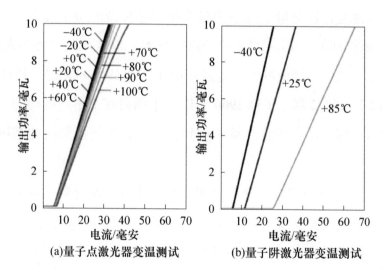

(a)量子点激光器变温测试　　(b)量子阱激光器变温测试

图1　量子点和量子阱激光器的变温测试对比

（二）量子点激光器的发展

1994年，Hirayama 等人首次实现了半导体量子点激光器的制备，其制备方法是将铟镓砷/铟镓砷磷/铟磷量子阱通过湿法刻蚀获得了类似于量子点的盒状结构，然后多层生长覆盖层。在 77 开脉冲模式下，该激光器激发态激射的阈值电流密度约为 7.6 千安/厘米^2，高于传统量子阱激光器室温激射的阈值电流密度 1 个数量级。同年，Kirstaedter 等人宣布了自组装生长的铟镓砷/镓砷量子点激光器的首次基态激射，在 77 开脉冲模式下，其阈值电流密度降至 120 安/厘米^2，室温阈值电流密度为 950 安/厘米^2。然而在随后几年，量子点激光器的性能一直局限于较低的工作温度和较高的阈值电流，这主要是由于当时自组装生长的量子点的尺寸不均匀，导致荧光光谱的半高宽增大，因而发光增益会被宽谱平均分摊，降低波峰增益。量子点的发光增益主要取决于量子点的大小、密度、形貌、尺寸均匀性以及堆垛的层数。1999 年，G. Liu 等人实现了 1.3 微米量子点激光器室温 26 安/厘米^2 的低阈值电流密度，这是量子点激光器首次超过传统的量子阱激光器。通过高温生长镓砷分隔层和调制掺杂量子点等技术，2004 年刘会赟等人将铟砷/镓砷量子点激光器的阈值电流密度进一步降低到 19 安/厘米^2，特征温度 T_0 提高到 111 开。图 2 展示了自 1960 年以来不同衬底上不同结构的半导体激光器的发展进程，从异质结到量子阱到量子点，再到近期的硅基量子点激光器。

表 1 显示了自 1987 年以来硅基Ⅲ－Ⅴ族半导体激光器的性能提升。从最初硅基量子阱激光器仅有 10 秒的输出寿命，历时 27 年于 2014 年在硅基量子点激光器中首次达到了 4600 小时的工作时间。由表 1 可见，尽管其位错密度并没有明显减少，但其性能得到了大幅提升，说明现有的外延生长技术有效地阻止了位错对发光结构层的影响。这也是因为量子点的独立特性使得单个有位错的量子点并不会影响其他量子点的光学性能，从而大幅度减少了位错对其光学特性的影响。而在量子阱器件中因为是二维量子薄膜材料，导致位错很容易在薄膜层里衍生和传递，从而降低了发光效率。

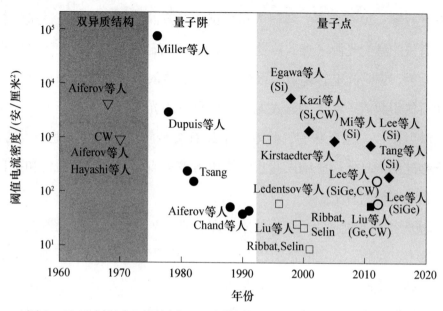

图 2　1960 年以来不同衬底上不同结构的半导体激光器的发展进程

表 1　硅基 Ⅲ – Ⅴ 族激光器的寿命进展

年份	技术	阈值电流密度和激射功率		位错密度	器件寿命
1987	镓砷/铝镓砷自组装量子阱	2 毫瓦		10^7/厘米^2	小于 10 秒
1991	铟镓砷/铝镓砷自组装量子阱	2000 安/厘米^2，2 毫瓦		—	10 小时
2000	铟镓砷类量子点	1320 安/厘米^2，0.5 毫瓦		—	80 小时
2001	图形衬底上的镓砷/铝镓砷自组装量子阱	810 安/厘米^2，1 毫瓦		2×10^6/厘米^2	200 小时
2003	锗硅衬底上的镓砷/铝镓砷自组装量子阱	270 安/厘米^2，小于 1 毫瓦		2×10^6/厘米^2	4 小时
2014	锗硅虚拟衬底上的铟砷/镓砷自组装量子点	2000 安/厘米^2，16.6 毫瓦		2×10^8/厘米^2	4600 小时

（三）硅基量子点激光器的异军突起

众所周知，Ⅳ 族材料作为光电器件的主要弊端在于其间接带隙导致的低发光效率。20 多年来，科研人员尝试了多方面的手段试图在硅基结构上实现有效的激光光源（如硅拉曼激光器）。尽管硅拉曼激光已在室温实现了连续激射，但其光电转化效率很低，仍然必须依赖于外界的泵浦光源，因而使得使用载流子注入的方式无法实现有效的光电转化，其光增益不足以达到激射条件。这意味着，此方法不具有实际应用价值。其他研究方向，如低维硅纳米晶体和硅纳米孔状结构也曾被重点研究，但光增益和损耗问题一直无法得到解决。

2005 年，通过使用倒装焊技术，即将Ⅲ－Ⅴ族量子阱激光器倒装焊到硅衬底上，英特尔公司联合加州大学圣塔芭芭拉分校首次实现了Ⅲ－Ⅴ族激光器在硅基上的激射。尽管此硅基激光器具有高功率、高稳定性及可被进一步集成等优点，但依然存在着明显的缺点，如工艺复杂、倒装焊后的器件导热性较差等，最终导致器件良品率极低，无法实现大规模量产。若要实现硅基光电器件的高度集成，将Ⅲ－Ⅴ族材料直接通过外延生长到硅基上应该是最具潜力的方向之一。

硅基Ⅲ－Ⅴ族材料的外延生长主要受限于Ⅲ－Ⅴ族和硅的极性不同、晶格失配和热膨胀系数差异，因此相应的会出现反相畴、穿透位错和微裂缝等问题。

反相畴：Ⅲ－Ⅴ族材料如铟砷、镓砷是由两种不同原子构成的晶格，而Ⅳ族材料仅有单一原子。在Ⅳ族衬底材料的表面上会不可避免地存在原子台阶，因此在原子台阶处可能产生错误的晶键（Ga－Ga 或者 As－As）。反相畴是一种平面位错，会产生非辐射复合中心，降低器件性能。

穿透位错：镓砷和硅有 4.1% 的晶格失配，铟磷和硅有 7.5% 的晶格失配，这都会导致外延生长的Ⅲ－Ⅴ族材料中产生大量应力。应力弛豫会直接产生高密度的穿透位错，通常为 10^{10}/厘米^2。这些穿透位错也会形成非辐射复合中心，大幅减小器件的发光效率和寿命。

微裂缝：Ⅲ－Ⅴ族和Ⅳ族材料不同的热膨胀系数会产生热应力从而导致进一步的晶格失配，最终产生微裂缝。

1. 硅基直接外延生长Ⅲ－Ⅴ族材料

硅基Ⅲ－Ⅴ族的直接外延生长已经被探讨和研究了30多年，但在这30多年的研究中，硅基的Ⅲ－Ⅴ族材料的位错密度仍然在10^6/厘米^{2}以上。硅基量子阱激光器都存在着极高的阈值电流和极短的寿命（约10小时）。幸运的是，相对于量子阱，量子点的光学特性受高位错密度的影响较低，这意味着使用量子点可能实现高质量的硅基发光器件。

1999年，Linder等人首先报道了在硅衬底上铟镓砷量子点的自组装生长。他们首先在2英寸硅〈100〉衬底上生长厚4微米的镓砷缓冲层，其中包括在350℃下生长30纳米的形核层，然后在780℃退火10分钟。然而得到的晶体质量不高，可以看到极高密度的穿透位错。在1.2×10^{11}/厘米^{2}的位错密度下，该器件在80开低温下成功实现了脉冲激射，其阈值电流密度为3.85千安/厘米^2。2001年，Kazi等人报道了第一个硅基铟镓砷量子点的连续室温激射。相对于Linder等人的方法，他们在2英寸硅<100>衬底上生长了厚1微米的镓砷缓冲层，形核层为10纳米的镓砷（生长温度400℃），且去掉了缓冲层生长后的高温退火过程，该器件的阈值电流密度降低至1.32千安/厘米^2。如图3所示，该硅基铟镓砷量子点激光器的固定功率输出寿命约为80小时，而相同测试条件下量子阱激光器的寿命仅为20小时，寿命得到了4倍以上的提高。2005年，通过使用10层铟镓砷/镓砷量子点位错过滤层，Bhattacharya等人报道了铟镓砷量子点激光器在1.1微米室温激射，其阈值电流密度进一步降低到900安/厘米^2，同时特征温度T_0也提高至244开。

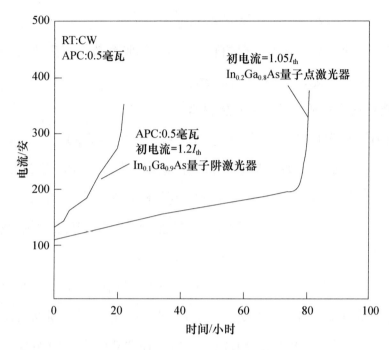

图3　硅基铟镓砷量子阱和量子点激光器的稳定性对比

以上研究极大地增强了实现硅基高效Ⅲ－Ⅴ族量子点激光器的信心，然而阈值电流依然过高，且未达到通信波段所需求的1.3微米或者1.55微米激射波长，使得其实用性仍受到很大限制。2008年，Li等人在6°斜切硅〈100〉衬底上实现了室温1.3微米InAs/GaAs量子点的荧光发光，其室温半高宽为57毫电子伏，但没能实现激光激射。2011年，刘会赟和王霆等人首次实现了硅基1.3微米铟砷/镓砷量子点激光器的室温连续激射。通过在400℃以0.1原子层/秒的低生长速率生长一个30纳米的镓砷形核层，大量的位错会被限制在50纳米的镓砷/硅界面以内。该研究表明，镓砷在硅基的形核温度是减少反相畴和位错密度的关键。此外，在1微米的镓砷缓冲层里，超晶格位错过滤层技术也用于减少穿透位错。最后，在缓冲层之上生长5层铟砷/铟镓砷/镓砷量子点结构用作发光层，实现了硅基1.3微米波长量子点激光器的室温激射，阈值电流密度减少到 650 安/厘米^2。此外，该组还发现铝砷形核层比镓砷更能减少镓砷/硅界面的位错密度和粗糙度，通过使用铟铝砷/镓砷取代铟镓砷/镓砷超晶格位错过滤层，将位错密度从 10^9/厘米^2 减少到 10^6/厘米^2。图 4（a）为该样品的横截面 TEM 图，由图可以看到，在 5 层位错过滤层后，位错密度大幅减少，在电子透射显微镜中几乎观察不到位错。图 5（b）进一步展示了位错密度随位错过滤层层数的变化，可以

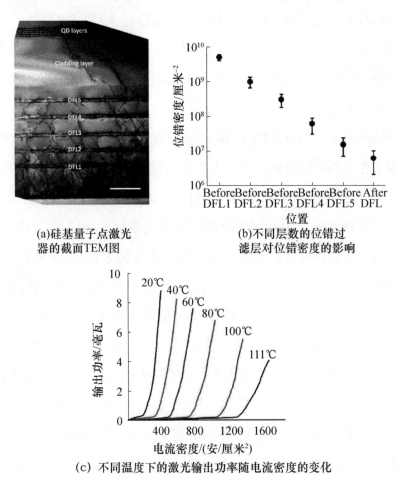

(a)硅基量子点激光器的截面TEM图

(b)不同层数的位错过滤层对位错密度的影响

（c）不同温度下的激光输出功率随电流密度的变化

图 4　硅基量子点激光器的结构与特征

看到 5 层铟铝砷/镓砷位错过滤层有效地将位错密度降低至 5×10^6/厘米^2。通过减少位错密度，该硅基量子点激光器在室温以 77 毫瓦高功率激射，阈值电流密度降低到 194 安/厘米^2。图 5（c）显示了该器件的发光—电流图，可见其最高脉冲工作温度可达 111℃。此外，通过采用调制掺杂和侧面镀层等方法有望进一步提高激光器的性能。

2. 锗衬底上的高性能铟砷/镓砷量子点激光器

锗和硅具有很好的兼容性，且现有的锗硅技术已经非常成熟。此外，锗具有高载流子迁移率（锗具有已知半导体中最高的空穴迁移率）和在通信波段的高吸收率等优异特性。因此，与硅基外延生长一样，锗衬底上Ⅲ－Ⅴ族材料的生长同样引起了人们的研究兴趣。相对于硅基外延生长，锗和镓砷的晶格失配（0.08%）和热膨胀系数差都很小。2010 年，Border 等人实现了在锗/氧化硅/硅衬底上 1.3 微米铟砷/镓砷量子点的高质量生长，并且发现镓砷缓冲层中的单层量子点有利于减少反相畴密度，但是对减少穿透位错并没有明显作用，因此没能实现激光激射。2011 年，刘会赟和王霆等人取得了突破性进展，实现了锗衬底上 1.3 微米铟砷/镓砷量子点激光器的室温激射。此研究工作中，在生长镓砷缓冲层之前，他们首先生长了一层镓原子的前置层，该前置层的使用大幅度减少了反相畴的密度，从而降低了锗/镓砷界面的粗糙度，大幅提高了晶体质量。图 5 为砷前置层和镓前置层相应的原子力显微镜（AFM），图 6 为砷前置层和镓前置层相应截面电子透射显微镜图。由图可以看到，使用镓前置层其表面平整度和界面质量都得到了大幅度提高。图 7 为利用该方法生长的铟砷/镓砷量子点在 1.305 微米波长连续激射的发光—电流图，他们成功实现了室温 55.2 安/厘米^{2}的阈值电流密度，相对于硅基量子点激光器阈值电流密度得到了显著下降。此外，量子点激光器良好的耐高温特性使得其连续激射达到了 60℃。

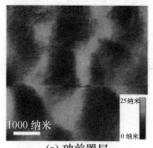

(a) 砷前置层　　　　　(b) 镓前置层

图5　锗衬底上生长1.2微米镓砷缓冲层后的

原子力显微镜图（5微米×5微米）

(a) 砷前置层　　　　　(b) 镓前置层

图6　锗/镓砷界面的电子透射显微镜图

通过进一步优化锗/镓砷界面的形核条件，刘会赟和王霆等人实现了锗衬底上的铟砷/镓砷量子点激光器在100℃的脉冲激射。之后，王霆等人进一步将在锗衬底上的生长技术推广到硅基锗硅虚拟衬底上，成功实现了硅基锗硅虚拟衬底1.3微米铟砷/镓砷量子点激光器室温下63.4安/厘米²的阈值电流密度的激射。相对于倒装焊技术的硅基铟磷激光器205安/厘米²的阈值电流密度，该方

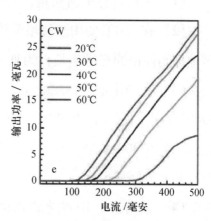

图7　连续电流下的激光输出功率

在不同温度的发光—电流图

法将硅基激光器的阈值电流密度降低了1/2。通过优化激光器制备的后工

艺，2014 年，加州大学圣塔芭芭拉分校和英特尔公司合作在硅基锗硅虚拟衬底上进一步实现了 95℃ 的连续激射。通过增加高反射层，成功实现了最高 119℃ 的连续激射，其阈值电流密度低至 427 安/厘米^2，输出功率为 176 毫瓦，特征温度 T_0 超过 200 开。

三、硅基激光器的最新进展

2016 年 3 月，英国伦敦大学学院攻克了半导体量子点激光材料与硅衬底结合过程中位错密度高的世界难题，研制出直接生长在硅衬底上的实用性电泵浦式量子点激光器。

为解决反相畴、穿透位错和微裂缝等问题，研究人员采取以下技术策略：

（1）采用具有 4° 斜切角、晶向为 ［100］ 的掺磷硅衬底，以抑制反相畴。

（2）在 350℃ 使用迁移增强外延生长方式制备超薄的砷化铝成核层，显著地抑制位错的三维生长，为 Ⅲ－Ⅴ 族材料在硅表面生长提供高质量界面。

（3）在砷化铝成核层之上，采用三阶段生长模式，在 350℃、450℃ 和 590℃ 分别生长厚度 30 纳米、170 纳米和 800 纳米的砷化镓，可将大部分反相畴限制在 200 纳米区域内，但仍有高密度穿透位错（约为 1×10^9/厘米^2）向有源发光区域衍生。

（4）采用四个 10 纳米铟镓砷/10 纳米砷化镓超晶格结构作为位错过滤层，过滤层由 300 纳米厚砷化镓隔开，可将位错密度降低到 1×10^5/厘米^2 左右。

（5）在每个位错过滤层生长过程之后，在 660℃ 进行 6 分钟的高温退火，以进一步提高位错过滤层的过滤效率。量子点激光器外延生长与结构特征如图 8 所示。

(a) 硅基砷化铟／砷化镓量子点激光器结构

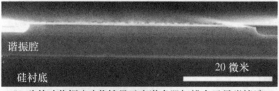

(b) 硅基砷化铟／砷化镓量子点激光器扫描电子显微镜端

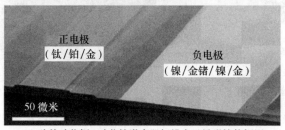

(c) 硅基砷化铟／砷化镓激光器扫描电子显微镜俯视图

图 8　量子点激光器外延生长与结构特征

本次研制成功的量子点激光器位错密度低至 10^5/厘米^2 量级，阈值电流密度为 62.5 安/厘米^2，波长为 1300 纳米，室温输出功率超过 150 毫瓦，工作温度达 120℃，平均无故障时间超过 10 万小时。在硅衬底上直接生长Ⅲ－Ⅴ族量子点激光器如图 9 所示。

2016 年，香港科技大学、哈佛大学及加州大学圣巴巴拉分校共同通过 V 形槽的图形衬底方式实现了硅基（100）无斜切衬底上的微盘激光，其波长范围可延长至 1550 纳米的通信 C 波段。该成果的缺点是目前还处于光泵

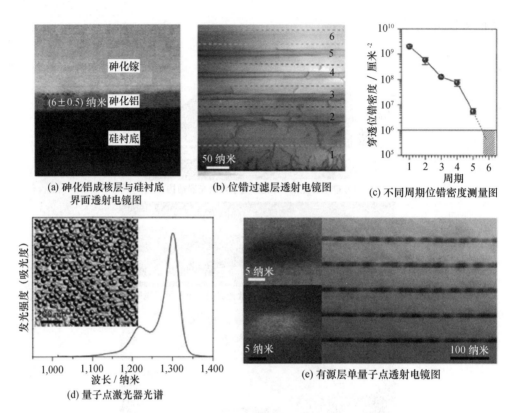

(a) 砷化铝成核层与硅衬底
界面透射电镜图

(b) 位错过滤层透射电镜图

(c) 不同周期位错密度测量图

(d) 量子点激光器光谱

(e) 有源层单量子点透射电镜图

图 9　在硅衬底上直接生长Ⅲ－Ⅴ族量子点激光器

浦阶段，其1300纳米的 O 波段激光的光泵浦阈值功率为 200 微瓦。2016 年 12 月，法国格勒诺布尔大学通过在硅（100）表面进行 H 原子处理实现了硅基平衬底的Ⅲ－Ⅴ族直接外延生长，其激光器件结果还未发布。同期，王霆也实现了硅基和硅锗基斜切衬底上的激光材料和器件制备。

四、结束语

10 多年来，1.3 微米镓砷衬底量子点激光器对光电领域产生了重要影响。硅基Ⅲ－Ⅴ族量子点激光器结合Ⅲ－Ⅴ族材料的高发光效率和硅材料的成熟工艺、高集成度和低成本等特性，可能引领未来硅基光电子集成领域的飞速发展。当然，与商业化激光器相比，硅基量子点激光器仍需进一步提高性能，一方面需要提高晶体质量尤其是如何减少镓砷/硅界面的位错密度，另一方面需要通过使用高反射镀层、电极优化等提高后工艺技术，全面提高硅基量子点激光器的输出功率和器件寿命，同时降低其阈值电流密度，最终将实现高性能、高良品率和高集成度的硅基量子点激光器，从而取代现有的外置Ⅲ－Ⅴ族半导体激光器。

（中国科学院物理研究所　王霆　张建军）

（伦敦大学学院　刘会赟）

高功率光纤激光器及其在战术激光武器中的应用

一、引言

自 21 世纪初美国军方将高能激光武器的重点从化学激光器转向电激光器特别是高功率固体激光器（HPSSL）以来，高功率固体激光器在功率定标、光束质量、热管理和小型化等方面都取得了重大进展。在美国三军的联合高功率固体激光器计划中，曾大力开发 100 千瓦固体激光器，用于执行短程防空、反导、军舰自卫和机载平台的精确打击任务。计划的重点是研制 100 千瓦晶体和陶瓷板条激光器。2009 年，美国已研制成功 107 千瓦的高功率固体激光器，并成功进行了外场演示论证试验，但这些激光器由于尺寸、重量和功耗（SWaP）问题，使其难于集成进对尺寸和重量敏感的战术平台。为使激光器小型轻量化，美国军方也正在研发光纤激光器、薄片激光器和高能液体激光器。另外，作为机动的战术武器，激光武器的坚固性也是下一步的挑战。

战场用高功率激光器，其转换效率决定了 SWaP，而激光的束质和大气传输决定了激光武器的杀伤力。10 多年来，光纤激光器技术迅速提高，在坚固的"全光纤"体系结构中实现了高功率运行。不仅电光转换效率高（30% ~ 35%），而且光束质量达到了近衍射极限。从目前的技术来看，战术激光武器的 100 千瓦军用基准输出功率，可以通过光纤激光器的途径实现。与板条和薄片激光器相比，光纤激光器有非常明显的优势，为了尽快使激光武器走上战场，近年来许多国家都把战术激光武器的研发转向了光纤激光器，特别是美国与德国正在研发和试验多种数万瓦的光纤激光武器样机。2014 年 8 月，美国海军已把高能激光武器系统部署在波斯湾的"庞塞"号军舰上，主要用于对付无人机和小型快艇的威胁，而在这一地区，美国的军舰经常受到伊朗无人机和小型快艇的"骚扰"。

二、高功率光纤激光器

作为目前世界上最先进的固体激光器——光纤激光器具有无与伦比的独特优势，与板条和薄片固体激光器相比，光纤激光器在效率、束质、体积、重量、坚固性和冷却方面都具有明显的优势。目前，大量外场试验证明，光纤激光器将成为战术激光武器的主要光源之一。

（一）光纤激光器优点显著

光纤激光器的优点主要体现在以下方面：

（1）效率高。掺镱光纤量子数亏损（泵浦光子与输出光子的能量差）仅为 6%，且共振腔和传输损耗小，导致效率可达 30% 以上。若采用超高效率二极管源，则效率可高达 42% ~ 48%。

（2）散热特性好。固体激光器功率定标的主要障碍在于激光介质的热效应引起的光束质量和效率下降，而光纤的细长一维结构使表面积与体积比很大，这样冷却就更加有效和简便，并消除了热透镜。

（3）光束质量好。输出光束质量可达近衍射极限，这首先取决于它的波导结构，通过连续的导引能很好地控制信号的空间分布，从而获得优良的光束质量和稳定性；其次由于泵浦光波长非常接近发射光波长，因此降低了热效应。

（4）结构简单、体积小、重量轻。光纤激光器没有昂贵的折轴光学系统，其结构简单。光纤柔软细长，可以盘绕，使用灵活。

（5）坚固性好。由于是全光纤系统，没用对准直敏感的自由空间光学元件，所以光纤激光器很坚固，可靠性高，并且能工作在极端的温度、振动和冲击的恶劣作战环境中。

（二）高功率光纤激光器取得重要进展

近年来，对双包层连续波掺镱光纤激光器的功率定标、光束合成、热管理和部件开发都取得了长足的进步。

1. 单模光纤激光器进展缓慢

目前，世界上最高功率的单模光纤激光器是美国 IPG 光子公司生产的 10 千瓦光纤激光器。它除有广泛的民用外，也被军方大量采购用作战术激光武器的基本模块。目前，正在开发和试验中的战术激光武器多数使用了 IPG 公司的这款产品。

高亮度、高功率泵浦模块是研发高功率光纤激光器的关键部件，传统的光纤激光器都是直接利用二极管激光器泵浦，但受到二极管亮度的限制，致使高功率掺镱光纤激光器的输出一直限制在千瓦级。要使掺镱光纤激光器获得更高的输出功率，关键在于采用更高亮度的泵浦源，如 1.018 微米的掺镱光纤激光器，其亮度比 0.975 微米的二极管激光器高 100 倍。

2009 年 6 月，IPG 公司研发了 10 千瓦的连续波单模光纤激光器，它采用 MOPA 结构，主振荡器输出 1 千瓦光束，放大级是一根纤芯 30 微米、长 15 米的掺镱光纤。它由 45 个波长 1.018 微米的 300 瓦光纤激光器泵浦，最后得到的输出功率超过 10 千瓦。光束质量 $M^2 < 1.3$，系统的功耗为 50 千瓦，外形尺寸为 1.5 米 ×1.5 米 ×0.8 米。

2013 年，IPG 公司又推出了新一代的 10 千瓦光纤激光器，与以前的激光器相比，插头效率从 28% ~30% 提高到 33%，光束质量提高了 2 倍，平均无故障运行时间从 1 ~1.5 年提高到了 3 年。

IPG 公司曾有计划进一步提高单模光纤激光器的输出功率，他们表示虽然输出功率达到 15 千瓦或者 2 千瓦将会非常困难，但是希望在近期能实现这个目标。从目前的技术来看，由于非线性效应、热效应和光学损伤，可能将单模光纤激光器的功率限制在 10 千瓦。

2. 单偏单模光纤激光器适合用于相干合成

单偏光纤是一种特殊的光纤，光只能由某一个线性偏振方向传输，而不能由其他偏振方向传输，或者至少要遭受巨大的光学损耗。虽然非偏振光纤激光器已产生了很高的功率，然而由于光纤设计、泵浦耦合、结构等原因，使偏振输出的功率要低得多，而且它对限制功率定标的非线性效应更加敏感。但偏振输出在众多的应用中非常重要，如非线性波长变换、军事等，这种单偏光纤激光器非常适合用于通过相干合成产生更高功率的激光器。

美国的高功率光纤激光器计划有两项任务：一是开发和演示 1 千瓦的单模单偏光纤激光器；二是通过光束合成将多个光纤激光器在近期获得 10 千瓦，在远期获得 100 千瓦输出功率。

在 DARPA 支持下，英国南安普顿大学在 2005 年演示了偏振的单模光纤激光器，产生了 633 瓦偏振输出，光束质量 $M^2 < 1.2$，波长为 1.1 微米，线宽为 10 纳米，斜率效率为 67%，偏振消光比大于 16 分贝。激光器的"心脏"是长 6.5 米的双折射大口径（$D = 25$ 毫米）双包层掺镱光纤，它由两个 975 纳米的激光二极管叠层从两端泵浦，但只有 60% 的泵浦功率进入了光纤，激光器的输出功率仅受限于进入光纤的泵浦功率。在最大功率时，基模的功率密度为 1.3 瓦/微米^2，表明这种光纤还有提升输出功率的空间。如果能获得足够的泵浦功率，激光器的输出功率可超过 1 千瓦，但近年来南安普敦大学在功率定标上没有取得新进展。

大模面积光纤激光器通常采用自由空间的偏振元件获得线偏振输出，然而这个外加元件严重地限制了激光器的功率提升和坚固性。在美国空军的支助下，密执安大学的 C. Lin 等人研发了全光纤的高功率单偏单模光纤激光器，单偏输出功率达 405 瓦，偏振消光比大于 19 分贝，全宽半高度窄带宽为 1.9 纳米，光束质量 $M^2 < 1.1$。据分析，采用这种设计输出功率还可提高到 1 千瓦以上，这对利用相干和光谱合成将光纤激光器输出功率定标到 10 千瓦以上非常具有吸引力。

IPG 公司的 YLR – LR 系列产品代表了革命性的新一代单模线偏振连续波掺镱光纤激光器系统，它具有独特的高功率光束合成，近衍射极限的束质、光纤传送和高的插头效率。其主要性能：平均输出功率 10 ~ 500 瓦，线偏振（偏振消光比大于 17 分贝）；波长范围 1060 ~ 1080 纳米，插头效率大于 20%；光束质量 $M^2 < 1.1$，采用空气或水冷。

3. 多模光纤激光器适合用于非相干合成的空间并束方法

大功率的多模光纤激光器需要将多个光纤激光器输出的光束合成为单一的光束，随着输出功率的增加，将引起光束质量的快速下降，IPG 公司的输出功率为 50 千瓦的多模光纤激光器，它采用非相干合成的空间并束方法，将许多 1.1 千瓦的光纤激光器模块输出的光束倾斜耦合进大芯径多模光纤（纤芯直径 200 微米、长 25 米）中叠加起来。光束质量 $M^2 = 33$，电光效率为 30%，功耗为 170 千瓦，质量为 3000 千克。

2013 年，IPG 公司又出售了工业用 100 千瓦的光纤激光器，它由 90 个功率为 1.4 千瓦、光束质量 $M^2 = 1.05$ 的激光器模块，通过两级非相干合成器，最后产生 101.3 千瓦的单一光束，插头效率为 35.4%，功耗为 286 千瓦，光束参量积 16 毫米毫弧度，外形尺寸为 1.86 米 × 3.6 米 × 0.8 米，质量为 3600 千克。

三、高功率光纤激光器的光束合成

光纤激光器的功率受限于非线性效应、热效应和光学损伤。非线性效应是光纤的一个固有限制，其中最主要的是受激布里渊散射，它将光散射到相反的方向，因此限制了最高的输出功率。当激光的带宽集中在小于布里渊带宽的范围内时，这种效应会非常强。另外，当光束的功率密度升高后，热效应和表面损伤也将限制输出功率的进一步提高。因此，获得激光武器所需功率的主要途径是将大量的光纤激光束合成为单一的高功率、高束质光束。

光束合成技术的研究正在快速发展，目前许多光束合成的概念是基于光束的非相干合成、光谱合成和相干合成。三种合成方法具有各自的特点，每种方法都可能找到其独特的应用。相干合成具有最佳的性能，特别适用于激光武器系统，但技术最为复杂，不易实现。对许多应用来说，光谱合成更易实现，但产生的光谱较宽，比较适合对光谱亮度要求不太高的应用。而非相干合成的体系结构最为简单，迄今非相干合成技术仍保持着光纤激光器最高输出功率的纪录，并正用于战术激光武器的研发中。但非相干合成的光束质量差，所有只适合用于战术近程防御。

（一）非相干合成技术在激光武器中应用最为广泛

非相干合成是最简单的光束合成技术，它只需将多个光纤激光器平行地捆扎在一起，沿同一方向引导这些激光器的输出光束，就能使它们在空间叠加在一起，从而增加了总功率；但不能提高合成光束的亮度，而且光束质量差。典型的例子是 IPG 公司的 50 千瓦多模光纤激光器，它将多个光纤激光器输出的光纤平行地耦合进大芯径的多模光纤中获得了高功率的单一光束，光束质量 $M^2 = 33$。

非相干合成不需要锁相或锁偏，也不需要各个激光器具有非常窄的带宽，所以商用单模光纤激光器非常适用于非相干合成。而且采用 IPG 公司生产的 10 千瓦单模光纤激光器，能够比较容易地定标到战术激光武器所需的功率，从而获得高效、结构简单、紧凑坚固和低维护的高能激光武器系统。目前，美国和德国的各大军火商采用各自的非相干合成方法，为军方研发成功了多种数万瓦的光纤激光武器样机。然而众所周知，表征激光武器杀伤力的物理量——激光靶斑的亮度取决于激光器的光束质量和大气传输中的湍流效应，而非相干合成光束的质量差，这就限制了激光的射程。

雷神公司为美国海军研制并演示了激光武器系统（LaWS），主要作战目标是无人机、光电传感器、用于情报监视和侦查的传感器和探测器，以及小型快艇。它可以提供从警告到摧毁的分级打击能力，从而能够调节对目标的杀伤力。激光武器系统采用分孔径设计方式与非相干合成（图1）途径，它使用了 6 个 5.5 千瓦的 IPG 标准单模光纤激光器模块，通过几何光束耦合方式合成为一束功率为 33 千瓦，束质 BQ = 17 的高功率激光，其电光转换效率为 25%。在 2009 年试验中，激光武器系统在 3.2 千米距离击落过

5 架速度 480 千米/小时的无人机。在 2012 年试验中，激光武器系统又从"杜威号"驱逐舰甲板上击落 3 架 1 千米处无人机。试验中系统的性能超过了预期，它能在苛刻的近程大气环境中工作。海军计划于 2018 年在海上试验一台 150 千瓦的先进激光武器样机。

2014 年 8 月，美国海军将 33 千瓦光纤激光武器样机的改进型部署在波斯湾的"庞塞号"军舰上，这是美国海军部署的第一台作战激光武器。在 2014 年 9 月至 11 月的初期试验中，它击落了一架"扫描鹰"无人机，摧毁了一些其他的海上运动目标。

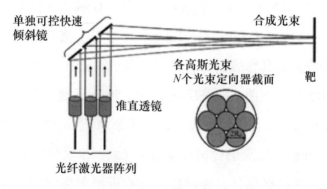

图 1　海军研究实验室的非相干合成

在德国联邦国防部和欧洲防务局的支助下，欧洲导弹集团（MBDA）德国分公司 2012 年开发出 40 千瓦光纤激光武器样机，并在演示试验中仅用几秒就摧毁了 2 千米远的迫击炮弹。40 千瓦系统由 4 个 IPG 公司生产的 10 千瓦单模光纤激光器模块构成，通过几何光束耦合技术，将多个激光束和光束观测通道排列成平行光路，使用一个公用的聚焦光学元件作为光束定向器，将平行的激光束集中发射到目标的同一焦点上进行叠加。这台激光武器样机的特点是结构紧凑和光学系统轻质比，样机能集成进一个可运输的集装箱内。经过一系列静态和动态试验证明，这台 40 千瓦光纤激光器具有优良的束质、增益高、损耗小、电光转换效率较高,具备了对千米级小尺寸目标的打击能力。

按照相似的体系结构,MBDA 将 8 台 10 千瓦单模光纤激光器通过几何光束耦合叠加,成为 80 千瓦激光武器系统。采用由一个大的主镜和一个小的次镜组成的卡塞格林望远镜,当主镜直径为 80 厘米时,含有 8 个激光束通道,激光束通道的子孔径尺寸为 20 厘米,利用 10 千瓦单模光纤激光器就可以实现总输出功率为 80 千瓦的高能激光武器。

德国莱茵公司首次在 3 种不同的车载平台上装备了高能光纤激光器,分别为 M113 装甲运输车上的 1 千瓦光纤激光器、GTK "拳击手" 装甲运输车上的 5~10 千瓦光纤激光器以及在 Tatra 防御卡车上搭载的一套集装箱式的 20 千瓦光纤激光器,其作战目标分别是火箭弹、迫击炮弹、无人机和简易爆炸装置。2012 年,莱茵公司又研发了一台 50 千瓦激光武器样机,它采用光束叠加技术和激光武器模块化设计,用 5 个 10 千瓦激光武器模块合成后获得 50 千瓦激光输出。莱茵公司开发的激光武器模块包括一台 10 千瓦光纤激光器和一个光学成形部件,能够提供具有近衍射极限的光束焦斑,对目标的高清成像和精确跟踪。高能激光器采用 10 千瓦高束质工业光纤激光器,光束成形部件主要包括跟踪和瞄准装置,以及将光束聚焦到靶上的发射望远镜。在 2012 年 12 月的外场试验中,只使用了 30 千瓦武器系统,在 3 千米处探测到无人机,在 2 千米处仅用 2~3 秒就将无人机摧毁。试验还证明,在恶劣天气条件下,50 千瓦激光武器样机也能与目标交战。

莱茵公司的光束叠加技术采用的方法是每个激光器模块都有单独的发射望远镜,将各自的激光束发射并聚焦在同一靶斑上。光束叠加技术实际上是用多台激光武器同时使多束激光以重叠、累积的方式照射同一目标。对于光束叠加技术,莱茵公司已完成了有关跟踪能力和大气补偿试验。由于光束成形部件的跟踪系统跟踪了来自目标的反射光,大大降低了大气湍流的影响,因此一次和二次失效模式(波前倾斜)被光学成形部件同时补偿了。

(二)光谱合成技术在激光武器中应用广泛

光谱合成(也称波长合成)虽然也属于非相干合成,但它能获得高束质的高功率光束,因此得到了广泛的应用。光谱合成(图2)是将多个波长稍有不同的激光束,通过色散元件使其在近场或远场实现空间叠加,从而提高合成光束的总输出功率,并具有优良的光束质量。光纤激光器的光谱合成为功率定标提供了一个简单的方法,它利用宽的增益带宽能使大量的光纤激光器实现近衍射极限束质的合成。光谱合成不需锁相,较易实现,但用于合成的各激光束必须具有稍许不同的波长,同时为了在有限的光谱带宽内对多个激光器进行光谱合成,各激光束的带宽必须相当窄。宽带宽的光纤激光器面临两个难题:首先只有极少的光纤激光器处在镱的发射谱范围内,其次从衍射光栅反射的光束束质将随带宽的增宽而下降,这会大大降低远程目标上的亮度。因此,各种商用高功率单模光纤激光器,显然不能用于光谱合成,尤其是商用10千瓦功率级的单模光纤激光器。

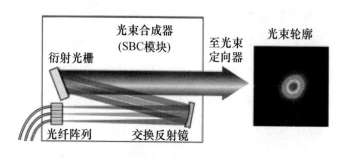

图2 光谱合成

光谱合成的关键是选好色散元件。由于光栅具有高的衍射效率,因而它是用于光谱合成的主要器件。然而一般光栅损耗较大,而且在高功率输出情况下热效应会导致光栅变形，从而降低合成效率，因此通常不能应用于需要高功率高束质的先进材料加工、科学研究和某些军事领域。美国劳伦斯·利弗莫尔国家实验室等机构联合研发了能使光谱合成应用于高功率的"极高功率超低损耗色散元件"（EXUDE），在它之前，光谱合成系统的输出功率受到光束合成器最低功率损耗的限制。EXUDE 集改善的光学涂层、新颖的表面间隙光栅结构、创新的制造和加工技术于一身，实现了电光效率高、近衍射极限的数千瓦光谱合成激光系统。该实验室设计和制造了表面间隙光栅结构，它被嵌在由多层高折射率和低折射率材料相间构成的组件顶部，以提供最大的衍射效率。先进薄膜公司为这个组件制造了超低损耗的多层介质薄膜，它能相叠超过 100 层的薄膜以实现超低损耗、高的衍射效率和宽的带宽。

为了保护前线作战基地重要的高价值区域免遭火箭弹、迫击炮弹和无人机的攻击，洛克希德·马丁公司为陆军研发并在 2014 年 1 月演示了一台 30 千瓦光纤激光武器样机，达到了迄今为止同时具有优良束质和高电光转换效率的最高输出功率，而且所消耗的电能仅是其他固体激光器的 50%。它利用 EXUDE 光谱合成器将众多的 1 千瓦光纤激光器模块合成为具有近衍射极限的单一 30 千瓦光束，合成效率超过 90%。即使在这样高的功率下，EXUDE 光学部件仍保持了非常高的效率和光束质量。2014 年 4 月，洛克希德·马丁公司开始为陆军研发一台 60 千瓦车载光纤激光武器样机，并要将它集成进陆军的高能激光机动演示器（HELMD）。洛克希德·马丁公司采用的技术路线是另外开发和集成 2 千瓦光纤激光器模块，再通过光谱合成器将多个模块的输出光束合成为 60 千瓦单一激光束，准备用于陆军车载激光武器和空军 AC－130。技术重点是提高激光器的效率和产生质量非常高的光束，以此增大激光的射程或缩短交战时间。60 千瓦经过武器系统的另一特点是采用模块化设计，有利于功率定标、冷却和包装，同时降低了全系统故障的可能性。功率定标有两条路径：一是增加光纤激光通道的数量；二是提高每个光纤激光通道的功率。洛克希德·马丁公司称激光器的电光效率可达40%。

（三）相干合成技术与光学相控阵技术在激光武器中有着特别应用

相干合成是将多个波长完全相同的激光束，通过相位控制使各光束的振幅同相位叠加，从而产生高功率、高亮度和高束质的单一激光束。它的主要特点是不仅提高了合成光束的总功率，而且提高了光束的亮度。如果子孔径的直径相同，采用相干合成在轴上的远场亮度是单个激光束亮度的 N^2 倍，是非相干合成光束亮度的 N 倍。同时它能进行相位调整，以实现光束定向控制和大气补偿。从理论上讲它是具有最佳性能的光束合成方法，但技术复杂，目前较难实现。

目前，采用相干合成已获得千瓦级光纤激光器。S. J. McNanght 等人进行的三光纤样机试验中，用3千瓦输入功率获得了近衍射极限的2.4千瓦光束，合成效率与光纤激光器的功率无关。试验证明，对于千瓦级功率并不存在非线性或热效应的限制，这就表明能绰绰有余地提高每个光纤激光器的功率。他们认为，利用二维阵列和衍射光栅元件的几何结构，可以将相干合成的光纤功率定标到100千瓦。美国空军实验室利用光学相干锁定的专利技术，将16个90瓦窄线宽光纤激光器排列成二维4×4的激光阵列，相干合成为1.45千瓦单一激光束，具有高工作带宽和低相位误差的特点。

相干合成需要单束激光具备特殊的属性，为获得高效的相干合成，各单束激光必须具有完全相同的波长、精确的相位控制、较窄的激光线宽和均匀的偏振特性。在这些前提下，各种商用高功率单模光纤激光器显然也不能用于相干合成，尤其是商用10千瓦功率级的单模光纤激光器，其光谱带宽相当宽（10～15 纳米）。光束相干合成需要紧密匹配多个光纤放大器的光程长度，对于宽带宽系统来说，微米级的光程长度匹配，需要利用长度可调的光学波导节或压电延伸器，这大大增加了系统的复杂性，所以空军实验室正积极地研究窄带宽光纤放大器的功率定标问题。

现有高能激光系统受尺寸、重量、功率限制，无法集成进许多军用平台，即使这些限制能够克服，但大气湍流也将增大激光打在靶上的尺寸，从而限制激光在靶上的亮度和远程杀伤力。美国陆军正在寻求用一种常规的光学部件，使高能激光器尽快用于军事。DARPA 与奥普托尼库斯公司研发、建造、演示和交付了世界上第一台自适应相位相干光纤激光器阵列系统，这是一个 21 单元的光学相控阵系统，它提高了激光武器的性能。这项称为"亚瑟王之剑"计划的总目标是开发相干光学相控阵技术，并将它定标到 100 千瓦级激光武器系统。陆军的光学相控阵如图 3 所示。

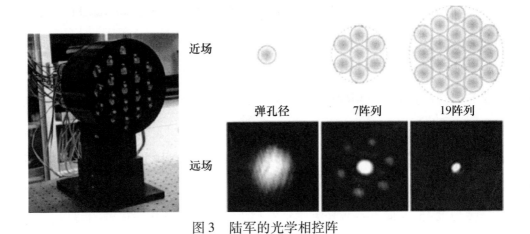

图 3　陆军的光学相控阵

光纤激光器光学相控阵系统，包括锁相和多通道（7 阵列和 19 阵列）光束合成，以及光纤激光器子孔径阵列。它由 3 个相同的部件组成，每个部件包含了 7 个紧密封装的光纤激光器，每个部件的直径仅为 10 厘米。该系统具有高的电光转换效率（大于35%）和近衍射极限的光束质量，能使激光精确地击中6.4千米以外的目标。

最近的试验证明了光学相控阵的可定标性，它能将几千瓦的激光器输出，以非常高的效率相干合成为更高功率的单一光束。DARPA计划在今后3年演示光学相控阵在更高功率（最终目标是100千瓦）下的能力。而在如此小的装置中获得这样高的功率，采用其他方法是难以实现的。与输出相同功率的现有激光武器系统相比，其尺寸、重量小得多，成本低得多。

相控阵设计的特点是能控制各光纤激光器，以便校正大气湍流。最近进行的演示试验是"亚瑟王之剑"计划的一部分，它验证了对大气湍流进行亚毫秒时间尺度的大气补偿，以使激光在靶上的亮度达到最高。试验是在离地面几十米的空中进行的，在这个高度的大气效应对飞机和海上平台都非常有害。试验也证明光学相控阵对校正围绕飞机边界层的湍流效应十分有效。这说明，由于系统具有锁相的特性和大气补偿的机理，所以像系统振动和大气湍流这样的物理扰动，并不会影响激光光束。

相控阵的体系结构为部署更有效、更致命和更机动的激光武器系统创造了条件，因此它能广泛地应用于激光武器系统的所有平台，包括地面、海上和空中的平台。

麻省理工学院林肯实验室要为美国导弹防御局研发小尺寸、重量轻和低功耗的高功率光纤激光系统，包括激光器、电池和散热装置。激光器已于2014年获得34千瓦功率输出，系统的功率密度为40千克/千瓦。它采用42单元光学相控阵和1千瓦光纤放大器。图4为光纤合成激光器装置。2015年，林肯实验室演示了先进的101单元光学相控阵，它将产生强大明亮的单光束。在2015年演示了2.5千瓦光纤放大器。

在2015年演示了44千瓦光纤合成激光器系统，并将光束质量提升到近衍射极限。美国导弹防御局2016—2017财年计划把光纤合成激光器功率提高到50千瓦，其功率密度为4千克/千瓦，同时将投资激光器的安装演示、系统坚固性和几十万瓦级激光器的定标设计。在2017—2018财年这种激光器将演示能定标到几十万瓦的激光功率所必需的技术。目前，光纤合成激光器处在技术成熟度3~4级，若要进行飞行试验则需要达到6级。林肯实验室的主要目标是要大幅度降低光纤放大器系统的功率密度，同时提高单个光纤放大器的输出功率。

图4　光纤合成激光器装置

四、结束语

固体激光器已达到战术激光武器的基准功率，下一步挑战将是小型轻量化和适应战场环境的坚固性。与板条和薄片固体激光器相比，光纤激光器在效率、束质、体积、重量、坚固性和冷却等方面都具有明显的优势，将成为战术激光武器的主要光源之一，并将促使激光武器尽早走向战场。

光束合成技术的研究正在快速发展，目前许多光束合成的概念是基于光束的非相干合成、光谱合成和相干合成。这三种合成方法都具有各自的特点，每种方法都可能找到其独特的应用。相干合成具有最佳的性能，特别适用于激光武器系统，但技术最为复杂，不易实现。对许多应用来说，光谱合成更易实现，但产生的光谱较宽，比较适合对光谱亮度要求不太高的应用。而非相干合成的体系结构最为简单，迄今非相干合成技术仍保持着光纤激光器最高输出功率的纪录，并用于战术激光武器的研发中。利用商业 10 千瓦单模光纤激光器模块和非相干合成能快速研发出功率几万瓦的激光武器，用于短程防御。对未来高能激光武器发展，必须重视研发相干合成技术。

（中国久远高新技术装备公司　任国光　伊炜伟　屈长虹）

锑化铟红外焦平面探测器现状与进展

一、引言

1952 年，H. H. Welker 首次报道了锑化铟（InSb） Ⅲ － Ⅴ 族化合物半导体材料性质，此后，越来越多的国家和机构开始注意到 InSb 独特的性质及其在红外探测器领域的应用前景。

InSb 探测器因采用Ⅲ － Ⅴ族半导体材料，稳定性较好，性能不随工作时间和存储时间发生变化。这些特性使得使用 InSb 探测器的成像系统调试完成后，在使用过程中不需要时常进行采样修正探测器的工作，在武器系统中不需要增加额外采样机构，使武器系统更加简单可靠。

由于 InSb 材料缺陷少（位错密度 EPD $<50/$厘米^2）而碲镉汞（MCT）材料缺陷较多（EPD $<10^5/$厘米^2），所以 InSb 探测器的暗电流较低，器件响应的线性度好，可以做到积分时间连续可调，这对态势感知武器系统是极为重要的。同时，可以用于 F 数较大的武器系统，如 F 数为 5.8 的红外探测器系统只能采用 InSb 探测器才能保证较高的灵敏度。这对武器系统非常重要，可

以降低武器系统的光学口径，提高光学系统的焦距，从而探测距离更远。

经过几十年的发展，美国、英国、俄罗斯、加拿大、以色列和日本等主要发达国家已经很好地掌握了 InSb 晶体生长和探测器加工技术，探测器规模从 128×128、320×256 到 $2K \times 2K$、$4K \times 4K$ 以及 6000×1、2048×16 等实现全面覆盖，工作温度提高到 95 开、110 开、130 开，产品广泛应用于红外跟踪、制导、热成像、监视、侦察、预警和天文观察等军事与民用红外系统。

二、国外 InSb 探测器厂家及发展情况

InSb 探测器主要供应商有以色列半导体设备公司及美国洛克希德·马丁公司、雷声公司、菲力尔公司等。表 1 列出了世界主要 InSb 探测器厂家典型产品。

表 1　世界主要 InSb 探测器厂家典型产品

厂家	型号	阵列规模	响应波段/微米	像元尺寸/微米	NETD	工作温度/开	成结情况
雷声	SB304	$2K \times 2K$	$0.6 \sim 5.4$	25	18	80	注入台面结
	SB152/206	$1K \times 1K$	$1 \sim 5.5$	27	18	80	
	AE197	640×512	$1 \sim 5.5$	25	18	80	
	AE195	384×256	$1 \sim 5.5$	30	14	80	
洛克希德·马丁	SBF196	1024×1024	$1 \sim 5.3$	25	17	80	注入平面结
	SBF193	640×512	$1 \sim 5.3$	24	14	80	
	SBF200	320×256	$1 \sim 5.3$	30	13	80	
美国 CMC	$2K \times 2K$	$2K \times 2K$	$1 \sim 5.3$	25	17	80	扩散台面结
	$1K \times 1K$	$1K \times 1K$	$1 \sim 5.3$	25	17	80	

（续）

厂家	型号	阵列规模	响应波段/微米	像元尺寸/微米	NETD	工作温度/开	成结情况
美国 CMC	640×512	640×512	1~5.3	20	13	80	
	256×256	256×256	1~5.3	30	14	80	
以色列半导体设备	TDI2K×16	2048×16	1~5.4			80	外延 InSb 台面结
	Blackbird	1920×1536	1~5.4	10	25	80	
	Hercules	1280×1024	1~5.4	15	22	80	
	SNIR	640×512	1~5.4	15	24	80	
	Falcon	640×512	3.6~5	25	17	95	
	Bluefairy	320×256	1~5.4	20	17	95	
	H-Hercules	1280×1024	3.6~4.2	15	20	110	外延 InAlSb 台面结
	HotPelican	640×512	3.6~4.2	15	20	110	

从 20 世纪 80 年代初开始，美国就报道了大量 InSb 红外焦平面阵列（IR FPA）的研制结果，主要有 32×1、128×1、512×1、64×64、64×58、128×128、256×256、320×256、640×512、1024K×1024K、2K×2K 等规格产品。20 世纪 80 年代至 90 年代，美国研制 InSb 的厂商主要有休斯公司、辛辛那提电子公司、雷声公司、琥珀公司、通用电气公司、诺斯罗普·格鲁曼公司和圣芭芭拉焦平面公司等。1997 年，雷声公司、休斯公司圣芭芭拉研究中心、休斯（Magmavox）Mahwah、琥珀公司和德州仪器公司重组后诞生了雷声红外工作公司（RIO）。从 20 世纪 90 年代未开始，美国研制 InSb 探测器的公司整合为三个主要厂家：RIO、辛辛那提电子公司和洛克希德·马丁公司圣芭芭拉焦平面公司。

以色列半导体设备公司于 1986 年由以色列埃尔比特系统公司和拉斐尔公司合伙成立。以色列半导体设备公司每年向全球市场提供万余套各种规格的探测器产品，其产品规格由 320×256 发展到 640×512、1280×1024、1920×1536，中心间距为 10~30 微米，读出电路模拟输出发展为数字化输出，器件类型则由体晶 InSb 发展到外延 InSb 和 XBn - InAlSb，这些都是为了不断满足系统小型化、轻型化、低功耗和可靠性的发展要求。

以色列半导体设备公司外延 InSb 器件可工作在 95 开，仍能达到普通 InSb 器件 80 开的水平。该产品采用 2010 年左右建立的 InSb 外延生产线，目前以色列半导体设备公司主流产品全部使用该生产线生产。同时，该公司的高温 InAlSb/InSb 探测器工作温度已到达 110 开，目前正开展 130 开工作温度探测器工程化工作。

法国索弗拉迪公司 2010 年左右收购了一家 InSb 探测器制造商，也开始提供 InSb 探测器产品。同时，英国、德国、日本、俄罗斯等国家也有相应的公司开展 InSb 探测器的研制生产工作。

目前，InSb 焦平面探测器由于其工作稳定、成本低等优势，广泛应用于西方国家军用市场，并逐步开始进军民用工业市场，在环境监测、安全防护、电力输送、冶炼等行业已开始大量应用。雷声公司生产的 SB240 型探测器，洛克希德·马丁公司生产的 SBF184 型探测器、以色列半导体设备公司的 Hercules 系列等 1K 规格探测器，已经是国际上红外探测器的主流产品。例如，以色列半导体设备公司的 InSb 探测器主要供应美国市场，2015年 Hercules 系列在美国市场年销售近 2000 套；F-35 战斗机 EODAS 系统采用 6 个 1K 规模的 InSb 焦平面探测器。同时，高温工作 InSb 探测器逐渐成熟，110 开工作探测器已开始作为成熟产品在市场上推广（H-Hercules、HotPelican 等），在 130 开工作的 InSb 探测器工程化成为近年来研制热点。高温工作的实现使得 InSb 焦平面探测器在小型化、低功耗、长寿命、快启动、低成本等方面取得巨大发展。

三、InSb 探测器的应用

InSb 红外探测器主要适用于高背景工作条件和低背景天文学应用，包括红外制导、热成像、红外搜索跟踪、无人机、导弹预警系统、地基和天基红外天文学等。

（一）弹道导弹防御系统中全面使用

弹道导弹防御（BMD）计划是针对敌方导弹在发射助推、大气层外弹道飞行和再入大气层三个阶段的不同特点，采取不同的方法建立多层次的全程拦截体系。它包括监视来袭导弹的探测与跟踪、导弹的鉴别与识别，并实施对导弹的拦截与打击。

在导弹初始发射阶段需对全球进行监视与跟踪，这主要依靠空间的预警卫星来完成。在卫星上携带一个大型红外望远镜，在望远镜焦平面上的探测器探测与搜索导弹的火焰信息，从而对导弹入侵进行预警。预警卫星早期使用硫化铅线列探测器，目前在轨道上工作的防御支持计划（DSP）卫星的第三代是 6000 元 InSb 线列探测器。

导弹进入大气层段，主要采用中波与长波 IRFPA，美国国家导弹防御 NMD 拦截系统（称为陆基拦截器）为了拦截敌方射程 600~3500 千米的中程弹道导弹重点部署陆基的战区末段高空区域防御（THAAD）系统和海基的海军全战区（NTW）弹道导弹防御系统。由美国洛克希德·马丁公司主承包的 THAAD 地空导弹既可用于在大气层内高空（约 40 千米）拦截敌弹，又可用于大气层外高空（最高 150 千米）拦截目标，弹头的动能杀伤拦截器（KKV）上装有用于捕获和跟踪目标的中波红外导引头，该导引头使用了 512×512 InSb FPA 器件，在飞行末端探测、跟踪、识别和拦截敌弹。

如果突破了高空防御,而进入大气层的来袭弹道导弹,美国有两种使用 IR FPA 的低空导弹防御系统:一种是海洋区域防御系统,该系统以"宙斯盾"级战舰为平台,其拦截手段为海军"标准"Ⅱ-4A 导弹,其红外导引头采用了 256×256 InSb FPA;另一种是美国和以色列联合研制的"箭"-2 导弹防御系统,该导引头工作在 3.3~3.8 微米中红外波段,采用 256×256 InSb FPA。

(二)制导探测应用在陆、海、空、天全面覆盖

InSb 红外探测器由于其探测性能高、工作稳定、积分时间连续可变、探测器规模及像元尺寸覆盖广等优势,在中波制导方面有着不可比拟的优势,广泛应用在多个型号。表 2 列出了 InSb 探测器制导应用情况。

表 2　InSb 探测器制导应用情况

国家和地区	应用型号	探测器规格
美国	AIM-9X"响尾蛇"空空弹	128×128
	FIM-92E、F"毒刺"便携弹	128×128
	RIM-116B"拉姆舰"载防空反导弹	128×1
	THAAD"萨德"末端高空防御反导弹	256×256
欧洲	KEPD 动能侵彻"毁灭者"巡航导弹	256×256
	AASM 模块化空地导弹	320×240
	ASRAAM 近程空空导弹	128×128
	MICA 拦截与空战导弹	64×1
	IRIS-TAAM"彩虹"空空导弹	128×4
俄罗斯	P-27T 系列中远程拦射空空导弹	多元
	P-73 系列空空导弹	2 元
	Π-21、22("白蚁")反舰导弹	
	Π-120("孔雀石")中程反舰导弹	
	"针"系列便携式防空导弹	

（续）

国家和地区	应用型号	探测器规格
以色列	"怪蛇" –4 空空导弹	
	"怪蛇" –5 空空导弹	256×256
	"箭" –2 型反导导弹	256×256
	"长钉" 反坦克导弹	128×128

1. 红外制导的空空导弹

目前，世界上已发展的新一代红外成像制导空空导弹有法国装在"幻影"2000、"阵风"等各种机型的 MICA 导弹，德国装在"狂风"EF2000 机型的"IRIS – T"导弹，以色列装在"幼狮""幻影"F – 15 和 F – 16 等机型上的"怪蛇"V 和"响尾蛇"导弹。其中，"怪蛇"V 导弹采用320×240 元双波段 InSb 凝视焦平面探测器；美国"响尾蛇"AIM – 9X 导弹采用休斯公司的128×128 InSb FPA 探测器；英国 ASRAAM 导弹采用休斯公司的128×128 InSb FPA 探测器；德国 IRIS – T 空空导弹采用128×4 InSb FPA 探测器、南非的 A – DARTER "敏捷飞镖"空空导弹采用384×288 InSb FPA 探测器。

2. 巡航导弹

德国 EADSLFK 导弹公司和瑞典波佛斯公司合资的 Tranrus GmbH 公司于1997 年开发几百千米远距离的 KEPD – 350 巡航导弹，导弹以各种高度飞行，可离地面很低的高度并有很高的飞行速度，要求 InSb FPA 的积分时间连续可调和高的量子效率，导弹的红外寻的器采用256×256 InSb FPA 探测器。

3. 便携式防空导弹

便携式导弹自1969 年首次实战以来，在中东战争、越南战争和20 世纪80 年代的阿富汗战争中击落了大量飞机和直升机，使得在科索沃和阿富汗反恐战争中，空袭飞机需保持在 5 千米以上进行空袭作战，主要是担心便携式导弹的攻击。即使进入 21 世纪，在叙利亚战争、阿富汗战争及也门战争中，便携式导弹也屡有斩获，对现代战机构成巨大威胁。

当前便携式导弹已进入第四代并开始装备部队，它采用 InSb FPA 导引头制导。美国的"毒刺"系列导弹的最新型产品就是采用 InSb 128×128 红外探测器，它具有高精度抗干扰和提高对抗无人机和巡航导弹的效能，具有全向攻击能力和很好的抗电子干扰能力。

4. 反坦克导弹

美国 AAWS – M 名为"坦克破坏者"中程反坦克导弹采用 62×58 InSb FPA；以色列的"长钉"反坦克导弹采用 128×128 InSb FPA。

（三）红外搜索跟踪中应用广泛

红外热像仪是军事应用中最广泛的红外系统，可适合陆、海、空、天各兵种。320×256、640×512、1024×1024 等规格的凝视型 InSb FPA 被选定如 F – 22、V – 12 和 F – 18 等战斗机上使用。表 3 列出了 InSb 焦平面探测器在搜索跟踪系统的部分应用情况。

表 3　InSb 焦平面探测器在搜索跟踪系统的部分应用情况

国家	公司	型号和名称	红外探测器
美国	洛克希德·马丁导弹和火控公司	AN/AAQ – 13/ – 14LANTIRN、Sharpshooter	640×512 InSb
		AN/AAQ – 30 目标瞄准系统（TSS）	640×512 InSb
		AN/AAQ – 33 Sniper 先进瞄准吊舱（ATP）	640×512 InSb
		AN/AAQ – 37 分布式孔径系统（DAS）	1280×1024 InSb
		Gunship 多光谱传感器系统（GMS2）	640×512 InSb
	前视红外系统公司	BRITE Star Ⅱ 对地攻击集成系统	640×512 InSb
		AN/ASQ – 228 先进瞄准前视红外系统	640×512 InSb
		StarSAFIRE Ⅲ、Sea Star SAFIRE Ⅲ 转塔	640×480 InSb

（续）

国家	公司	型号和名称	红外探测器
美国	雷声空间和机载系统公司	AN/AAQ－27、AN/AAQ－29 系统	640×480 InSb
		AN/AAS－5 多光谱瞄准系统（MTS－A）	640×480 InSb
		Global Hawk 集成传感器（ISS）	640×480 InSb
	古德里奇公司	DB－110 双波段侦察系统	512×484 InSb
英国	成像传感器和系统公司	V－14M 多传感器机载系统	320×240 InSb
以色列	康卓普精密技术有限公司	稳定多传感器转塔（MSSP－3）	320×240 InSb
	埃洛普电子光学行业公司	小型多传用途先进稳定系统（COMPASS）	320×256 InSb
	Rafael 武器研制部导弹分部	Reccelite 侦察吊舱	640×512 InSb
加拿大	L－3 Wescan 公司	MX－15（AN/AAQ－35）传感器转塔	640×480 InSb
		MX－20（AN/ASX－4）多传感器转塔	640×480 InSb
		Ⅱ型步进凝视转塔（SST）	640×512 InSb

1. 机载热像仪

美国 TAMAM 公司为"探索者"和"捕食者"等型号的无人机提供 320×240 InSb FPA 的红外摄像机。以色列康卓普精密技术公司研制适用多种飞机平台的采用 320×256 InSb FPA 探测器的 FOX－450 Z 型红外摄像机。美国雷声空间和机载系统公司生产海上巡逻机装备的"夜间猎手"有 AN/AAS－44、AN/AAS－49、AN/AAS－51 型红外/光电转塔，其中 AN/AAS－44（V）型为"地狱火"导弹和激光制导炸弹进行目标指示。AN/AAS－51A 改进型采用 640×480 InSb FPA。加拿大 L－3 Wescam 公司研制了基于 640×480 InSb FPA 的 MX－15 和 MX－20 大尺寸 IRFPA。MX－20 是海军陆战队 AH – 12 直升机目标瞄准系统的核心部件，并具有很强的识别能力。洛克希德·马丁公司交付的首套光电火控目标瞄准系统（TSS）是为美国海军陆战队的 AH – 1Z"眼镜蛇"直升机研制的 AN/AAQ – 30"鹰眼"多传感器火控系统，采用 640 × 512 InSb IR FPA 探测器，是目前世界上先进的光电火控目标瞄准系统，代表了未来光电火控系统的发展方向。

2. 舰载热象仪

美国海军为增强反巡航导弹能力正在研制一种舰载 IRIS。采用 640 × 480 InSb FPA 探测器，系统扫描视场 360° × （2° ~ 2.5°），通过红外信号梯度变化可探测刚飞出海面的巡航导弹，将导弹航迹方向和仰角等信息传给舰载"宙斯盾"作战系统和光电干扰系统在连续搜索新出现目标的同时，该系统将继续跟踪已经识别的目标。

3. 地面热像仪

法国 CEDIP 红外系统公司生产两种 IR FPA 系列远距离红外摄像机，最初采用 320 × 240 InSb FPA，后来改用 640 × 512 InSb FPA。摄像机系统能在 5 ~ 25 千米范围内对目标探测，自动选择所需的镜头焦距，并可控制镜头焦距在 25 毫米、80 毫米和 320 毫米三挡变化。法国 Jade 热像仪采用 640 × 512 InSb FPA。以色列埃洛普电子光学行业公司生产的 CRYSTAL 红外热像仪采用 320 × 256 InSb FPA 探测器，用于机载或舰载，对目标进行搜索和夜间的瞄准。美国雷声公司的 Radiance PM 型红外摄像机采用 256 × 256 InSb FPA 探测器，另一种 MAG2400 型远程热像仪采用 320 × 240 InSb FPA 探测器，它是单兵携带的高灵敏度摄像机。

（四）天文红外探测占据大量市场

在地基和天基天文应用中，红外波段内有两种探测器材料进行竞争，即 InSb 和碲镉汞。InSb 是一种简单稳定的化合物半导体材料，在 L 和 M 波段大气窗口有广泛的应用。表4列出了部分卫星InSb红外探测器应用情况。

表4 部分卫星InSb红外探测器应用情况

卫星类别	国家和地区	卫星	载荷	波段/微米
航天遥感		MTI	MTI	0.86 ~ 5.07
极轨气象	美国	NOAA – 18	AVHRR/3	3.55 ~ 3.93
			HIRS/4	3.76 ~ 4.57
	欧洲	Metop – A	IASI	3.62 ~ 5.00
静止轨道气象卫星	美国	GOES – 13	Imager	3.73 ~ 4.07
			Sounder	3.74 ~ 4.57
	日本	MTSAT – 2	JAMI	3.50 ~ 4.00
	欧洲	MSG – 2	SEVIRI	3.48 ~ 4.36
资源环境	美国	LAND – SAT – 7	ETM +	1.55 ~ 1.75
				2.09 ~ 2.35
			AATSR	1.58 ~ 1.64
				3.55 ~ 3.93

InSb在天文方面的应用：2002年，日本发射红外成像勘测仪采用512 × 512 InSb FPA探测器；1996年，美国陆基天文望远镜采用1024 × 1024 InSb FPA探测器（阿拉丁）；美国航空航天局詹姆斯·韦伯空间望远镜采用2048 × 2048 InSb FPA；雷声公司的宽视场成像器（NEWIRM）采用2048 × 2048 InSb FPA；美国基特峰天文台和智利塞拉托洛洛美洲天文台4米口径望远镜上的NOAO NEWFIRN 1 ~ 2.5微米红外波段成像器采用的是4K × 4K InSb FPA；欧洲南方天文台超大望远镜的低温高分辨率红外光谱仪使用5个1024 × 1024 InSb FPA（ALADDIN）等。

2003年，英国罗彻斯特大学、雷声公司、美国航空航天局埃姆斯特研究中心合作研发测试InSb近红外器件，应用于哈勃太空望远镜接替者——下一代太空望远镜，项目需求20只2K × 2K InSb器件，报道中先测试了SB – 226

Insb SCA416431 器件（1K×1K），该器件使用的读出电路和 InSb 芯片不是研制样品中性能最好的。测试结果表明，该器件已经满足和超过大部分相机要求指标。研究成果表明，InSb 器件是 1~5 微米地基或天基高灵敏度、低背景、低噪声应用的最佳选择。

红外探测器在航天应用中，短波方面应用以铟镓砷和碲镉汞为主，少数使用 InSb 探测器，铟镓砷逐渐替代碲镉汞；中波应用方面几乎全部为 InSb 探测器，中国除外（全部为碲镉汞）；长波应用方面全部为碲镉汞探测器。

三、结束语

至今，国外 InSb 探测器的研制还在稳步推进，主要在 InSb 大规模阵列探测器工程化、外延 InSb 探测器（95 开工作）、高温工作铟铝锑 InAlSb 探测器（130 开工作）、锑基外延材料探测器等方面开展大量研制工作。InSb 焦平面探测器的发展主要体现在以下几方面：

（1）中波红外应用方面具有绝对优势。制导、反导、成像探测、航天应用全覆盖；单元、多元、128×128、640×512、2K×2K 探测器规格全覆盖。

（2）低温工作探测器成熟生产，探测器价格逐渐降低。例如，三星晶圆公司推出了 6 英寸 InSb 晶圆，使大规格的 InSb 焦平面探测器批产能力再次提升；以色列半导体设备公司生产的 320×256 InSb 探测器销售价格仅有 1.2 万欧元。

（3）大规格、高灵敏、数字化探测器全面应用。洛克希德·马丁公司的探测器 SBF200 型探测器，采用了数字式读出电路，改善了探测器的加工工艺，探测器 NETD 小于 10 毫开。上述参数是在半阱条件下工作，探测器 F 数为 5.2，如果探测器的 F 数选择 2，此时的 NETD 能小于 5 毫开。

（4）高温工作探测器全面发展。以色列、美国、英国等在高温工作 InSb 探测器已开展大量工作，110 开工作探测器已形成批量生产能力，130 开工作探测器也取得了巨大进步。

因此，在未来较长时期内，InSb 探测器还将是中波红外应用的主要产品。

（中国电子科技集团公司第十一研究所　牟宏山）

微光视频成像器件及其技术进展

一、引言

  微光夜视技术作为当今拓展人眼夜间视觉感知的主要技术之一，不仅在军事上具有广泛的应用，而且在民用领域日趋受到重视，逐渐深入到人们社会和生活中。在微光夜视技术的发展伊始，诸如像增强器和变像管之类（通称为像管）的直视微光器件与诸如光电导摄像管、硅增强靶摄像管等微光视频器件的发展并驾齐驱，竞相发展。目前，直视型像增强器已发展了高性能超二代、高性能超三代和四代像增强器像增强器。随着以 Si－CCD/CMOS 为代表的固体成像器件发展，全电真空的低照度摄像管已退出电视型微光视频器件市场，代之以电真空＋固体成像器件（如像增强 CCD/CMOS（ICCD/ICMOS）器件、电子轰击 EBCCD/EBCMOS 器件等），甚至全固体微光成像器件（如电子倍增 CCD 器件、超低照度 CMOS 器件等）的发展趋势。此外，短波红外波段也进入微光夜视技术的领域。随着数字图像处理技术的发展，微光视频器件不仅为通过图像处理进一步提升夜视图像质量，而且为与红外热成像的图像信息融合，提高夜间对目标探测/识别和场景理解能力等提供了广泛的空间，成为当前国内外夜视技术发展的重要方向之一。下面将综述微光视频器件发展，分析微光视频典型的图像处理技术，并提出相关的发展设想。

二、微光视频器件及其技术

微光夜视技术是利用光电成像器件及其相关技术，实现在夜晚低照度条件下基于目标景物反射特性的成像技术。目前，微光夜视技术主要应用的波段有可见光、近红外和短波红外波段。为了更有效地划分各种微光或低照度成像条件，国外将夜间光照大致分为5个等级（图1），其中等级2和等级3为低照度条件，等级4和等级5为超低照度条件。下面描述各类微光视频夜视技术的现状及发展趋势。

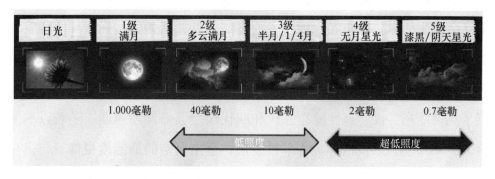

图1　夜间照明条件的5个等级划分

（一）像增强 CCD/CMOS（ICCD/ICMOS）

直视像增强器和变像管技术从20世纪30年代银氧铯光阴极应用突破后起步，于第二次世界大战中进入以玻璃结构特征的零代微光技术；20世纪

60 年代进入以锑钾钠铯多碱光阴极和光纤面板等为技术特征的一代微光像增强器；70 年代以微通道板为技术特征进入二代微光像增强器；80 年代以镓砷负电子亲和势光阴极为标志进入三代微光像增强器；90 年代通过借鉴部分三代技术实现传统二代微光器件的性能飞跃，获得了超二代像增强器。同时，三代像增强器通过阴极工艺优化，使得灵敏度得到明显提高，发展了超三代像增强器；目前通过优化光阴极结构和微通道板结构、无离子反馈膜以及自动门控电源等技术研究进入了四代像增强器发展阶段。

目前，高性能超三代/四代像增强器（美国）和高性能超二代像增强器（欧洲）是当前国际上性能最佳的微光像增强器，积分灵敏度达 1800～2000 微安/流（高性能超三代）及 800 微安/流（高性能超二代）以上，分辨率达 64 线对/毫米以上，信噪比达 26 以上。

随着模拟/数字视频 CCD 和 CMOS 成像技术的发展，像增强器与 CCD/CMOS 结合的 ICCD/ICMOS 仍然是目前发展迅速、应用广泛、工作照度最低的微光视频器件模式，是当前微光视频器件的主流模式，特别是高速电子快门选通成像模式更是目前固体微光视频器件难以匹敌的领域。

（二）固体低照度光电成像视频器件

早期通过真空摄像管技术已成功获得低照度条件下（如美国"阿波罗登月"）的视频成像。20 世纪 60 年代末提出固体成像器件的概念后，真空摄像管技术逐渐退出历史舞台，70 年代中期 Si－CCD 固态光电成像技术进入实用化，90 年代进入大面阵 CCD 的时代以及 CMOS 面阵探测器产生，单个像元尺寸进一步缩小，器件的成像分辨率得到很大提高。同时，为了适应低照度下的光电摄像，目前 CCD/CMOS 成像器件都有了明显的进步。

1. 低照度 CCD 技术

20 世纪 80 年代初，SONY 公司研究了用于可变速电子快门产品的 HAD（Hole – Accumulation Diode）技术，提高了 CCD 的灵敏度，在拍摄移动快速的物体也可获得清晰的图像；80 年代后期发展了片上微透镜（ON – CHIP MICRO LENS）技术，在 CCD 受光面积减少的情况下，以微透镜技术提高探测器的灵敏度；90 年代后期提出 SUPER HAD CCD，通过优化微透镜形状，进一步提升光利用率；1998 年开发的 EX – VIEW HAD CCD 技术，提高了 CCD 在近红外波段的响应，并使其灵敏度大幅地提高，在低照度环境（等级 1）下可得到高清晰的成像。图 2 给出美国 ITT 公司星光级 CCD 及其夜视成像效果，其在有局部强光（灯光）条件下，成像效果优于 ICCD（动态范围较小）。

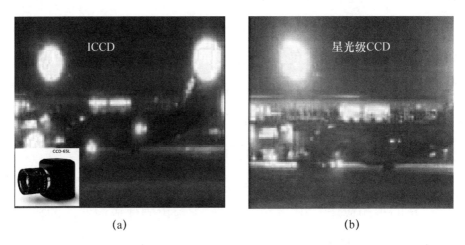

(a)   (b)

图 2　美国 ITT 公司星光级 CCD 及其夜视成像效果

2. 低照度 CMOS 技术

与 CCD 不同，CMOS 成像器件采用晶体管开关实现光电探测器信号的读取。如图 3 所示，传统的 CMOS 器件是无源像元传感器（PPS），随着

CMOS 工艺技术的发展，有源像元图像传感器（APS）成为提高 CMOS 成像器件的里程碑技术。在 PPS 中，光电二极管输出的光电流信号直接通过开关晶体管传输到列总线上，在传输之前未经任何处理。

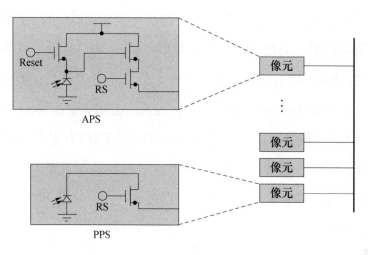

图 3　CMOS 的 APS 及 PPS 像元

在 APS 中，光电二极管产生的光电流在其分布电容上积分，通过源极跟随器缓冲及开关晶体管后再传输到列总线上。通过光电流积分后，光电信号的信噪比得到极大的增强，同时经过缓冲后的电压信号更有利于多路传输。

3. 背照度 CCD/CMOS 技术

背照明 BCCD/BCMOS 技术在是传统 CCD/CMOS 器件基础上，通过减薄技术，将感光层和电极层换位，使入射辐射从背面感光层直接进入半导体完成光电转换并进入势阱，从而减小电极层的能量损耗，提高探测器的量子效率，为高灵敏度 CCD/CMOS 开辟了新的技术途径。

4. 电子倍增 EMCCD 技术

EMCCD（Electron Multiplying CCD）是利用 CCD 器件电荷转移过程中

的雪崩倍增机制，实现微弱信号的放大，也称为"片上增益"技术，2001年实现了原理验证，之后美国 TI 公司和英国 E2V 公司相继推出 Impactron - CCD 和 L^{3}CCD 产品。虽然在电子倍增 CCD 中，每次转移倍增只有 1.01 ~ 1.015 倍，但当该过程重复几千次后，信号可实现 1000 倍以上的增益，使得信号电荷得到明显的增益，可用于昼间和环境 10^{-3} 勒以上（等级 3）的低照度成像。EMCCD 有前照式和背照式之分，两者最低工作照度约差 1 个数量级，探测器工作时需要 TEC 制冷，以减小热噪声的影响。图 4 给出某小型化 EMCCD 摄像头。目前，国内市场可购置 EMCCD 芯片及系统，已在诸多领域获得应用。同时，国产 EMCCD 的芯片已取得重要的突破，器件驱动、制冷和图像处理等关键技术也已取得进展，国产化的 EMCCD 成像系统可望达到实用化。

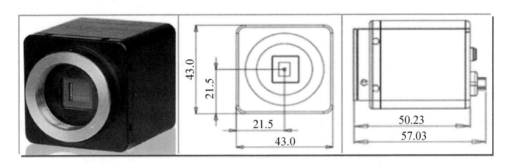

图 4　小型化 EMCCD 器件及其几何尺寸（单位：毫米）

5. 超低照度 CMOS 技术

2013 年以来，欧洲 PHOTONIS 在传统 CMOS 成像器件基础上，通过探测器结构以及微小信号处理等优化技术，使 CMOS 灵敏度得到提高，研发出超低照度 CMOS 成像器件 NOCTURN（如图 5 所示，像元数 1280 ×1024，像元尺寸 9.7 微米，动态范围大于 60 分贝），最低工作照度拓展到三级夜天光（10⁻³勒）。图6给出在实验室的实验图像。虽然最低工作照度较 EMC-CD 稍逊，但勿需制冷，器件体积、重量和功耗更小。因此，超低照度CMOS 成像系统在单兵武器、无人机等领域展现出广泛的发展和应用前景（图7）。2014 年，PHOTONIS 推出 NOCTURN U3 低照度彩色 CMOS，其光谱响应分布（图8）与传统彩色 CCD/CMOS 的不一致，在 2×10^{-1} 勒以上为彩色图像，低于在此照度自动转为黑白模式；最低工作照度较常规彩色CMOS 约低 1 个数量级，但较黑白 NOCTURN 约高 1 个数量级。

图5　超低照度 CMOS 成像器件 NOCTURN（单位：毫米）

4毫勒场景相当于夜间3级　　15毫勒场景相当于夜间2级　　70毫勒场景相当于夜间1级

色温2856开
$F=0.95$
目标距离12米

100毫勒场景-60帧/秒　　4毫勒场景-60帧/秒　　4毫勒场景-10帧/秒

图6　NOCTURN 的实验室成像效果

(a)   (b)   (c)

图 7 　超低照度 NOCTURN 的应用

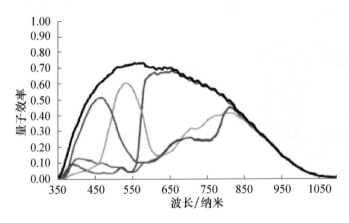

图 8 　NOCTRUN U3 的光谱响应

2013 年 6 月，美国 SiOnyx 公司推出一种超高灵敏度的微光摄像机 XQE（Extended Quantum Efficiency）系列，并通过美军的关键性能试验。这种基于 10 微米工艺的超低照度 CMOS 成像器件采用了黑硅材料（表面呈微凸系列排列的硅材料，哈佛大学专利），具有对可见光和近/短波红外敏感、光电转换效率高的特点，在 1064 纳米处比传统硅基微光探测器高 10 倍，可有效探测对应波长的激光源。图 9 给出 XQE CMOS 相机在实验室和野外场景成像效果图像。

此外，日本 SONY 公司也推出了其低照度高分辨率的 CMOS 成像器件，也具有较好的低照度成像效果。

暗室中XQE CMOS与传统CMOS器件的比较　　　　　¼月夜间XQE-1310成像效果
(1050纳米LED照v明，光学系统F1.4，成像积分时间1/30秒)　　(帧频30赫，自然环境照度5毫勒)

图9　XOE COMS 系统在实验室和野外的成像效果图像

目前 EMCCD 与超低照度 CMOS 成像器件在低照度和超低照度下微光夜视成像领域具有广泛的应用和发展空间。图 10 给出 PHOTONIS 公司所述的低照度 CCD、EMCCD 和 NOCTURN 成像器件的夜视照度适应范围。

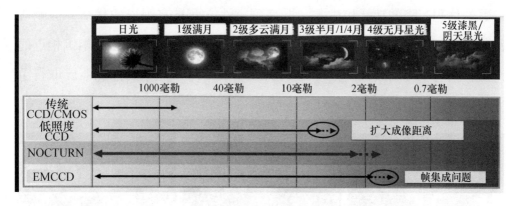

图 10　低照度 CCD、EMCCD 和 NOCTURN 成像器件的夜视照度适应范围

需要指出，近年来我国 CMOS 成像器件技术得到迅速发展，已获得与国外水平相当的超低照度 CMOS 成像器件。昆山锐芯微电子有限公司、长春长光辰芯光电技术有限公司、航天 772 所等均报道了所研制的超低照度

CMOS 成像器件产品，这些产品虽然设计的应用背景有所差异，但均实现低照度等级 3 的夜间成像，实验室和野外实验效果均达到甚至超过 NOCTURN 的效果，增加制冷可获得更低的图像噪声。

6. 短波红外焦平面探测器技术

近年来，基于 InGaAs 的焦平面探测器在夜视技术领域展现出良好的发展趋势，目前常见的短波红外焦平面探测器主要有 HgCdTe 和 InGaAs。HgCdTe 材料的响应波长范围最宽，可扩展到 3 微米甚至更长，便于制造单片大像素规模的短波红外焦平面阵列，但需要制冷。$In_{1-x}Ga_xAs$ 是一种 III - V 族化合物半导体合金材料，光谱响应随合金组分值的不同在 0.87（GaAs）~3.5 微米（InAs）范围内变化，在非制冷条件下具有较高的探测率（在温度远高于 HgCdTe 的工作条件下，品质因子仍可高出接近 1 个数量级，降低工作温度，InGaAs 的品质的增幅比 HgCdTe 更为明显），在缩小红外系统体积、降低功耗和成本、提高可靠性方面具有明显的优势，但响应波长范围相对较窄。目前，国内可获得与国外 InGaAs 短波红外相机相近的产品，具有较好的成像质量（图 11）。国内 InGaAs 焦平面探测器已取得重要突破，获得了稳定的短波红外成像。

(a) 可见光夜视图像　　(b) 短波红外夜视图像　　(c) 可视—短波红外夜视图像

图 11　可见光、短波红外与可视—短波红外夜视图像对比

（三）真空 + 固体微光视频成像器件

电子轰击 CCD（EBCCD）/CMOS（EBCMOS）/APS（EBAPS，电子轰击有源器件）是一种高性能的微光视频成像器件，其在像增强器荧光屏位置直接耦合 CCD/CMOS/APS，通过高能光电子→电子的倍增模式，实现低照度光电图像的倍增。由于去除 MCP 倍增就可达到足够的增益，因此噪声较低，是一种低噪声的光电图像增强器件。

图 12 给出传统倒像式 EBCCD 以及常用的近贴式 EBCCD/EBCMOS/EBAPS 器件结构。需要指出，近年来采用 GaAs 三代光电阴极和 InGaAs 短波红外阴极的 EBCMOS/EBAPS 器件发展受到人们的关注，其高灵敏度、低噪声以及纳秒级门控带来的时间和空间高分辨率等都是目前固体成像器件等无法替代的，成为超低照度微光视频成像器件发展的重要方向。

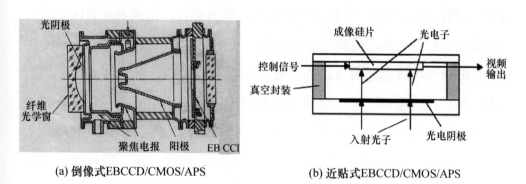

(a) 倒像式EBCCD/CMOS/APS   (b) 近贴式EBCCD/CMOS/APS

图 12　传统的电子轰击 EBCCD/CMOS/APS

三、微光夜视视频成像的图像处理技术

微光视频成像技术的主要优势之一是数字图像处理技术的引入，为提高微光夜视的图像质量提供广阔的发展空间和应用模式。

（一）微光视频成像的图像预处理技术

受成像原理的限制，微光夜视图像特别是极低照度条件下的成像大多进入了光量子噪声区，因此图像的随机噪声非常严重。同时，微光夜视图像普遍存在动态范围小，图像不仅容易出现饱和，而且未饱和部分的图像往往被压缩到很小的灰度范围，很难再现场景的有效信息。因此，有效的微光视频成像应用需要首先解决这两个主要的共性问题。

1. 微光视频图像的实时降噪技术

以往的微光视频降噪方法主要有空域滤波、时域滤波和时空域联合滤波。空域滤波虽然可滤除一些随机噪声，但也造成了图像细节的损失。时域滤波利用视频的帧间相关性，可有效实现视频降噪，但只适用于静止视频的处理，若图像中含有运动目标，则会产生严重的"拖尾"模糊。时空域联合滤波（3D滤波）是目前视频降噪的研究热点，通常对背景区域采用时域滤波，仅对运动区域使用空域滤波，可有效避免"拖尾"。这种基于运动检测的时空域联合滤波方法的关键是在噪声较大的情况下准确地检测出运动区域。目前主要的运动检测方法有光流法、帧间差分法、背景差分法等。光流法计算复杂、抗噪性差，很难用于视频的实时处理；帧间差分法简单易行，但目标内部易产生空洞；背景差分法能得到运动目标准确的位置，检测到相对完整的运动像素，特别是帧间灰度变化不大的运动像素，适于固定场景观察。图13给出北京理工大学对低照度CCD成像的3D图像滤波效果比较。

2. 微光HDR图像增强处理技术

高动态范围（HDR）成像是指获取超出成像设备动态范围的成像技术，目前在亮场景的彩色摄像中获得有效的应用（图14），在低照度成像技术中具有广泛的应用前景。HDR成像通常有单帧（场间）HDR和多帧（帧间）

(a) 原始室外视频帧　　　　　　　　　　　(b) 低照度3D视频降噪处理

图 13　北京理工大学低照度视频成像的降噪处理

HDR 两种方式（图 15），主要通过不同的电子曝光时间和相关的图像增强处理算法，采集场景不同区域的图像，进而通过数字图像处理合成的方法，实现目标场景的 HDR 成像。图 16 给出基于数字图像处理的 HDR 低照度 CMOS 成像，有利于解决或减缓传统微光夜视由于动态范围限制而出现的图像"灯下黑"问题。

(a) 普通拍摄图像　　　　　　(b) HDR拍摄图像

图 14　低照度情况下普通拍摄和 HDR 模式的对比

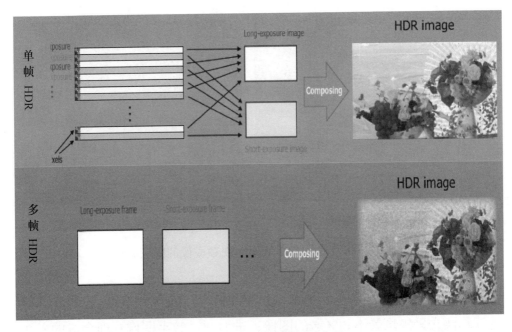

图 15　场间和帧间 HDR 方法

(a) 低曝光　　　　　　　　(b) 高曝光　　　　　　　　(c) HDR融合国家

图 16　低照度图像的 HDR 处理

　　微光 HDR 成像技术也可从成像器件（如 CMOS）的特殊设计以及 A/D 转换等方面进行优化，图 17 为长春长光辰芯光电技术有限公司研发的 GSENSE2011 型 SCMOS 图像传感器及其 HDR 图像示例，其通过片上两路增益不同的 12 位 ADC 转换为数字信号后输出。对于 ICCD/ICMOS 成像器件，则需要从像增强器同步增益控制等方面进行综合考虑。

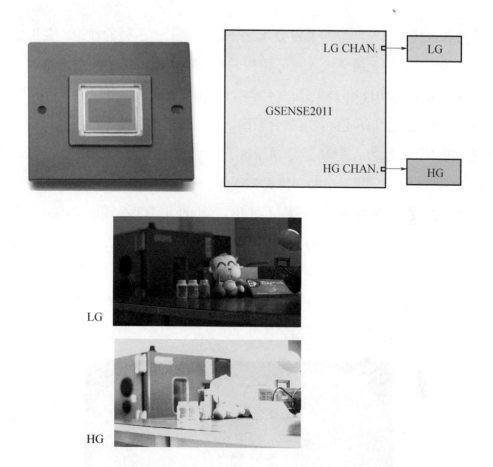

图 17　GSENSE2011 型 SCMOS 的传感器及其 HDR 图像示例

（二）新型微光视频成像的应用模式

数字图像处理技术的应用不仅可提高微光视频图像的质量，而且为微光夜视技术的应用提供了新的应用模式和发展空间。

1. 微光与红外融合的彩色夜视技术

以多传感器技术为核心内容的战场感知已成为现代战争中最具影响力的军事高科技技术。美国国防部从 1988 年起将图像融合列为重点研究开发的 20 项关键技术之一，20 世纪 90 年代进一步提出"彩色夜视技术"概念，并将其与"图像融合技术"并列，作为在未来战争"共享黑暗"条件下，保持夜视技术领先地位的关键技术之一，部署了一系列的理论、关键技术和系统研究计划。最早投入实际使用的图像融合系统是美国陆地资源卫星（LANDSAT）。2011年，美国为4个"阿帕奇"武装直升机营配备了VN-sight可见光/近红外成像灰度融合系统，可在低照度条件下为飞行员提供先进的战术作战能力。在21世纪初开始了单兵彩色融合装备的应用（如2002年美国ITT公司采用光学融合模式ENVG（O）技术演示硬件系统，2008年完成了首批ENVG（O）的列装（图18）；2009年ITT公司向美国陆军交付了数字融合模式ENVG（D）样品，能与数字化战场连接，使陆战士兵能够发送和接收图像，可极大地增强态势感知能力。近年来，各种红外与微光融合的直升机驾驶员辅助导航仪、车用驾驶仪、战场态势感知系统、单兵观察仪、融合枪瞄镜等都开始装备外军部队。

图18　ITT公司光学式彩色夜视

我国20世纪90年代初提出彩色夜视概念，"十五"期间北京理工大学、南京理工大学等开始"彩色夜视技术"研究。此后，北京理工大学持续开展新型彩色夜视图像融合处理算法及其硬件电路，在彩色夜视理论、关键技术和系统应用方面取得实质性的突破，已实现数字是彩色夜视技术的装备应用（图19），取得了明显的夜视效果提升。

图 19　北京理工大学微光与热成像双波段数字式彩

　　近年来，北京理工大学又研究了一种黑白低照度视频图像的实时彩色化（图20）技术，在不损失低照度视频成像灵敏度的条件下，将黑白视频图像实现自然感彩色化处理，同时进行帧内非线性增强处理，可以减缓"灯下黑"现象，提高对夜间场景的态势感知能力，具有广泛的应用前景。

(a) 黑白低照度图像　　　　　　(b) 黑白图像彩色化

图 20　黑白低照度图像的彩色化

　　国内外对彩色夜视技术的性能已进行了研究、试验测试和分析比较，比较典型的如下：

荷兰 DEP 公司利用其像增强器技术的雄厚实力，从 20 世纪 80 年代后期开始研制彩色微光夜视系统，其典型产品为 CII 彩色微光夜视仪。实验表明：CII 相对单色微光夜视仪，可使目标识别速度提高 30%，识别错误减少 60%。

荷兰国家应用科学研究院（TNO）人力因素研究所的 Toet 等人通过主观评价实验来测试融合图像是否能增加图像细节信息，以及融合图像是否有利于观察者对目标的探测和定位，即"事态意识"。实验表明，与单波段图像相比，融合图像有助于提高目标探测的准确度；恰当的彩色融合图像比其他测试图像表现出明显的优势，但是不恰当的彩色融合会降低图像质量；对于大部分测试任务，灰度融合提高了视觉质量，优于单波段原始图像。

美国 ITT 公司针对红外与微光图像融合观测仪、红外夜视仪、微光夜视仪做了相应的对比测试。测试结果表明：融合观测仪的目标探测速度提高30%，识别概率可提高到 80%；融合观测仪的目标识别错误减少 60%。

我国彩色夜视装备野外试验表明，彩色夜视驾驶仪相对微光和非制冷热成像夜视驾驶仪，可使驾驶轮式装甲车在夜间野外的平均速度提高 60%，明显提高部队夜间机动能力，减轻驾驶员的操作疲劳；同时，对地面状态、河流边沿等的判断能力明显提高，场景理解能力提高，可明显减小车辆驾驶事故的发生。

2. 激光距离选通成像技术

高速电子快门是像增强器独特的性能，不仅使其在高速摄影领域获得重要的应用，而且在水下成像、恶劣天气等条件下的主动激光距离选通成像获得广泛应用。随着 EBCCD/EBCMOS 成像技术的发展，不仅微光（＋近红外）选通成像技术获得广泛应用，而且基于短波红外阴极的 EBCCD/EB-CMOS 技术成为人们关注的重点。

2008—2009 年，德国 RIOPR（Research Institute for Optronics and Pattern Recognition）和瑞士国防研究中心（FOI）采用美国 Intevac 公司 LIVAR（Laser Illuminated Viewing and Ranging）120 型 TE‑EBCCD 和 400c 型 TE‑EBCMOS 短波红外相机（图 21）进行了非视域成像（图 22）、双基成像（图 23）等新型激光距离选通成像实验，取得了一些有益的结果。北京理工大学自 2011 年开始对基于激光距离选通的非视域成像理论和关键技术进行了深入研究，取得了重要的研究进展。

图 21　德国和瑞士研制的激光距离选通成像系统

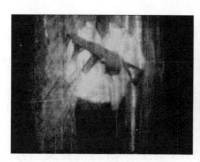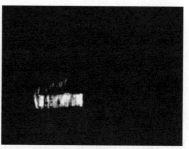

(a) 距墙20米的人　　　　　　　(b) 距墙30米的车牌

图 22　人和车牌的非视域成像实验图像

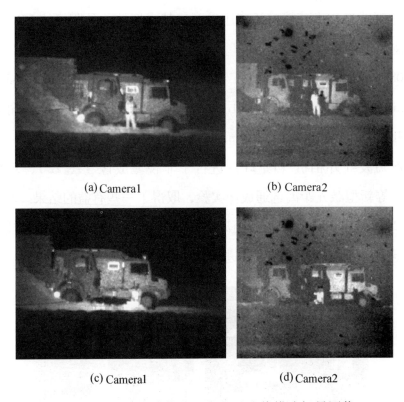

(a) Camera1　　　　　　　　(b) Camera2

(c) Camera1　　　　　　　　(d) Camera2

图 23　两组不同成像位置的双基成像模式场景图像

四、关于微光视频成像技术的发展

伴随着红外成像技术的发展和挑战，微光夜视器件与技术的发展是当前国内外重点思考的问题。这里首先是微光夜视器件的发展，特别是微光视频器件的发展至关重要，应特别关注与之紧密关联的视频图像预处理技术，以及新型应用模式及其图像处理技术的研究。

PHOTONIS 公司 2010 年启动了 LYNX 计划，目的是开发适合超低照度条件下便携应用的数字成像传感器，特征是单光子探测能力、高灵敏度、极低功率（非制冷）和中等水平帧频（＞60 帧/秒）。图 24 给出 LYNX 计划对器件发展的指导思想：对于直视型微光器件，低照度等级 2 和 3 条件选择标准像增强器；极低照度等级 4 和 5 条件选择高性能像增强器；对于微光数字视频器件，低照度等级 2 和 3 条件选择低照度 CMOS 器件 NOCTURN；极低照度等级 4 和 5 条件选择 EBCMOS 器件。

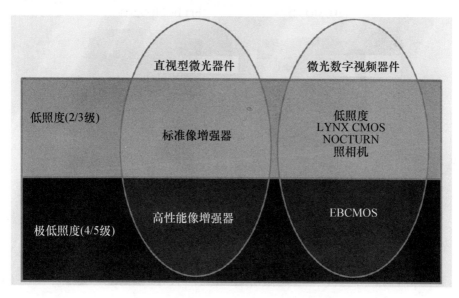

图 24　LYNX 计划的器件发展指导思想

LYNX 计划自 2010 年启动，2012 年 5 月推出 NOCTURN 成像组件；2012 年 7 月推出 EBCMOS 原理样机；2013 年研制出 EB – NOCTURN 样品。图 25 给出了相关的器件和组件。需要指出，相对图 13 传统的 EBCCD/CMOS 器件，LYNX 计划的 EBCMOS 器件更接近于半导体成像器件，而不是真空成像器件，因此，其体积、重量、功耗以及可靠性等指标均可望得到明显提高。

可以看出，LYNX 计划目标和界面清晰明确，且计划落实到位，各种

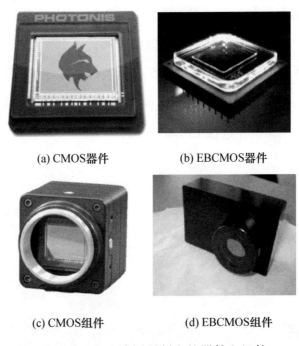

(a) CMOS器件   (b) EBCMOS器件

(c) CMOS组件   (d) EBCMOS组件

图25　LYNX 计划研制出的器件和组件

目标器件不断推出，有效推进了 PHOTONIS 公司微光夜视技术的稳步发展。目前我国高性能超二代、三代微光像增强器技术已实现产业化，EBCCD/EBCMOS 工艺也取得积极进展；同时，EMCCD 器件和超低照度 CMOS 器件也取得重要的突破，初步实现了产品化；进一步结合高校在微光视频图像处理方面的特长，充分发挥"产学研用"的力量，可望更好地形成微光夜视技术与系统研发和转化力量，促进我国微光夜视技术和装备的发展。

五、结论

微光夜视技术在军事和民用领域都有广泛的应用，对于拓展人眼夜间视觉起到了重要的作用，不断提高微光夜视技术的水平是当前国内外研究的重要方向之一。本文综述了微光视频器件及其图像处理技术的发展，并结合法国 PHOTONIS 公司微光夜视发展 LYNX 计划，对我国微光夜视技术的发展提出来一些初步的看法。

（北京理工大学光电学院光电成像技术与系统教育部重点实验室

金伟其　陶禹　李力）

（微光夜视技术国防科技重点实验室　石峰）

用于雷达的新型真空电子器件综述

一、引言

真空电子器件作为大功率源，在雷达、通信、电子对抗、遥测遥控和精密制导等武器装备中发挥了核心作用。特别是雷达系统的发展，从诞生之日起便与真空电子器件的发展紧密联系在一起。雷达技术的发展推动着真空电子器件不断进步，而真空电子器件性能的提升以及新型真空电子器件的出现又会带来新的雷达功能，甚至产生新的雷达体制。从 20 世纪 80 年代开始，随着分子束外延（MBE）和金属有机化合物气相淀积（MOCVD）等先进技术的发展，相关的微波毫米波单片集成电路（MIMIC）得到了快速发展。特别是近十几年来随着以 SiC、GaN 为代表的宽禁带半导体器件的快速发展，真空电子器件在雷达系统中的作用被越来越忽视和低估。关于真空电子器件和固态器件的相互关系也在各种学术会议上不断地被研究和讨论，在低频率、低功率有源相控阵应用的情况下，固态器件占据主导地位。但在大功率和高频率情况下，真空电子器件将会具有更大的优势，并将长期与固态器件并存和相互竞争。随着材料科学的发展、设计仿真能力的加强以及加工制造技术的进步，真空电子器件将依然保持持续的繁荣和活力。下面将结合雷达系统的应用需求，介绍真空电子器件新的发展趋势以及目前相关器件所取得的最新研究进展。

二、微波毫米波器件及功率模块

微波功率模块（MPM）是美国国防部电子器件领导小组于 1989 年提出的一种新的功率器件概念，其原理和内部组成结构如图 1 和图 2 所示。

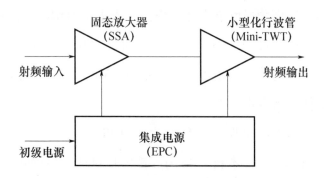

图 1 微波功率模块框图

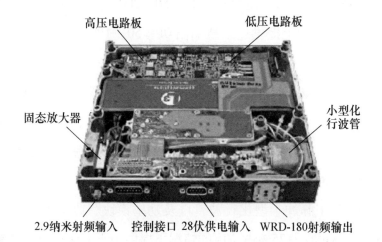

图 2 微波功率模块内部结构

微波功率模块集成了真空电子器件和固态器件两者各自优点，代表了一种新的微波、毫米波放大器技术，它既可以用作单独的发射源，也可用于多单元功率合成进行组阵应用。特别是随着无人机的作用越来越凸显，在体积、尺寸以及成本等方面具有很大优势的微波毫米波功率模块的重要性也越来越显著。其中，著名的"捕食者"B 型无人机中的合成孔径/动目标检测（SAR/GMTI）雷达采用的就是 dB – Control 公司生产的功率模块。

采用行波管作为末级功放，可以得到比较高的效率，减小了热负荷，而且可以在更高的环境温度下有效工作。由于采用 MMIC 固态放大器分担了部分增益，所以行波管的增益要求不高，可以采用小型化行波管，减小了模块体积和重量。另外，由于采用了低噪声 MMIC 固态放大器，与单独行波管相比具有更低的噪声水平。

目前，美国的诺斯罗普·格鲁曼公司、CPI 公司、L – 3 公司、Triton 公司及法国泰勒斯公司、日本日立公司等都能提供比较齐全的小型化行波管和微波功率模块系列产品。例如，Triton 公司的小型化行波管产品覆盖了 2.0 ~ 32.5 吉赫频率范围，连续波功率为 50 ~ 200 瓦，并在 2 ~ 6 吉赫和 6 ~ 18 吉赫两个频率系列上提供连续波输出功率 50 ~ 100 瓦的 MPM 产品；CPI 公司在 2 ~ 6 吉赫、2 ~ 8 吉赫、4.5 ~ 11.0 吉赫、6 ~ 18 吉赫等系列上提供连续波 50 ~ 100 瓦微波功率模块产品。我国虽然起步较晚，但也已经初步掌握了微波功率模块小型化行波管、微型 EPC 电源技术、微波功率模块集成等关键技术，具备了 6 ~ 18 吉赫、30 ~ 100 瓦连续波功率模块研制能力。针对雷达应用的脉冲功率模块也得到了重视和快速发展。美国、日本等国家的多个公司开发了脉冲小型化行波管以及功率模块。典型微波功率模块可以在 X 波段或 Ku 波段 25% 占空比的情况下提供小于 150 瓦输出功率，用于小型的无人机合成孔径雷达系统。针对更远探测距离的无人机雷达，美国 L－3 公司开发了 1000 瓦峰值功率脉冲微波功率模块。工作脉宽为 80 微秒，重复频率为 1600 赫，相位噪声达到 －110 分贝/赫。我国也开展了 X 波段脉冲功率模块的工作，研制的小型化行波管功率大于 500 瓦、带宽 2 吉赫、占空比 20%、效率 35%。

图 3 为 L－3 公司开发的第一代 Nano－MPM，在 Ka 波段可以输出 50 瓦以上功率，尺寸只有 25 毫米×76 毫米×125 毫米，重量小于 1.2 千克。L－3 公司开发的第二代 Ka 波段毫米波功率模块输出功率提高 1 倍，达到 100 瓦，效率达到 33% 以上。日本 NEC 公司也开发了 Ka 波段 100 瓦脉冲毫米波功率模块。

图 3　L－3 公司研发的 Ka 波段 Nano－MPM

中国电子科技集团公司第十二研究所成功研制出 Ka 波段 100 瓦和 500 瓦行波管以及 Ka 波段 100 瓦连续波毫米波功率模块。其带宽 2 吉赫，增益大于 39 分贝，效率大于 50%。模块如图 4 所示，整体尺寸为 395 毫米×220 毫米×50 毫米，质量小于 5 千克，功率测试曲线如图 5 所示。

图 4　Ka 波段 100 瓦毫米波功率模块

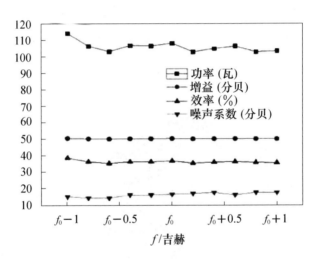

图 5　100 瓦毫米波功率模块性能测试曲线

短毫米波行波管近年来也渐趋成熟，并初步形成了相关的系列产品。美国 L-3 公司针对通信开发了 E 波段微波功率模块，在 5 吉赫带宽范围内功率大于 200 瓦。为 W 波段毫米波功率模块所研制的 W 波段脉冲行波管，器件工作中心频率为 94 吉赫，得到了大于 100 瓦的脉冲输出功率，工作带宽大于 4 吉赫，外形尺寸为 267 毫米×66 毫米×66 毫米，质量仅为 2.3 千克。中国电子科技集团公司第十二研究所也开展了 W 波段脉冲和连续波两种管型的研究。其中脉冲行波管在工作电压和电流分别为 22 千伏、180 毫安时,瞬时带宽达到 10 吉赫,脉冲输出功率大于 100 瓦,全频带小信号增益大于 40 分贝;工作比为 1%,流通率大于 96%。W 波段连续波行波管已经覆盖了 10 瓦、30 瓦、50 瓦等不同功率量级的产品。通过采用相速跳变的技术方案,大大提升了 W 波段折叠波导行波管的电子效率,图 6 为相速跳变 W 波段折叠波导行波管功率和增益测试曲线。图 7 为 W 波段行波管总效率曲线。

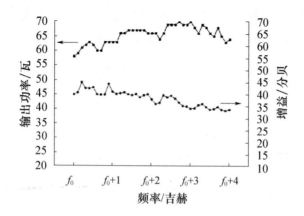

图 6   相速跳变 W 波段折叠波导行波管功率和增益测试曲线

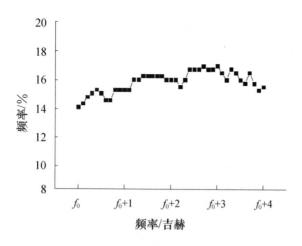

图 7   W 波段行波管总效率曲线

目前正在上述 W 波段 50 瓦连续波行波管的基础上进行 W 波段毫米波功率模块的研制工作。

三、集成真空电子器件

有源相控阵系统通过电扫的方式实现波束扫描，灵活、快速，可以形成多个独立的波束，具有多目标、多功能的特点，已经成为雷达发展的一个主流趋势。由于行波管相比于固态器件在功率、带宽、效率、散热等方面均具有较明显的优势，如能将行波管应用到有源相控阵系统上将在很大程度上提高现有有源相控阵雷达的性能。美国海军实验室在 X 波段（8～12 吉赫）研制出了横截面积只有 12.5 毫米×12.5 毫米的小型化行波管，带内输出功率为 84～93 瓦，效率为 35%，占空比为 20%，验证了行波管应用到有源相控阵系统的可行性。日本 NEC 公司等也研制出了有源相控阵系统应用的 X 波段 800 瓦脉冲小型化行波管，尺寸只有 20 毫米×20 毫米×195 毫米。

国外这些研究工作都是基于常规单个行波管在工程上的结构优化，均未有工作机理上的根本创新。为了能够进一步实现微型化、阵列化的行波管器件，中国电子科技集团公司第十二研究所在国际上首次提出了集成真空电子器件的概念。通过集成的方法使行波管进一步微型化和阵列化，满足相控阵天线对于末级功率放大器的尺寸要求。图 8 为集成行波管概念图。它的基本原理是多束独立的电子注在一个共用的永磁聚焦系统中传输。它们在各自的螺旋线内进行注波互作用。这种多路输入、多路输出的集成行波管共用同一电子枪、收集极，这样可以使它的结构更加紧凑。这种集成行波管在平均截面上可以减少 50%。

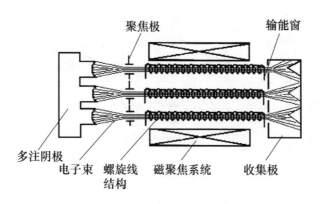

图 8　集成行波管概念图

　　中国电子科技集团第十二研究所提出了集成行波管的概念并完成了 Ku 波段三路集成行波管的实验验证。图 9 为该集成行波管与性能相似行波管结构对比，该集成行波管总的横截面积约为 289 毫米^2，平均每路所占用横截面积小于 100 毫米^2，约为常规行波管的 1/3。三路性能参数如图 10 所示，每路在 14～16 吉赫范围内得到了 90 瓦以上输出功率，电子注流通率大于 96%。

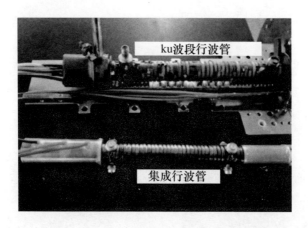

图 9　三路集成行波管与常规行波管对比

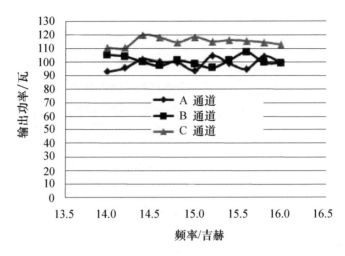

图 10　三路集成行波管测试功率曲线

　　为解决现有行波管侧向输能结构的缺点，实现快速插拔结构，正在开展轴向输能四路集成行波管的研制。利用 OPERA 软件仿真的 4 注电子光学系统，在周期永磁聚焦系统中可以得到很好的电子注流通。图 11、图 12 为 4 路集成行波管外形图以及剖面图。图 13 为初步设想的二维阵面布局结构，可以实现单元间距小于 15 毫米左右。

图 11　4 路轴向输出行波管外形结构

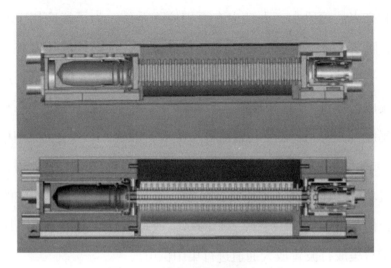

图 12　4 路集成行波管剖面图

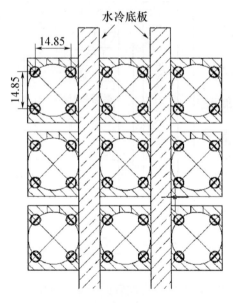

图 13　基于 4 路集成行波管的二维阵面布局

该结构集成行波管可以解决常规行波管体积尺寸过大无法应用于二维密集阵面的难题；能够极大地提升行波管的集成度和功率密度，非常适用于微波和毫米波频段中、大功率有源相控阵系统。为了能应用于有源相控阵系统，除了上述高流通率多注电子光学技术、轴向输能技术外，还需进一步解决一些关键技术：①集成行波管高效散热技术；②批量制造工艺技术；③集成行波管 TR 模块集成技术等。

在集成行波管的基础上可以构建全集成行波管 TR 模块，原理框图如图14 所示。该模块集成了功率分配网络、移相器、前级固态放大器、集成行波管末级功放、环行器以及开关、限幅器、低噪声放大器等构成的接收通道。一个模块可以包含一个或多个四路集成行波管，通过一路高压电源对模块中所有集成行波管放大通道进行集中供电。

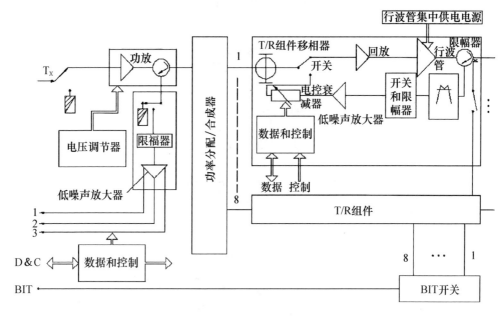

图14　基于集成行波管的全集成 TR 模块框图

四、太赫兹真空电子器件

太赫兹波由于具有频率高、宽带宽、波束窄等特点，使得其在雷达探测领域具有重大的应用潜力。频率高意味着具有较高的多普勒带宽，具有良好的多普勒分辨率，测速精度更高；由于太赫兹波对目标形状细节敏感，因而具有很好的反隐身功能；在相同天线孔径下，太赫兹波束更窄，具有极高的空间分辨率，跟踪精度高。另外，由于太赫兹波具有穿透云层、烟雾、沙尘实现复杂战场环境下的高分辨率和高帧率侦察，使得"视频合成孔径雷达"（ViSAR）有望取代现有的光学传感器实现准视频 SAR 成像。但上述相关太赫兹雷达的应用能否实用最为关键的是大功率太赫兹真空电子器件所能达到的性能参数。

根据缩尺原理，当工作频率进入到太赫兹频段时，传统机械加工能力已经很难满足真空电子器件结构尺寸和加工精度的要求。但随着 MEMS 微细加工工艺的引入，真空电子器件正在大功率太赫兹辐射源方面表现出巨大的潜力。与半导体微细加工工艺不同的是，真空电子器件结构的宽高比并不是非常大，但是绝对深度很深，这也导致真空电子器件所需要的微细加工工艺有着自己的特殊性和难点。常用的微加工技术有 X 射线光刻、电镀和铸造（LIGA）、紫外 LIGA（UVLIGA）和深反应离子离子蚀刻（DRIE）技术。相比 X 射线 LIGA 的昂贵以及长时间等待 X 射线设备的耗时，使用 SU - 8 和 KMPR 的 UV - LIGA 可在一到两周内完成，过程包括曝光、电铸、研磨和去胶等。利用硅晶片的 DRIE 是在体硅加工的结构上再镀上一层金属膜，构成金属波导，在结构成型方面更为容易控制，但存在散热特性差、薄膜容易脱落等问题。

根据不同工作原理，太赫兹真空电子器件主要分为振荡器和放大器。振荡器包括返波振荡器、正反馈振荡器、止带振荡器等，放大器主要包括行波管、扩展互作用速调管、回旋行波管等。

返波振荡器具有快速电调谐实现频率扫描的功能，是一种广泛使用的实用化真空电子器件类型。近年来，在太赫兹成像以及波谱方面得到了大量应用。返波管目前工作频率最高能够达到 1 太赫，连续波输出功率约 1 毫瓦。为了进一步提高功率，相继提出了利用倾斜电子注互作用的斜注管以及开放谐振腔互作用的奥罗管等新型返波管器件。目前，返波振荡器件所能达到的主要性能参数如图 15 所示。

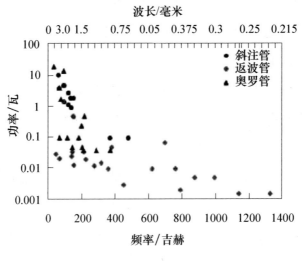

图 15 返波管性能参数

诺斯罗普·格鲁曼公司在 2008 年第一次利用折叠波导行波管实现了正反馈振荡器，在 656 吉赫处得到 50 毫瓦输出功率。利用折叠波导带边耦合阻抗高，较易发生止带振荡的特性，可能在单个频点得到较大的功率输出。有关文献利用 W 波段行波管的折叠波导电路研制了止带振荡器，在 124.4

吉赫附近得到了最大 32.5 瓦的输出功率。

得益于微细加工工艺的渐趋成熟以及太赫兹固态源的进步给测试带来的便利,太赫兹行波管的性能参数已取得了巨大的进步。

美国通过 HIFIVE 计划支持了 220 吉赫行波管的研制,目标是在 G 波段 10 吉赫带宽范围内实现 50 瓦功率输出。该器件正是应用于 DARPAR 资助的视频合成孔径雷达。诺斯罗普·格鲁曼公司在 2013 年成功研制出了 220 吉赫的折叠波导行波管功率放大器。它采用 5 个圆形电子注并行排列,各电子注独立通过 5 个折叠波导高频电路,输入信号经过金刚石输能窗分成 5 路,分别进入 5 路折叠波导高频电路进行互作用,最后将放大的信号在波导内进行合成。折叠波导高频电路采用深反应离子刻蚀微加工工艺进行加工。实验结果表明,微细加工所能达到的加工精度和表面粗糙度可以满足 220 吉赫行波管放大器的研制需求。该放大器采用 5 注并行排列的结构,主要目的是为了降低阴极发射电流密度,它采用 Semicon 公司的 M 型阴极,阴极发射电流密度达到 25 安/厘米^2。测试结果表明,最大输出功率在 214 吉赫处达到 55.5 瓦。但该 5 注高频电路采用的是 DRIE 加工工艺,由于硅片散热极差,所以只是在 0.1% 的占空比下进行了测试,最终该器件由于阴极热丝失效而损坏。

中国电子科技集团公司第十二研究所以及中国工程物理研究院都开展了 220 吉赫行波管的研究工作。中国工程物理研究院的样管工作电压为 14.6 千伏,工作电流为 9 毫安,最大输出功率达到 252 毫瓦。中国电子科技集团公司第十二研究所设计目标是工作电压为 22 千伏,设计电流为 50 毫安,输出功率为 10 瓦。目前,已经攻克折叠波导微细加工、强流细束电子光学系统、宽带输能窗等一系列关键技术,所研制样管测试系统如图 16 所示。

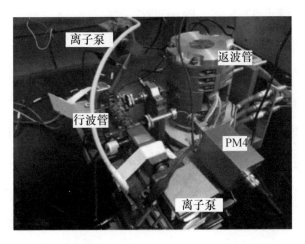

图 16　220 吉赫行波管测试系统

最新测试结果表明，电子注通过高频电流已经达到 53 毫安，流通率大于 75%。在 208 吉赫附近得到放大输出功率最大 5.6 瓦。在工作电压 24 千伏时，带内增益过大发生自激振荡，最大振荡功率达到 22 瓦，振荡频率 212 吉赫。目前正在针对测试结果进行相应的调整。

诺斯罗普·格鲁曼公司研制的 233 吉赫行波管在 2016 年取得较好的进展。该行波管外形结构如图 17 所示，精密加工折叠波导慢波结构如图 18 所示。该行波管通过永磁透镜对电子注进行聚焦。采用传统 Pierce 电子枪结构，工作电压为 20 千伏，电流为 110 毫安，电子注流通率达到 95% ~98%。行波管测试输出功率，在 2.4 吉赫带宽范围内输出功率大于 50 瓦。

太赫兹电子学计划（THz - E）支持了 0.85 太赫行波管放大器在 2015 年完成了样管研制。测试表明电子注流通率为 44%，在 0.85 太赫处得到 39.4 毫瓦功率，瞬时带宽 11 吉赫。不同阴极电压下输出功率曲线如图 19 所示。

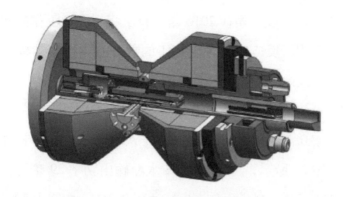

图 17　233 吉赫行波管外形结构

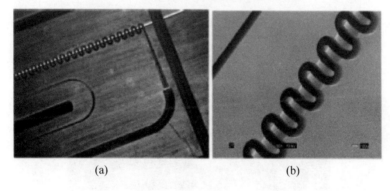

(a)　　　　　　　　　　(b)

图 18　精密加工折叠波导慢波结构

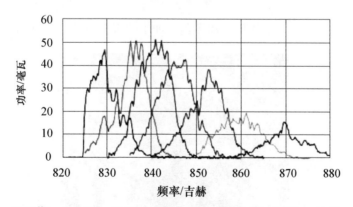

V_k(千伏)　—11.80 —11.70 —11.60 —11.50 —11.40 —11.30 —11.20

图 19　0.85 太赫行波管输出功率

诺斯罗普·格鲁曼公司在 2016 年还首次将行波管工作频率提高到 1 太赫。该行波管采用深反应离子刻蚀加工的折叠波导慢波结构，在表面电镀铜以降低太赫兹波的传输损耗，折叠波导电路如图 20 所示。利用 VDI 公司的倍频源作为行波管的激励，1.03 太赫行波管测试如图 21 所示。固态倍频源最大输出功率 0.7 毫瓦。工作电压 12 千伏时电子注流通率约为 57%。测试功率曲线如图 22 所示，可见在 1.03 太赫输出功率 29 毫瓦，在 0.642 太赫处最大为 259 毫瓦。最大工作占空比达到 0.3%，脉宽为 30 微秒。

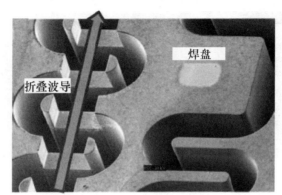

图 20 两步深反应离子刻蚀加工的折叠波导慢波结构

图 21 1.03 太赫行波管测试

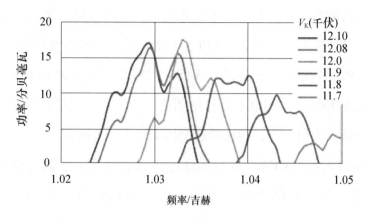

图 22　1.03 太赫行波管测试曲线

MEMS 微细加工工艺在真空电子器件领域的应用给真空电子器件的制造工艺以及性能参数带来了一个全新的变革。从现在已经取得的进展来看，真空电子器件的工作频率已经覆盖到 1 太赫以上，并且表现出了比其他光学和固态电子等器件大得多的功率输出潜力。为了进一步促进太赫兹波段各类应用研究的进步和实用化，真空电子器件将会进一步在性能上提升。

五、大功率真空电子器件

大功率是真空电子器件的一个重要特点。在雷达上应用的大功率真空电子器件主要包括大功率行波管、速调管、回旋行波管以及前向波放大器等。这些大功率器件一方面可以构成单独的发射机在雷达上应用，另一方面可以作为子阵式发射机在无源相控阵雷达上应用。相比于全固态的有源相控阵雷达，基于大功率真空电子器件的无源相控阵雷达具有结构简单、使用方便、成本低的优势。

大功率行波管一般具有上百千瓦的功率，存在散热、聚焦、振荡抑制、打火等一系列技术难题。以美国 CPI 公司为代表的国外企业在各微波频段都有大功率行波管的产品。S 波段以 VTS－5753 为代表，峰值功率为 170 千瓦，工作比为 16%。中国电子科技集团公司第十二研究所在 X 波段大功率行波管方面做了大量工作，曾成功研制出 120 千瓦行波管。

前向波放大器（CFA）具有工作电压低、效率高、瞬时带宽较宽等优点，广泛应用于各种多功能无源相控阵雷达系统。例如，美国"宙斯盾""爱国者"导弹系统中应用的 AN/SPY－1 无源相控阵雷达等，其发射单元含有两组各 32 个 SFD－261 前向波放大器，输出功率为 125 千瓦。中国电子科技集团公司第十二研究所在大功率前向波放大管方面具有丰富的研制经验，开发出 S 波段脉冲 250 千瓦、平均功率 20 千瓦前向波放大管。

速调管作为一种大功率真空电子器件，在大型科学装置、广播通信系统、导航雷达、气象雷达、深空探测雷达等方面都有着重要的应用。

回旋行波管是另外一种大功率器件，在毫米波频段能得到峰值功率百千瓦量级。美国海军实验室研发成功的回旋速调放大器，它的平均功率为 10 千瓦，是 W 波段（56～100 吉赫）放大器的最高纪录。现正使用于该所装设的 W 波段先进（WARLOC）雷达站。为了探测深空的宇宙碎片，除了需要高功率及高频率之外，还要宽频带（回旋行波放大器则可提供足够频宽）。由美国所研发的回旋行波放大器，其频宽达 8.6%。中国电子科技集团公司第十二研究所研制的 W 波段回旋行波管得到了最大饱和输出功率 110 千瓦，6 吉赫带宽范围内功率大于 60 千瓦，整管外形如图 23 所示。

图 23　W 波段回旋行波管

六、高功率真空电子器件

随着装备信息系统朝一体化、集成化、多功能的方向发展，具有侦察能力的雷达系统和具有电磁打击能力的高功率系统将会更紧密的结合，这给高功率真空电子器件的应用带来了新的机遇。传统的高功率微波是指功率超过 100 兆瓦、频率为 1～300 吉赫的电磁波，主要用于高功率微波武器、超级干扰机、高功率雷达等。这些高功率真空电子器件大致可以分为两类：一类是相对论器件，如相对论速调管、相对论磁控管、相对论返波管、磁绝缘线振荡器等；另一类是非相对论器件，如回旋振荡管、虚阴极振荡器、多波切伦科夫振荡器等。

相对论磁控管可以较为容易地获得吉瓦量级的输出功率和千赫量级的重复频率。俄罗斯托姆斯克研究所最高得到了 10 吉瓦输出功率。电子科技大学在 2.65 吉赫处得到 0.43 吉瓦输出功率，中国电子科技集团公司第十二研究所也开展了相对论磁控管的关键技术研究。相对论返波管也是一种重要的器件类型，国防科学技术大学和西北核技术研究所进行了大量的研究工作，分别最大得到了 1.05 吉瓦和 2.5 吉瓦的输出功率。磁绝缘线振荡器（MILO）是一种典型的吉瓦级低阻抗的高功率微波器件，也有可能是美国高功率微波导弹所使用的器件类型。它利用高功率传输线的自磁场使阴极发射的电子不能直接越过间隙，它的一个实用特点是不需要外加磁场，这样就省去了相关的线圈电源和冷却系统，使得该器件可以做的比较紧凑，具有较强的实用性。

七、总结及展望

本文针对雷达应用的新型真空电子器件的现状和发展进行了阐述，介绍了相关器件的最新研究进展。随着设计仿真能力的加强、新型材料的出现以及加工制造技术的不断进步，真空电子器件性能不断提升，新型器件不断涌现，将会在未来新型雷达应用领域发挥重要作用。

真空电子器件主要发展趋势可以概括为四点：①微波毫米波中小功率行波管器件将不断朝微型化、集成阵列化、模块化方向发展，以适应无人机平台雷达以及有源相控阵雷达的发展需求；②MEMS 微细加工工艺的全面引入将使得真空电子器件完全改变传统的加工制造工艺，使得器件工作频率进入到太赫兹频段，现有器件最高已经达到 1 太赫，可以为太赫兹雷达提供大功率辐射源；③大功率真空电子器件性能进一步提升，为低成本无源相控阵雷达的发展提供了器件支撑，工作频率已经进入到 W 波段，为远距离成像雷达和宇宙碎片探测雷达奠定了器件基础；④高功率真空电子器件的研究将会继续加强，固态和真空器件相互补充，有望在察打一体化雷达应用中发挥重要作用。

真空电子技术在雷达探测技术发展的历史上曾经发挥了重要作用，随着专业技术本身的持续进步并不断与固态电子和光电子进一步融合，将会有更多新型器件和新型应用场景出现。我们应该重视真空电子技术的专业发展，保持软、硬件的持续投入，特别是加强专业技术人才的培养和保留。

（北京真空电子技术研究所微波电真空器件国家级重点实验室

胡银富　冯进军）

国外太阳电池发展研究

太阳电池是利用半导体的光伏效应将光能转换成电能的装置。自 20 世纪 80 年代以来，随着太阳电池技术的不断进步，太阳能产业得到了迅速发展。全球光伏电池的生产以每年 30% ~ 40% 的速度快速递增，是比 IT 发展更快的产业。尽管目前世界光伏发电累积装机容量不到世界电力装机总容量的千分之一，但是作为一种可再生的清洁能源，专家预测，2030 年太阳能光伏发电在世界总电力供应中的占比也将达到 10% 以上，21 世纪末这一比例将达到 60% 以上。未来，太阳能有望超过核电成为世界能源供应的主体，占据能源领域的重要战略地位。

一、太阳电池的分类

太阳电池的发展主要经历了晶体硅太阳电池、薄膜太阳电池和新型太阳电池三个发展阶段。其中：晶体硅太阳电池技术成熟、转换效率高、稳定性好；薄膜太阳电池发展迅速，已实现商业化生产；新型太阳电池具有高效、绿色、长寿命和低成本等特点，如何提高效率以及稳定性是研究重点所在。

目前，太阳电池分类方式多种多样：按照结构不同可分为同质结太阳电池、异质结太阳电池、肖特基太阳电池、多结太阳电池、液结太阳电池（光化学太阳电池）；按照厚度不同，可分为块状太阳电池和薄膜太阳电池；按照吸收层材料的不同可分为无机太阳电池和有机太阳电池（图1）。其中，按照吸收层材料的不同进行分类是最常见的分类方式。

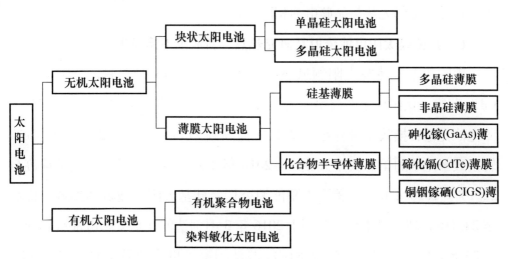

图1　按照吸收层材料的不同太阳电池的分类

二、国外太阳电池主要进展

当前，无机太阳电池依旧是生产和研究的重点，其中无机块状太阳电池占据国际太阳电池市场绝对地位，市场占有量为95%。随着技术的不断进步，无机薄膜太阳电池凭借成本优势及较高的效率受到人们的关注，

CdTe 因其高效率①、更长的使用寿命和低生产成本，在 2014 年占据了薄膜太阳电池市场的主要份额。但未来相当长的时间内，凭借成熟的制造工艺和良好的市场接受程度，晶硅电池的市场主导地位不会发生根本性变化。尽管薄膜太阳电池和有机太阳电池均已取得许多重大技术突破，如 CIGS 薄膜太阳电池、GaAs 薄膜太阳电池、染料敏化太阳电池等已经实现商业化，但大多数这类太阳电池仍处于实验室研制阶段，其技术水平、效率水平和市场接受程度仍无法与晶硅电池相比。

（一）薄膜太阳电池依旧是研究热点，新成果不断涌现

美国在无机薄膜太阳领域不断取得突破。2015 年 2 月，美国最大的 CdTe 薄膜光伏组件制造商第一太阳公司使用商业规模制程和材料将 CdTe 太阳电池光电转换效率世界纪录从 21% 提高到 21.5%，这是 2011 年始 CdTe 转换效率纪录的第 8 次重大更新。2016 年 2 月，该公司又将该纪录提高到 22.1%。2016 年 6 月，美国太阳能源公司将硅基太阳电池板转换效率提高至 24.1%，超过日本松下公司于 2016 年 3 月创造的硅基太阳电池板转换效率 23.8% 的最高纪录，获得美国能源部国家可再生能源实验室（NREL）认证。

日本在铜铟硒（CIS）薄膜太阳电池领域遥遥领先。2015 年 12 月，日本太阳能前沿公司与日本新能源产业技术综合开发机构合作，获得 CIS 薄膜太阳电池转换效率 22.3% 的新纪录。这是 CIS 电池首次超越 22%②的转换效率，该公司的长期目标是实现转换效率超过 30%。

欧洲取得 CIGS 以及 GaAs 薄膜太阳电池研究及生产的新成果。近年来，

① 目前，CdTe 薄膜太阳电池的转换效率为 16% ~ 18%，而非晶硅太阳电池为 8% ~ 10%。
② 22% 是其他薄膜或多晶硅电池技术尚未超越的极限。

CIGS 薄膜太阳电池的性能得到显著改进，塑料薄膜基板 CIGS 太阳电池转换效率达 20.4%，几乎与多晶硅太阳电池性能相提并论。2014 年，德国太阳能和氢能研究中心研发的玻璃基板 CIGS 薄膜电池创造了 21.7% 的效率纪录。2015 年 4 月，德国曼兹自动化科技公司批量生产 CIGS 薄膜电池模块的转换效率达到 16% 的新纪录。2015 年 6 月，欧盟推出研究项目 "Sharc25"，目的是使薄膜太阳电池（采用 CIGS 共蒸发制备）转换效率从现有最高纪录 21.7% 升高到 25%。2015 年 3 月，瑞典索尔伏打公司推出转换效率达 15.3% 的 GaAs 纳米线阵列太阳电池，这是目前 III - V 族纳米线阵列结构太阳电池转换效率的最高纪录。该技术解决了生长太阳电池纳米线的瓶颈，可提高电池生产效率，降低生产成本，而将该电池技术与硅电池集成，有望使光电转换效率跃升到 27% 甚至更高。

（二）多种新型多结太阳电池问世

2016 年 1 月，美国能源部国家可再生能源实验室与瑞士电子与微技术中心（CSEM）联合开发出双结 III - V 族/硅太阳电池，转换效率达到 29.8%（光照条件为 1 个太阳强度），超过了晶体硅太阳电池 29.4% 的理论极限。该太阳电池上层采用磷化铟镓（GaInP）太阳电池，下层采用硅异质结（SHJ）电池，利用机械堆叠方法构成双结太阳电池，转换效率有望突破 30%。2016 年 4 月，美国阿尔塔设备公司在单结 GaAs 薄膜太阳电池技术基础上，添加 InGaP 薄膜结构，组成双结太阳电池。由于 InGaP 能更高效的使用短波长光子，双结电池效率提高至 31.6%。这种双结薄膜太阳电池只需要普通薄膜太阳电池表面积的 1/2，重量的 1/4 便可提供同等电力，特别适用于无人机。

（三）新材料、新结构的新型电池发展迅速

美国在有机太阳电池领域取得新成果。2016 年 3 月，美国麻省理工学院利用邻苯二甲酸二丁酯（DBP）与聚对二甲苯（帕里纶）开发出一种超轻、超薄的柔性太阳电池，厚度仅为 2 微米，相当于人类头发直径的 1/50，是传统太阳电池的 1/1000，能附着在许多物体之上。这项技术的领先之处在于，在室温下的真空室中通过气相沉积技术便可完成所有部件的制造，不用任何溶剂。由于不需要其他工序，就减少了电子元件暴露在灰尘和其他污染物中的概率，保证了产品的质量和性能，也为大规模生产提供了可能。2016 年 5 月，美国加州大学圣巴巴拉分校的研究人员通过在一种小分子有机太阳电池的活性层和电极之间调节活性层的厚度并嵌入一个氧化锌光学间隔，使小分子有机太阳电池的效率获得 50% 的增长，由 6.02% 提高至 8.94%。

欧洲在钙钛矿太阳电池领域取得多项新成果。2015 年 11 月，瑞士洛桑理工学院科学家开发太阳面板材料钙钛矿。该材料可以将可见光、X 射线甚至 γ 射线光子及空间辐射转换成电能。这种技术在深空探索、处理核电站废料领域具有巨大潜力，影响深远。2016 年 6 月，瑞士洛桑联邦理工学院（EPFL）将涂布工艺与简易真空工艺结合，得到高品质钙钛矿晶体，成功试制单元尺寸为 SD 卡大小的钙钛矿太阳电池，转换效率超过 20%。此前，钙钛矿太阳电池的转换效率最高为 22.1%，由韩国化学研究所（KRICT）与韩国蔚山科技大学（UNIST）联合开发，但面积仅有 0.1 厘米^2。洛桑联邦理工学院首次以较大单元尺寸（SD 卡大小）突破 20% 的单元转换效率，将其与现有硅基太阳电池串联，有望将转换效率突破 30%，理论极限为 44%。

2016 年 7 月，英国剑桥大学科学家发现了一组非常有前景的混合铅卤化物钙钛矿材料，可以循环利用光子。太阳电池通过吸收太阳光子后产生电荷，而电荷复合时又能产生光子。采用新型钙钛矿材料的太阳电池能够吸收这些再生光子，即光子循环过程，因此能够相对容易地使太阳电池突破当前太阳电池的能源效率极限。这一新发现开启了高效太阳电池之门，一旦能够便宜又简单地制造这种材料，钙钛矿太阳电池将会与目前太阳板硅片的效率几乎一样，使新一代高效能太阳电池变为现实。

2016 年 9 月，德国太阳能与氢能研究中心、德国卡尔斯鲁厄理工学院及比利时微电子研究中心（IMEC）联合研制出钙钛矿/GIGS 薄膜太阳能光伏组件，转换效率达 17.8%，刷新了世界纪录，并有望在未来几年超过 25%。这项技术结合了钙钛矿及 GIGS 这两项十分先进的薄膜技术优势，将为人们提供低成本太阳能电力。

三、太阳电池的应用前景

太阳电池作为电源在光伏电站、边远地区的军民生活用电、太阳能汽车、各种交通指示照明、各种小型电池充电设备、卫星及航天器供电、太阳能无人值守微波中继站等多个领域已实现推广应用。此外，太阳电池在太阳能飞机、通信中继、空间太阳能电站、太阳能推进器、太阳能自主水下航行器等军用、民用领域也都具有广阔的应用前景，目前也正在积极的研发过程中。

（一）太阳能飞机

太阳能飞机无需携带燃料，可采用高强度、轻质复合材料，续航时间长、飞行高度高，具备其他空中平台无法比拟的优势。与常规动力无人机相比，太阳能飞机留空时间成倍增加；与高空飞艇相比，其机动性优势更加明显，可快速飞抵战争发生的所在地区进行侦察。此外，太阳能无人机可不依靠国外基地就能进行长期、长时间全球监视，在弹道导弹预警、高空侦察监视方面优势显著。从 20 世纪 80 年代开始，以美国为首的多个国家就不断研究太阳能飞机。2016 年 7 月 6 日，由瑞士阳光动力公司研制的太阳能飞机"阳光动力 2 号"成功完成了历时 15 个月不费任何燃料围绕地球飞行一周的壮举，是人类航空史上的里程碑。但鉴于目前单晶硅太阳电池的转换效率还没有实现量级的突破，太阳能飞机需要较大面积的太阳电池以满足能量需求，因此无法实现真正意义的载人飞行。目前，太阳能飞机还处于试验阶段。

（二）通信中继

长时间留空的太阳能无人机作为能够弥补陆基和天基通信网络的不足，为构建立体通信网络提供了新的途径。与地面通信相比，空基通信作用距离远、覆盖范围大。与卫星通信相比，无线电波往返距离缩短、衰减少，对地面终端所需功率的要求也很小，有利于实现设备的小型化、宽带化。2014 年 5 月，世界最大的社交网络公司脸书收购了美国高空无人机（无人机）制造商泰坦航空公司，将泰坦航空公司生产的太阳电池供电无人机作为空中基站，为全球尚未有可靠互联网接入的 50 亿人提供互联网连接。2016 年 2 月，谷歌公司在新墨西哥的一个太空港 15000 英尺（1 英尺 = 0.3048 米）吊架空间上飞行无人机，对其秘密执行多年的"天空盛宴"（Skybender）项目进行了测试，测试其毫米波无线电传输技术。

（三）空间太阳能电站

空间太阳能电站（SPS）是利用太阳电池帆板在太空中将太阳能转化为电能，再通过无线能量传输方式将电能传输到地面的电力系统。SPS 可不受昼夜和气候的影响，连续工作，能量利用率高，且不需要大量的储能电池，是一种前景广阔的可再生能源系统，受到各发达国家重视。美国在 SPS 领域投入资金最多，2012 年 NASA 创新概念项目提出了"任意相控阵空间太阳能电站"（SPS–ALPHA）概念，其核心是采用模块化设计方案，降低电站的技术难度和研制成本，并提出了无需控制的聚光系统概念，减小控制系统压力，降低了建设空间太阳能电站的难度。日本宇宙航天开发机构（JAXA）自 2003 年提出了"促进空间太阳能利用"计划，并制定了为期 25 年的 SPS 发展路线图，是第一个将 SPS 正式列为国家航天计划的国家，并于 2013 年将空间太阳能发电研究项目列入七大重点发展领域。2015 年 7 月，借助精确定向的微波，JAXA 实现了 500 米、10 千瓦的长距离无线功率精确传输，克服了最困难的环节。JAXA 计划在 2018 年实现该技术的太空测试，即用一个小卫星在地球低轨道向地面的微波接收器发送几个千瓦的能量，并希望在 2021 年实现 100 千瓦的传输，2028 年实现 200 兆瓦传输，2031 年实现 1 吉瓦的商用示范性空间太阳能电站的正常运行，2037 年后以每年一个电站的速度开启整个太空发电工业。

（四）太阳能推进器

太阳能推进器是使用太阳能以节省推进剂的一种新型航天器推进器。利用一个大直径抛物面反光镜将太阳光反射到一个次级聚能器上，将太阳能提高 1 万倍，从而将液氢推进器迅速汽化，推动航天器飞行。当航天器抵达目的地后，该推进器还可为航天器提供高达 100 千瓦的电力。此外，这种新型装置还可用于将侦察、通信卫星推送至新位置，将废弃的卫星、飞船推送至销毁轨道，甚至让敌方卫星失效退役。美国在该领域的研究一直处于领先地位，早在 1998 年，波音公司就获得美军合同，开始研究太阳能推进器。目前，美国在该领域的研究已经到达整机样机阶段①。

（工业和信息化部电子第一研究所　张慧）

---

① 20 世纪 90 年代中期，NASA 制定了冥王星探测器计划，其动力系统拟采用太阳能推进器。2015 年，"新野号"探测器到达冥王星，但由于距离太阳太远无法使用通常的太阳能电池板供电。

美国开启芯片硬件木马植入新途径

2016 年 6 月，在 DARPA 和国家科学基金会支持下，美国密歇根大学首次在开源 OR1200 处理器制造过程中植入模拟恶意电路（硬件木马），通过远程控制实施攻击。这项技术使芯片潜在安全风险来源从设计阶段延伸至制造阶段，给芯片安全带来新的挑战。

一、硬件木马可带来重大隐患

硬件木马是一种植入电子系统的恶意电路模块，通过改变系统功能以达到监控、直至打击对手或潜在对手的目的。对系统而言它本身是冗余的，与电子系统的正常功能无关，或者可以说是完全不应该存在，它存在的全部目的都是恶意的。硬件木马极为隐蔽难以发现，只在特定时机才被以特定的方法激活，而在未激活的情况下系统表现正常，但是硬件木马一旦激活其危害极为巨大。潜在的硬件木马植入者很可能是具有完备能力的外国政府或情报机构，使得硬件木马攻击的对象一般都会是针对目标国的国家安全与国计民生的重要部门和领域，也就使得其危害尤其严重。

硬件木马对系统功能恶意改变一般会有三种目的：①破坏系统功能，使系统在关键时刻不能正常工作，如改变计算结果、使集成电路速度变慢、功耗增加直至完全失效等，从而造成被攻击方的巨大损失；②窃取保密数据，发布至低密级的区域或者传送给潜在对手，从而使被攻击方在战略层面受到对手的监控；③系统预留后门，使硬件木马的植入者可以在需要时取得系统的控制权，如超级用户权限，使整个系统暴露在敌对方的绝对控制之下。

不管是哪一种恶意情况，其后果都极其严重。因为硬件木马一旦植入系统，就无法像对软件木马一样查杀继而得到一个健康的系统，而是不得不通过重新设计、更换硬件将木马从系统中清除。这样就必然需要更长的时间和更大的成本，其后果都很可能是不可承受的。因此，对于硬件木马一定要以防为主，杜绝其植入硬件系统或使其无法激活。

硬件木马攻击可能出于战术或战略目的：战术攻击包括使战场上的所有武器及其辅助系统失灵，如雷达致盲、导弹偏离、飞机或坦克火控系统失效等；战略攻击则可能包含更广阔的范围，如使整个社会交通瘫痪、通信中断、金融系统崩溃等。据 IEEE 网站报道，2007 年 9 月 6 日，以色列空军 F－16 战斗机之所以能够成功突破叙利亚部署的俄罗斯"道尔"－M1 防空系统，深入叙利亚纵深，摧毁叙利亚南部的一座神秘建筑物，就是因为以色列在俄制三坐标搜索雷达使用的微处理器中安装了恶意电路，在作战期间，这个处理器关闭了三坐标搜索雷达。此外，硬件木马的性质决定了其攻击极其隐蔽，一旦发动则破坏在短时间内修复几乎不可能，这就使其危害远超一般武器。

二、硬件木马植入途径众多

目前，集成电路产业链的上游被美国、日本和欧洲等国家和地区占据，设计、生产和装备等核心技术大部分都由其掌握。集成电路最重要生产过程包括：开发电子设计自动化（EDA）工具，应用 EDA 进行集成电路设计，根据设计结果在硅圆片上加工芯片，对加工完毕的芯片进行测试，为芯片进行封装，最后经过应用开发将其装备到整机系统上。由于技术的进步，以 CAD、ATE 为基础的硅编译技术，使得系统设计实现了自动化，即使不熟悉集成电路工艺的设计者也可方便地利用计算机高级语言进行功能描述或结构描述，完成专用集成电路（ASIC）的设计、分析及验证。电子系统高度集成化导致更多的专用集成电路应用，也使更多的人参与集成电路的设计。由于半导体制造需要巨额的投资，致使集成电路进口或代工方式日益普遍，以降低成本，这就增加了硬件木马植入集成电路的机会。

集成电路有可能植入硬件木马的环节包括：①集成电路的规模越来越大，要依赖于较大团队来设计，团队越大则混有不可靠甚至敌对方渗入人员的可能可性越大，设计团队中有不可靠的设计人员故意植入恶意代码，这种情况很难被发现，只能通过人员的筛选来避免；②使用 EDA 工具成为设计集成电路的必要手段，不可靠的综合工具和综合库对综合结果植入恶意结构（网表直至 GDSII 文件）。现代集成电路的设计不可能离开 EDA 工具，而且对 EDA 工具的输出结果很难彻底检测，因此选择可靠的 EDA 工具成为唯一办法；③由于集成电路功能越来越复杂，很多时候采用设计和购买 IP 相结合的方式，不可靠的硬件 IP 也可能包含恶意电路或额外结构，采用自有 IP 就可以解决这一问题；④不可靠的掩模生产商在掩模中植入恶意电路或者额外结构；⑤不可靠的代工厂在制造和封装过程中植入恶意电路或者额外结构。

总之，集成电路设计制造环节越多，所需的工具和合作方越多，则被植入硬件木马的可能性越大，植入途径也就越多。2008 年，欧洲芯片制造商研制出微处理器硬件木马。法国军火商已在装备中使用该微处理器，一旦其落入敌方，可远程启动硬件木马，瘫痪电路。2008—2010 年，在美国国家科学基金会和海军研究实验室资助下，伊利诺伊大学对在芯片设计阶段通过修改代码或者 IP 核两种方式植入硬件木马电路的可能性进行了研究。

三、对于芯片制造阶段植入的硬件木马尚无法防御

以往所知的硬件木马都是在芯片设计阶段植入的。2016 年，密歇根大学在不改变芯片电路设计情况下，在芯片制造阶段，通过改变掩模版的方式植入硬件木马。研究人员在开源 OR1200 处理器上进行了硬件木马植入和攻击试验。该硬件木马为模拟电路模块，占该处理器面积不到 0.08%，由触发电路和攻击电路两部分组成。芯片工作时，攻击者通过网络远程向硬件木马发布特定指令，使触发电路中的电容通过感应临近电路的泄漏电流进行充电，当电容电荷累积到预定阈值时，触发逻辑门电路发生翻转，启动攻击电路，完全控制芯片，达到攻击依赖于该芯片的计算机系统的目的。试验表明，利用所植入的硬件木马实施远程控制攻击是有效的，且在 $-25 \sim 100\text{℃}$ 范围内均能触发攻击，达到了预想的效果。

该硬件木马主要有四个特点：

（1）结构小巧。其尺寸比传统数字电路构成的硬件木马缩小 2 个数量级，仅占微处理器总电路门数的十万分之一。

（2）难以检测。硬件木马激活后，对整个芯片的功耗、温度、延时等参数几乎没有变化，现有测试技术无法检测出来。

（3）易于实现。集成电路生产线或代工厂的工程师通过分析目标芯片设计文件，借助计算机仿真工具，就能找到芯片版图中符合要求的空隙，植入硬件木马版图，在流片时实现其在芯片中的植入，无需改变任何制造工艺。

（4）危害极大。该硬件木马可获取处理器的最高控制权限，进而获取系统的最高控制权限，对系统"任意妄为"，如操控计算机、关闭雷达或使制导出现偏差等。从技术上讲，目前该硬件木马可攻击武器装备和基础设施等各个领域。

最让人担心的是，在现有技术条件下，对芯片制造阶段植入的硬件木马尚无可靠的检测办法。实际上，对于采用22纳米及22纳米以下工艺生产的集成电路，几乎不可能发现其中的恶意电路。也就是说，将这样一块芯片内部可能安放的所有"后门"都检测出来几乎是不可能的。

四、结论

密歇根大学开发和验证的这项技术，标志着通过第三方代工厂（制版）的新攻击入口已经打开，将给信息安全带来新的挑战。这种硬件木马植入和攻击方式可广泛应用于各种集成电路，是信息系统安全必须防范的新威胁。这种硬件木马可隐藏在芯片中的任何狭小空隙处，对集成电路安全检测提出新的挑战。此外，在制造过程中植入硬件木马，使芯片潜在安全风险来源从设计阶段延伸至制造阶段，颠覆了既有安全防范措施的有效性，使代工制造面临新的安全风险。

（工业和信息化部电子第一研究所　李耐和）

DARPA 构建反伪冒电子元器件技术体系

2016 年 9 月 20 日，美国国防高级研究计划局微系统技术办公室（MTO）为征集项目建议，在"提案者日"会议上向与会的企业和大学代表介绍了电磁频谱、全球化和发展下一代传感器是其当前阶段的三大重点发展领域。MTO 在全球化领域包含了安全、利用与加速三大主题——该办公室将在确保电子元器件安全的基础上，充分利用全球化对半导体技术发展的推动作用，加速集成电路开发进程。这意味着 DARPA 对电子元器件的安全问题给予了高度重视。

一、发展背景

电子元器件是信息化武器装备的核心和基础。然而，随着产业链的日益全球化，电子元器件的全套工艺环节已经分布在全球各地。电子元器件在最终装配之前，平均需要在全球经过 15 次转手，每个环节都可能引入安全问题。例如，电子元器件在设计环节可能被植入恶意电路、在制造环节可能被蓄意篡改、在回收环节可能被伪冒替代，甚至在知识产权被窃取之后，可能被复制，再有目的地加入恶意功能。这些情况都能对武器装备功能的可靠发挥产生致命影响。由于美军绝大多数电子元器件均在美国境外生产，而美国军用电子元器件年产量仅占全球年产量的1%，美国军方因此对境外电子元器件生产的政治和经济影响力都极为有限，美国境外电子元器件产业链实际上处于不可控状态。美国国防部对此极为忧虑，迫切希望发展先进技术，阻止伪冒电子元器件进入武器装备供应链。

二、主要内涵

美国国防部在国防指令4140.67"国防部反伪冒政策"中指出：伪冒电子元器件，是指来自于未经授权的制造商与分销商，却被描述成合法授权来源的电子元器件；被篡改电子元器件，是指被潜在敌国以不易察觉的方式改变了原有电路设计的电子元器件。但值得注意的是，山寨厂商伪冒电子元器件是为了获得暴利，间谍对电路进行恶意篡改是为了制造破坏。尽管两者目标不同，但在实施方式和最终效果上却殊途同归，都会由于人为干预而导致电子元器件功能失效。事实上，DARPA体系化构建反伪冒电子元器件技术的过程中，并未局限于4140.67国防指令的界定，而是着眼于同时防范伪冒和篡改两类电子元器件。

对于我国而言，不仅需要应对山寨厂商推出的伪冒电子元器件，而且由于对美国高端芯片存在依赖，尤其需要防范美国嵌入了恶意电路并以正品形式出现的被篡改芯片。为了全面汲取美国的相关经验，下面论述的"反伪冒电子元器件技术"，将依循DARPA的实际做法，涵盖美国在反伪冒和防篡改两方面的内容。

三、技术体系

DARPA 近年来启动了多项反伪冒电子元器件技术研究项目，目前已经在鉴定伪冒电子元器件、检测恶意电路、防范以逆向工程窃取知识产权等方面初步形成了涵盖反伪冒关键环节的技术体系。

（一）伪冒电子元器件鉴定技术

2015 年 1 月，美国国防高级研究计划局启动"国防电子供应链硬件完整性"（SHIELD）项目。该项目将开发以微型管芯为核心的批量自动化鉴别伪冒电子元器件的技术，实现低成本、大批量、无损筛查供应链中伪冒电子元器件的能力。

该项目的主要目标是利用技术手段防止伪冒电子元器件进入国防装备供应链，并防止违规过量生产军用电子元器件或重新封装移作他用等活动。

该项目的技术核心是具备自动识别能力的"微型管芯"。其成本不到 1 美分，面积仅 0.01 毫米^2，由加密引擎、密钥存储器和被动式 X 射线、可见光以及高温传感器等组成，具有抗逆向工程、遇篡改自毁等特性，能使伪冒成本大幅增加且技术上难以实现。

"微型管芯"以电气绝缘方式嵌入到被保护的宿主元器件中，与宿主元器件互不影响，但对伪冒活动却极为敏感。当用探针扫描宿主元器件时，"微型管芯"通过射频电波获得能量并与探针通信，探针通过连接的智能手机向厂商服务器上传"微型管芯"序列号，随后将服务器随机生成的查问新型传给"微型管芯"；"微型管芯"再将应答信息和传感器状态数据以加密形式传回服务器，服务器将应答信息解密并与原始查问信息对比，验证

"微型管芯"本身的完整性，再根据解密后的传感器状态数据判断宿主元器件是否被伪冒；最后以非密方式将鉴定结果发回智能手机。

SHIELD 项目将从 2015 年 1 月执行到 2018 年 12 月，分三个阶段完成：第一阶段将确定实现"微型管芯"所需的材料、结构与器件；第二阶段将完成"微型管芯"的设计与集成；第三阶段将开发并运用包括射频探针、网络、服务器以及手持设备等在内的一整套示范性供应链伪冒电子元器件鉴定方案。

随着产业链的全球化，军用电子元器件在制造环节被恶意篡改、在供应链流通环节被伪冒替代等不可控风险日益凸显。SHIELD 项目若能成功实施，将大幅降低伪冒电子元器件混入美军装备供应链的风险，使美军发展可信、可靠的信息化武器装备。

（二）恶意电路无损检测技术

2014 年 10 月，美国国防高级研究计划局的"集成电路完整性与可靠性"（IRIS）项目取得阶段性研究成果，研制出用于检测被篡改集成电路的先进扫描光学显微镜（ASOM）。该显微镜借助红外激光束对集成电路进行扫描，能够在不损害芯片的情况下揭示内部的纳米级构造和晶体管级电路结构。

DARPA 于 2011 年正式启动 IRIS 项目，该项目为期 3 年，截至 2014 年 10 月，共投资 7200 万美元。IRIS 项目的目标是发展集成电路无损检测和功能判别技术，以便能够明确判断集成电路是否经过恶意修改，或根据其物理状态预估使用寿命，增强对军用集成电路可靠性的控制能力。

IRIS 项目是 DARPA 于 2007 年设立的"可信集成电路"（TRUST）项目的后继项目。TRUST 项目是在拥有集成电路完整设计资料的情况下，利用 X 射线等成像技术进行探测对比，发现被篡改之处。IRIS 项目则与之不同，该项目是在缺乏完整设计资料的情况下，通过对芯片进行逆向工程，找出对芯片所做的修改和调整。

IRIS 项目包含 4 个研究方向：①对数字集成电路进行无损探测和功能分析；②对混合集成电路进行无损探测和功能分析；③对由硬件描述语言构成的软 IP 核及由现场可编程门阵列构成的硬 IP 核进行功能分析；④对硅数字集成电路和模拟集成电路进行可靠性分析。该项目所发展的成像技术和器件识别技术将达到 45 纳米工艺水平。

2013 年底，该项目已经分别开发出数字和混合集成电路实验样品，演示了自动识别元器件并建立连接网表文件的能力，实现了对 45 纳米被篡改数字集成电路和混合集成电路的电路提取，分析了数字集成电路和第三方 IP 核的电路功能，评估了简化尺寸被篡改集成电路样品的可靠性。

2014 年 10 月由美国斯坦福国际研究院研制出的先进扫描光学显微镜，是 IRIS 项目开发的无损检测仪器。该仪器不但有助于 IRIS 项目最终形成无损成像、电路提取和功能导出的完整方法，其性能优劣也事关整个可靠性分析过程的准确度、功能性和效率，关系到项目能否达到预期目的。为尽可能提高性能，该显微镜已被送往美国海军水面战中心，将在该中心对被篡改集成电路的鉴定分析过程中做进一步优化。

（三）防篡改技术

2013 年 12 月至 2014 年 4 月，DARPA 斥资 1932 万美元，就"程控消失的资源"（VAPR）项目陆续同霍尼韦尔公司、斯坦福国际研究所、BAE 公司、IBM 公司和施乐公司帕克研究中心等签署合同，发展在程序或条件控制下可自行分解电子元器件技术研究，并将该类器件称为瞬态电子元器件。

美国作为电子元器件技术领域的领先国家，一直担心其先进的元器件技术会因遗弃在战场的武器装备被敌方拾获，对内部先进集成电路进行逆向仿制，导致先进技术泄露，缩小与美国的军事优势。为此，DARPA 于 2013 年底正式启动 VAPR 项目的研究。

VAPR 项目预计 36～48 个月，将研究与瞬态电子元器件相关的概念、技术与能力，包括材料研制、器件设计、集成方式、封装形式和制造工艺等。DARPA 希望研制出的瞬态电子元器件具有与商用器件相近的性能，但只有有限的物理寿命，并可在必要时按需控制，使其全部或部分分解到周围环境中。目前，作为 VAPR 项目合同承包方的 IBM 公司和 PARC 公司均提出了自己的研究方向。IBM 公司将采用熔丝或活泼金属层作为触发机关，然后在其上涂覆一层玻璃以便与空气隔离；当器件收到射频触发指令后，玻璃层便会以某种方式被毁掉，暴露于空气中的活性金属层便会与氧气迅速发生反应，将硅芯片炸裂为硅和二氧化硅粉末。PARC 将以"压力工程"材料作为芯片衬底；当器件接收到触发指令后，衬底将释放出压力将器件分解为肉眼不可见的微小碎片。

瞬态电子元器件技术如能研制成功，将为情报获取、作战方式等方面带来重大变革。在情报获取方面，可利用瞬态电子器件技术研制出微型传感器，用于战场广域分布式传感和通信，既可在特定时间提供关键数据，又可按要求分解到周围环境中，无需对每一个器件进行跟踪和回收，避免因个别传感器被敌方发现而导致的数据泄露和网络入侵等问题，保证了战场情报资源的安全。此外，瞬态电子器件的使用还可有效避免技术泄露。如果美军武器装备因某种原因被敌方拾获，其中的可控自分解器件一经触发立即分解，敌方无法对其进行逆向工程和仿制。

四、重要意义

确保信息化武器装备的可信、可靠，是建立系统完善、强健有效反伪冒电子元器件技术体系的应有之意，但并非 DARPA 的唯一目标。正如前面所述，DARPA 的目标是，在此基础上发挥全球化优势，充分利用军民两个领域的先进技术，并加速技术开发速度，以此巩固美国在微电子领域的领先地位。目前，DARPA 的"异构集成与知识产权重用策略"（CHIPS）项目、"更快的时间表实现电路"（CRAFT）项目已经以能够有效防范伪冒电子元器件为前提开始实施。

值得注意的是，建立起完善有效的伪冒电子元器件技术体系，还有着更大的安全意涵。事实上，美国军方在以晶体管为代表的半导体技术发展过程中，并未能预见产业链全球化会对军用电子元器件安全造成深刻影响。目前的所作所为，只是亡羊补牢之举。在吸取教训之后，美国国家科学基金会已经和美国"半导体研发联盟"联合设立"可信和安全的半导体技术与系统"（T3S）计划，从策略、技术和工具等层面将反伪冒技术纳入下一代芯片的系统设计。在扎牢防范篱笆同时，DARPA 和美国"半导体研发联盟"联合设立的"半导体先期研究网络计划"（STARnet），也开始研究从微处理器体系结构层次向芯片嵌入恶意电路的进攻手段，并在 2016 年 6 月验证了向嵌入式处理器嵌入恶意电路的能力。在安全攻防体系的背景下，美国构建反伪冒电子元器件技术体系应引起更大重视。

（工业和信息化部电子第一研究所　王巍）

二维电子材料发展综述

一、引言

随着电子设备尺寸日益减小，其逻辑芯片的尺寸也一直向小尺寸发展，甚至接近单个或几个原子厚度（二维）。目前，电子器件使用的主要半导体材料（如硅）很快将达到性能极限，因此如果要继续提高器件性能，同时保持甚至降低功耗，必须开发二维电子材料。2004年，英国曼彻斯特大学使用简单的物理剥离法制备出碳的单原子薄片——石墨烯，从而开启了材料研究的新篇章。自此，以石墨烯为代表的二维电子材料研究已经成为国际物理学、材料科学和光电子领域的研究热点。更为重要的是，与传统半导体材料相比，二维电子材料具有多种优异性能，被认为是后摩尔定律时代的新型电子材料。

二、二维电子材料主要种类及特点

二维材料又称为单层材料，是指在一个维度上维持纳米尺度、电子只能在另外两个非纳米尺度上自由运动的材料，具有出众的电子和光学性能，在制备高性能电子元器件和延续摩尔定律方面潜力巨大。

二维电子材料种类繁多，石墨烯作为第一个被成功制备出来的二维电子材料，是被研究最多、发展最为成熟的一种。石墨烯是由碳原子组成的蜂窝状结构二维材料，具有优异的电学性能，如超高的电子迁移速率、弹道输运、可调控的能带间隙及室温下量子霍耳效应等。此外，石墨烯还具有出色的导热能力、高可见光透过率、高机械强度，原子层只允许水分子通过等。这些优良特性使得石墨烯在各个领域都具有极大的应用潜力。

六方氮化硼（h – BN）又称为"白石墨烯"，是由氮原子与硼原子交替组成的单原子层二维材料，其结构与石墨烯类似，因此也具有许多与石墨烯类似的性质。但与石墨烯不同的是，六方氮化硼是优良的绝缘体，具有高热导率，高抗氧化性，高化学、热学稳定性及良好的力学性能，在复合材料改性、传感器、场发射器件、紫外激光器件以及抗氧化涂层等多方面具有重要应用。

二硫化钼（MoS_2）是二维材料的研究热点之一，属于过渡金属硫化物。与石墨烯及六方氮化硼不同，MoS_2是半导体材料，具有带隙结构，可以进行逻辑判断，因此可以用来制备关断场效应管。MoS_2电子迁移速率约为100厘米^2／（伏·秒），远低于晶体硅的电子迁移速率，但高于非晶硅和其他超薄半导体，而且更适宜用于柔性电子产品。更重要的是其带隙为直接带隙，发光效率显著高于硅的间接带隙，因此在光电领域具有较大潜力，有望改变光电器件的未来。

硅烯是一种由硅元素构成的单个原子厚度材料，结构类似于石墨烯，因此具有在石墨烯中发现的大部分神奇量子效应，并有超凡的导电性能。此外，硅烯还具有超越石墨烯的优势，如具有直接带隙结构及更强的自旋轨道耦合效应，在外加垂直电场中带隙可调节，并可成为良好的拓扑绝缘体。理论上，硅烯与现有的集成电路工艺具有较好的兼容性，是最有应用潜力的材料，但其制备过程极为困难。自2008年硅烯的概念被首次提出后，一直到2012年，科学家才在实验室成功制备出硅烯。

此外，还有二维氮化镓（GaN）、铟化锡（InSe）、二碲化钼（$MoTe_2$）等二维材料，都具有各自特殊的性质。

三、二维电子材料的发展现状

近年来，二维材料成为各国研究重点，在石墨烯、MoS_2等主要二维材料的结构、特性、器件、制备方法及新型二维材料开发领域均取得众多突破性进展。

（一）石墨烯

自2004年被首次成功剥离以来，石墨烯是被研究最多、发展最快的一种二维电子材料。目前，石墨烯已经实现商业化大规模生产，并被用来研制出多种器件，如柔性显示屏、石墨烯晶体管、超级电容器、光调制器、激光器等。由于石墨烯具有重大的研究与应用价值，近年来世界各国对石墨烯材料特性、制备工艺、新器件开发极为关注，不断开发新工艺、新技术，以加快石墨烯在多领域的商业化应用。

1. 制备技术研究

2015年5月，美国麻省理工学院采用金属带替代普通化学气相沉积工艺中的真空室衬底，改进了化学气相沉积工艺，制备出大面积连续的高质量石墨烯片材。该方法中，将金属带放进两个同心管中，在1000℃的条件下石墨烯将沉积在金属带上，通过控制金属带速度可调节石墨烯的沉积速度和质量。此外，通过更换大直径同心管，还可制备出宽度更大的石墨烯片。该方法不需要停下来填充原材料、收集成品，因此石墨烯产量会更高（这是高质量石墨烯制备技术的较大突破），而且存在继续提升的空间，为高质量石墨烯量产打下了较好的基础。

2015 年 6 月，牛津大学开发出一种新的高质量石墨烯薄膜快速制备技术，使用中间包含液膜的过渡金属硅衬底，可在 15 分钟内制成现有工艺需要 19 小时才能制成的 2～3 毫米石墨烯片材，该项技术可推动石墨烯材料快速实现工业化生产。

2016 年 6 月，美国海军研究实验室电子科学技术和材料科学技术分部研发出石墨烯掺氮的新方法——超高温离子注入工艺，克服了传统掺杂法或化学功能化法会给石墨烯带来结构缺陷，实现了带隙可调的低缺陷石墨烯薄膜。超高温离子注入系统可精确控制掺杂位置和深度，以直接替代的方式实现石墨烯掺氮，可并通过调整超高温离子能量，使石墨烯具有不同带隙。而且，该方法不会带来额外缺陷，保持了石墨烯良好的电子输运特性。此次技术突破可制造出具有可调带隙、高载流子密度、低缺陷和高稳定性的石墨烯薄膜，在电子或自旋应用中拥有巨大潜力。

2. 材料特性研究

虽然石墨烯具有非常低的电阻，但远不及真正的超导体。早在 2012 年，研究人员就通过计算机模型预测发现在石墨烯中嵌入锂原子，可以改变石墨烯中整个电子的总体分布，使石墨烯进入超导状态。与硅器件相比，超导石墨烯处理器不仅可使晶体管封装更紧凑，产生的热量非常小，还可以提高芯片的尺寸密度。2015 年 10 月，加拿大和欧洲科学家实现了使用锂元素对石墨烯进行掺杂，之后通过物理实验证实锂离子掺杂确实改变了石墨烯中的电子输运行为，使其变成超导体，这是在石墨烯研究中取得的新突破。但由于锂原子只能在 −265.15℃ 环境下被嵌入到石墨烯中，而超导石墨烯的测量转变温度更低，为 −267.25℃，因此目前还无法批量创造大型或廉价石墨烯超导体。

2016 年 9 月，在美国能源部基础能源科学办公室、自然科学基金、工程研究委员会、威斯康辛大学、国防部、国家科学基金和 3M 公司的共同资助下，美国威斯康辛大学麦迪逊分校采用化学气相淀积技术，在传统锗晶圆上直接制造出宽度小于 10 纳米、长宽比大于 70 的半导体石墨烯纳米带，完成从半金属石墨烯向半导体石墨烯纳米带的转化。制备实现高度各向异性石墨烯纳米带的关键是要控制纳米带宽方向的生长速率低于 5 纳米/小时。该方法直接在传统半导体晶圆上制造纳米带阵列，与现有半导体工艺设备兼容，这一进步有望实现纳米带与晶体管、混合集成电路等传统半导体的集成制造，将在高能效电子产品和太阳电池等领域应用前景广阔。

2016 年 10 月，美国哥伦比亚大学在石墨烯中首次直接观察到电子穿过导电材料的两个区域边界时发生了负折射现象。这表明，电子在原子层厚度薄膜材料中的传播方式类似光线，可通过透镜、棱镜等光学器件操纵。在导电材料中像控制光束一样控制电子，有助于人们实现全新的电子器件。例如，计算机芯片开关是通过打开或关闭整个设备来实现的，这消耗了大量能量。利用透镜控制电极之间的电子"光线"将更高效，解决了实现更快、更节能产品的一个关键瓶颈技术。这项研究可用于制备新型实验探针，如实现芯片级电子显微镜片，用于原子级成像和诊断。同时，使分束器和干涉仪等光学组件有望用于固态电子的量子性质研究。此外，这项研究将推动低功耗、超高速开关技术发展，用于模拟（RF）和数字（CMOS）电路，可缓解当前集成电路的高功耗和热负载问题。

3. 器件应用研究

2016年1月，英国曼彻斯特大学使用石墨烯等离子体开发出波长可调谐太赫兹激光器。由于金属可使激光器的波长被电场改变，因此该新型激光器采用石墨烯替代激光器中的金属，先将砷化铝镓量子点和不同厚度的砷化镓井放置在基板上，并用金制波导覆盖，再将石墨烯薄膜放在金制波导顶部，最后用聚合物电解质覆盖该三明治结构，并用悬臂梁的方式调谐激光器。目前，该新型激光器还处于实验阶段。由于聚合物电解质会增大悬臂梁背部尖端与石墨烯片间的距离，从而阻碍该新型可调谐太赫兹激光器的精确控制，进而限制了其日常应用。

2016年4月，美国堪萨斯州立大学研发出一种纸状电池。该电池电极由硅碳氧化物玻璃陶瓷和石墨烯制成，比其他电池电极轻10%以上，并且经过1000多个充电放电循环，效率接近100%，能够开发出太空探索或无人驾驶飞行器用的更好工具。该电池所用材料是廉价的有机硅工业副产品，工作温度低至 -15℃，可以适应多种航空航天应用。

研究团队将一种称为硅碳氧化物的玻璃陶瓷夹在大片化学改性的石墨烯之间，制造出自支撑、便携式电极，解决了电池实际生产中将石墨烯和硅结合时遇到的困难，如单位体积容量低、循环效率差、化学机械不稳定性等。由于采用了硅碳氧化物，该电极具有约600毫安·时/克，即400毫安·时/厘米^{3}的高电容量。该纸状设计电池的20%部分由化学改性的石墨烯薄片制成。

纸状电池的轻质电极与目前电池中使用的电极不同，它消除了对增加电池容量无用的金属箔支撑和聚合物胶。该电极能够存储锂离子和电子，经过1000多个充放电循环，具有接近100%的循环效率。更为重要的是，该材料在实际应用中也能够达到这样的性能。

2016 年 8 月，美国宾西法尼亚州立大学研制出基于双层石墨烯的新型器件。该器件不仅提供了电子动量控制的实验证据，且功耗及发热远低于 CMOS 晶体管。目前，硅基晶体管依靠电子电荷开启或关闭。电荷是一种电子自由度，电子自旋是另一种电子自由度，而第三个电子自由度则为电子的谷自由度，其基于电子动量与电子能量的相关性。这项研究实现了电子谷自由度对电子的控制，向能谷电子学领域又前迈出了新的一步。首先将一对栅极放置在双层石墨烯的上、下表面，然后施加与石墨烯平面垂直的电场。在一侧栅极加正电压，在另一侧栅极加负电压，可在双层石墨烯中打开一个通常不存在的能带隙，将此带隙设置为 70 纳米。在该间隙内放置一维金属状态或称为通路，相当于带有彩色编码的电子用"高速公路"。具有不同谷自由度的电子能够沿着通路朝相反方向运动，阻力很小，因此电子器件能耗较低，发热较少。

（二）六方氮化硼

六方氮化硼是宽带隙半导体材料，没有悬键和表面电荷带，因此，基于氮化硼的石墨烯器件比基于二氧化硅的石墨烯器件具有更高的迁移率和化学稳定性。六方氮化硼二维材料通常用于与石墨烯等其他二维材料组成异质结构。

2016 年 8 月，在美国国土安全部资助下，德州理工大学研制出新型六方氮化硼半导体中子探测器，探测效率达到 51.4%，打破了半导体材料热中子探测效率纪录，可用于检测核物质。根据美国《港口安全法》，为防止核武器走私入关，所有运往美国的集装箱均要进行核物质扫描检测，通常使用氦气探测器，但氦气造价昂贵、非常稀有，已不供应制造氦气探测器。这项研究制备出厚 43 微米六方硼 - 10 氮化层（h - 10BN），用于热中子探测器，进一步提升材料厚度和质量，可实现更高的探测效率。与使用氦气的中子探测器相比，六方氮化硼能提高探测器的效率、灵敏度、耐用性及通用性，并减小尺寸、重量及降低成本等，可广泛应用于医学、生物、军事、环境和工业等领域。

2016 年 11 月，英国曼彻斯特大学使用石墨烯、六方氮化硼和纳米金光栅在光电子电路中创建光学调制器。与之前创建的石墨烯混合调制器不同，该新型光学调制器的创新点是用光而不是电信号，这为研制速度更快的电路铺平道路。但这项工作更大的结果可能是可实现电路尺寸的显著减小。这种具有强大的调制效应并且非常微小的调制器是很少见的。在从可见光到红外光的波长范围内，仅使用一个简单设计便实现光调制是前所未有的，该技术可广泛用于夜视仪和热成像仪。

2014 年 12 月，英国曼彻斯特大学利用石墨烯、六方氮化硼构成原子级晶体的异质结构，开发出效率达 10% 的发光二极管。

2015 年 12 月，美国能源部橡树岭国家实验室使用标准大气压力化学气相沉积法制造出完美结构的单层"白色石墨烯"，并利用这种材料制备二维电容器和燃料电池原型。新器件采用以白色石墨烯为衬底的石墨烯材料，预计可实现超薄、透明效果，且电子迁移率比在其他衬底材料的石墨烯高几千倍，这一功能可使数据传输速度达到目前的成千上万倍，有望带来一个新的电子产品时代，甚至量子器件时代。

（三）二硫化钼

二硫化钼（MoS_2）是一种具有层状结构的硫化物，因此可以通过简单的剥离法制备二维 MoS_2，极大地促进了二维 MoS_2 材料的研究和应用。早在 2011 年，瑞士联邦理工学院利用厚 0.65 纳米的二维 MoS_2 材料制备出晶体管。2015 年，美国加州大学滨河分校和伦斯勒理工学院发现 MoS_2 能够用于制造耐高温电子元件，并制造出在 220℃ 高温下依然能长时间正常工作的 MoS_2 薄片晶体管。

在美国空军的支持下，美国 Kyma 技术公司于 2015 年 3 月推出二维 MoS_2 晶体材料生长设备。此外，该公司还获得美国陆军支持，将二维 MoS_2 材料用于射频器件。Kyma 技术公司设计的新型晶体生长设备可支持各种二维晶体材料（如 MoS_2、$MoSe_2$）的生长。目前，该公司已开始出售二维 MoS_2 晶体材料。

2015 年 7 月，美国能源部橡树岭国家实验室利用商用电子束光刻技术发明一种新的合成工艺，可在纳米厚二维晶体单层内生成任意结构半导体结阵列。研究人员首先在基片上生长纳米厚单层 $MoSe_2$ 晶体，然后使用标准光刻技术在图案区域沉积氧化硅保护层，再用硫原子激光束轰击晶体裸露区域。这些硫原子（S）替代晶体中的硒原子（Se）形成 MoS_2，并具有几乎与 $MoSe_2$ 相同的晶体结构。这两个半导体晶体形成了明显的异质结。通过控制晶体内硫硒的比例，可以调节半导体的带隙，改变其电学和光学性质，使其能够适用于各种不同功能的光电器件，如电致发光显示器、不同颜色二极管及其他传感器。使用该方法可同时制成数以百万计、各种图案的二维材料结构单元，将多层具有不同图案的材料进一步叠加，构成更复杂的结构，可使同一片材料顶部和底部具有不同结构。这种可扩展、易实现的光刻图案工艺的发展，能够在二维晶体轻松实现横向半导体异质结结构，满足包括消费类电子产品和太阳电池在内的下一代超薄设备的迫切需要。

（四）硅烯

硅烯的生产制备一直是其应用的瓶颈，各国科研人员一直致力于硅烯制备技术研究，并取得较大进展。

2015 年 2 月，美国德克萨斯州立大学联合研发出世界首个硅烯晶体管。

研究人员首先在真空中将硅蒸气沉积在银晶体表面上生成硅烯层，然后使用5纳米后的氧化铝覆盖硅烯表面防止硅烯在空气中分解，再将硅烯层从银基平台上剥落，仅留一层薄层银和铝作为保护，硅烯夹在银、铝之间，随后将银制成电触点，便制造出单原子层厚度硅烯晶体管。虽然目前该款晶体管不稳定，暴露在空气中仅可维持2分钟，但该成果是硅烯研究的一项重大突破，同时实现了硅烯低温制备及器件原型制备。

2016年8月，澳大利亚伍伦贡大学开发出一项能够将硅烯从其生长的金属衬底表面可靠分离的技术，克服了阻碍硅烯制造的一个难题。该技术的关键是将氧分子插入到硅烯与衬底之间，就能有效将硅烯与金属衬底隔离开来。在实验中，硅烯薄膜是通过在金衬底上沉积硅晶圆制备而成。利用扫描遂穿显微镜产生的真空环境将氧分子引入到沉积室。由于在真空中，氧分子流的路径是笔直的，因此研究人员能够将氧分子精确注入硅烯层与金衬底之间，就如同用剪刀将硅烯与金衬底分开一样。这一成果解决了阻碍硅烯这种优异材料作为器件应用而长期存在的问题，对于未来设计与应用硅烯纳米电子技术和自旋器件都具有重要的意义。

（五）其他新型二维电子材料

除了石墨烯、氮化硼、MoS_2、硅烯等相对成熟的二维材料，科研人员还设计、制造出多种有特殊性能的新型二维材料，极大地丰富了材料种类，使二维材料展现出更广阔的应用前景。

1. 英国生产出高质量的原子层厚铟化锡（InSe）

2016年11月，英国曼彻斯特和诺丁汉大学首次制作了高质量的InSe二维薄膜。该材料是一个非常好的半导体，室温下电子迁移率为2000厘米^2/（伏·秒），明显高于硅，且在较低温度下这个数值会增加数倍，因此可用于下一代电子学，并可能对未来电子学的发展产生重大影响。

目前实验已制备出了几微米大小的 InSe 二维膜，通过使用大面积石墨烯片广泛采用的生产方法，InSe 有望很快实现商业生产。但由于 InSe 二维膜太薄，会迅速被大气中的氧和水分损坏。因此，必须在氩气氛中制备高质量的 InSe 器件。

2. 韩国研发新型二维电子材料结构，有望取代硅技术

2015 年 8 月，韩国成均馆大学基础科学研究所综合纳米结构物理中心设计了一种制造纯二碲化钼（$MoTe_2$）的方法。该团队利用其发明的新方法制备出两种类型结构的高纯度 $MoTe_2$ 晶体——半导体相（2H）和金属单斜相（1T'），两种结构都在室温下稳定。该研究组利用这两种不同结构的 $MoTe_2$ 晶体构成同质结，实现半导体与金属之间的高效连接，由此制备的二维晶体管可具有较高的导电性能，更节能。此外，1T' – $MoTe_2$ 是良导体，可直接用作金属电极，无需另外添加金属引线，节约原材料且省时省力。双相 $MoTe_2$ 晶体管有望取代硅技术，用于制作体积小、重量轻、节能的新型电子器件。

3. 美国首次合成二维 GaN 材料

2016 年 8 月，美国宾夕法尼亚大学首次合成二维 GaN 材料。该材料由石墨烯辅助的"迁移增强包封生长工艺"（MEEG）合成，禁带宽度达 4.98 电子伏，具备优异的电子和光学性能，将促进深紫外激光器、新一代电子器件和传感器的发展。

二维 GaN 材料属于超宽禁带半导体材料，具有电子迁移率高、击穿电压高、热导率大、抗辐射能力强、化学稳定性高等特点。这种材料可制作大功率微波器件等电子器件，以及多光谱红外/光电探测器、深紫外激光器等光电器件，大幅提升雷达、光电、电子对抗等装备的战技性能。

4. 美国、欧洲联合开发出超越石墨烯的新型二维材料

2016 年 3 月，美国肯塔基大学与德国戴姆勒公司、希腊电子结构与激光研究所联合研发出新的二维材料。新材料由硅、硼和氮三种化学元素构成，这三种元素具有重量轻、成本低、储量丰富等优点。这种材料性能非常稳定，即使加热到 1000℃，其化学键也不会断裂，具有其他石墨烯替代品所缺乏的特性，且其性质可微调。

新材料显示出金属材料性质，通过在硅原子上附着其他元素可构建出能带隙，将其制备成半导体，通过改变附加元素还可调整新材料的带隙值。同时，硅元素的存在使新材料有可能与现有硅基半导体完全集成。因此，新材料在太阳电池及其他电子器件领域的应用优势远超石墨烯。

5. 美国发现首个稳定的 P 型二维半导体材料

2016 年 2 月，美国犹他大学发现了一种 p 型二维半导体材料——氧化锡（SnO）半导体，将推动高速率、低功耗计算机和智能手机的发展。

目前，石墨烯、MoS_2 和硼烯等二维材料均是 n 型半导体材料，只允许 n 型或阴极电子运动。SnO 被认为是首个稳定的 p 型二维半导体材料，对实现二维电子器件具有重要意义。采用二维半导体材料制成的晶体管会将计算机和智能手机的处理速度提高 100 倍以上，同时降低处理器的功耗及发热。二维电子器件受到人们的极大兴趣，并有望在未来两三年实现相关原型设备制造。

6. 美国制备出新型 pn 结构二维材料

2016 年 4 月，美国能源部橡树岭国家实验室采用硒化镓（GaSe，p 型半导体）和 MoS_2（n 型）两种晶格失配材料生长出高质量的原子厚度薄膜。研究人员利用范德瓦尔斯外延技术先生长一层 MoS_2，然后在 MoS_2 上面生长一层 GaSe。扫描透射电子显微镜的表征结果显示，新材料为双层结构，其

莫尔条纹完全一致,表明尽管两种材料晶格失配,但仍可按照长程原子有序的方式在彼此顶部自组装生长。同时,晶格失配的 GaSe 和 MoS_2 会形成 pn 结,通过光激发产生电子——空穴对,进而产生光电响应,使新型晶格失配二维材料成为功能材料,有望用于光电器件领域。此外,这种 pn 结构在其他晶格适配的二维异质结构中从未发现,有重大的研究价值,帮助人们对多种物理现象开展更深入的研究,包括界面磁性、超导电性和蝴蝶效应等。

7. 世界首个二维电子化合物诞生

2017 年 1 月,美国北卡罗来纳大学教堂山分校利用层状电子化合物氮化二钙(Ca_2N)成功合成出世界首个二维电子化合物,将电子化合物带入了纳米时代。

电子化合物是一种由阴、阳离子组成的离子化合物,其中阴离子是没有原子核的电子,电子之间相距很近且以极松散的状态聚集在一起,形成类似气态的电子气,使得电子化合物具有高电子迁移率和快速电子输运等独特的电学性能,在电子应用方面具有很大的潜力。

研究发现,层状电子化合物 Ca_2N 被合成为二维单层结构时可保持电子化合物的典型特性——电子气。由于层状电子化合物的各层之间存在很强的静电相互作用,将多层电子化合物分离为单层十分困难。另外,Ca_2N 具有很高的化学活性,一旦接触黏合剂便会发生分解,无法采用透明胶带剥离法。因此,在实验室条件下合成二维材料具有较大难度。为此,研究人员采取了液体剥离的方式,通过化学反应生成大量的电子化合物纳米薄片悬浮在溶液中。在对 30 种溶剂进行测试之后,研究人员最终找到了一种溶剂,Ca_2N 纳米片可在其中稳定悬浮至少一个月的时间。测试证明,二维电子化合物纳米片具有比金属铝更好的导电性和相当高的透明度(厚度为 10 纳米时的光透过率达 97%)。

二维电子化合物结合了二维材料的大比表面特性与电子化合物的独特电学性能，预测未来会有更多新的发现，并在透光导体、电池电极、电子发射体及化学合成催化剂等众多领域具有潜在应用价值。

四、二维电子材料发展前景

二维电子材料由于机构特殊，具备许多常规材料不能实现的优良的物理化学特性。基于二维电子材料的新型电子器件在性能、尺寸、散热等各方面都展现了引人注目的优点，因此各研究机构都在积极推进二维材料研究。

2013 年 1 月，欧盟启动了著名的石墨烯器件研究项目，计划未来 10 年投资 10 亿欧元，旨在将石墨烯和相关层状材料从实验室带入社会，为欧洲诸多产业带来革命性变化。2014 年，新加坡国家研究基金会宣布在未来 10 年授予新加坡国立大学 240 多万元资金，用于基于石墨烯的二维器件研究。2015 年 3 月，美国和爱尔兰多家科研基金会联合投资 118.6 万美元，启动为期 3 年的"理解二维电子器件的界面性质"（UNITE）项目，旨在开发超高效的电子材料，实现晶体管进一步小型化，降低移动设备功耗，延长电池寿命。2015 年 10 月，英国启动一项名为"Gravia"的项目，旨在利用石墨烯开发下一代超阻隔材料，研发大面积多晶石墨烯薄膜，最大限度地提高性能，同时减少工艺缺陷，以实现商业化大规模生产，用于柔性透明塑料电子产品，如下一代智能手机、平板电脑和可穿戴电子产品的显示器。2015 年 3 月，美国宾夕法尼亚州立大学在美国国家科学基金会新兴前沿研究和创新计划支持下计划 CVD 设备公司与合作开发二维过渡金属二硫属化物的生产设备及工艺，推进石墨烯之外的新型二维材料的沉积技术和生产工艺发展，重点是开发和优化结晶二维过渡金属二硫属化物（如 MoS_2）生产技术，为今后生产具有广泛用途的二维电子材料奠定技术基础。

迄今为止，二维电子材料的研究还刚起步。未来随着对二维电子材料的新奇特性、制备技术、应用的进一步深入研究，二维电子材料将在微电子、光电子、电能源等诸多领域带来革命性变化，对人类社会带来深远影响。

（工业和信息化部电子第一研究所　张慧）

全球石墨烯技术和产业动态分析

一、石墨烯材料制备技术稳步提升，但缺乏颠覆性的突破技术

石墨烯材料可分为两类：一类是由单层或多层石墨烯构成的薄膜；另一类是由多层石墨烯（10 层以下）构成的微片。已报道的制作方法有几十种，制作出的石墨烯的尺寸、形状和质量各不相同，但目前绝大部分石墨烯的应用都处于实验室研究阶段，制约了石墨烯在各种领域的应用。2016年各种制备工艺方面的研究成果很多，改进技术不断涌现。这些研究结果具有非常重要的技术价值，对于低成本、大面积、高质量生长石墨烯提供了必要的科学依据，极有可能从中诞生出大规模生产石墨烯基半导体最可行办法。

CVD 法和 SiC 外延法：2016 年 2 月，中国科学院上海微系统与信息技术研究所用 Cu–Ni 合金在国际上首次报道了 1.5 英寸石墨烯单晶的超快生长。与现有文献相比，Cu 蒸气和 Cu–Ni 合金的协同效应将 ABBG 的生长速度提高约 1 个数量级。该研究为 ABBG 的规模制备和探索 AB 堆垛双层石墨

烯在微电子和光电子器件方向的应用奠定了基础。2016 年 8 月，北京大学和香港理工大学利用 CVD 在 1000℃左右热解甲烷气体，把多晶铜衬底上石墨烯单晶的生长速度提高了 150 倍，达到 60 微米/秒。这项重要突破的核心是把多晶铜片放置于氧化物衬底上，能够在 5 秒内生长出 300 微米的石墨烯大单晶。2016 年 11 月，日本名古屋大学发现在石墨烯的 SiC 外延生长制备过程中加入快速冷却步骤，可以使约 10 层的石墨烯纳米片的电子迁移速度可增加 3 倍以上。

其他方法：2016 年 10 月，英国的研究者研发出了一种银纳米线和石墨烯复合的材料，这种材料不仅成本低，而且性能优异，是替代铟锡氧化物最具潜力的材料，在触摸显示屏上的应用前景巨大。2016 年 12 月，浙江大学在石墨烯纤维的规模化制备和高性能化等方面取得了新突破，掺钾石墨烯纤维导电率高达 2.2×10^7 西/米，高于金属镍、接近金属铝，在轻质导线、电机、信号传输、能源储存与转化、电热器、电磁屏蔽、场发射等领域有巨大的潜在应用价值。

石墨烯材料的制备技术决定了其未来应用和产业发展的方向。目前石墨烯已成为各国战略布局新材料的必争之地。尽管各国石墨烯科研与生产企业众多，但通过各种工艺手段制备出的石墨烯在质量、成本、产量等方面还存在很多问题，还不能适应工业化应用。另外，目前制备技术的突破主要集中在显示应用和复合材料领域用的材料上，高端微电子和光电子用薄膜制备技术仍需寻找突破性进展。

二、石墨烯在射频领域展露锋芒，在逻辑电路领域有重大进展

石墨烯由于其高的迁移率、良好的噪声性能等，广泛应用于微电子的

射频和逻辑电路领域，如高迁移率晶体管、低噪声放大器以及集成电路等。石墨烯在微电子领域的应用属于最具附加值的高端应用，其对资金、技术的要求很高，目前该领域基本为国外的几个半导体巨头如 IBM 公司、MIT 等研究机构所垄断，且都有国家资金的支持。中国电子科技集团公司第十三研究所在 SiC 外延石墨烯材料的生长以及晶体管器件和模拟放大器等领域的研究水平处于国际领先地位。

石墨烯模拟器件电路研究以美国 IBM 和中国电子科技集团公司第十三研究所为代表。2014 年，IBM 测试世界上第一个多频段石墨烯射频接收器和石墨烯整合电路，性能比上一代提升近万倍。2015 年，中国电子科技集团公司"第十三研究所"报道了截止频率 f_T 达到 407 吉赫的石墨烯场效应晶体管，为 SiC 衬底上外延石墨烯晶体管的国际最高水平。2016 年，中国电子科技集团公司第十三研究所成功研制出国际首只栅长为 200 纳米的 Ku 波段 SiC 双层石墨烯低噪声放大器单片集成电路，在石墨烯射频领域引起强烈震撼。

石墨烯在数字逻辑方面的研究以美国麻省理工学院为代表。2016 年 6 月，麻省理工学院研究发现石墨烯"光爆"现象，可用于制造逻辑芯片，使处理速度提高百万倍。2016 年初，麻省理工学院报到了一款低功率的石墨烯纳米带－CMOS 异质集成的多态易失性存储器，与 16 纳米 CMOS SRAM 相比，存储密度比 16 纳米 CMOS SRAM 提高 2.27 倍，比 3T DRAM 提高 1.8 倍。

目前，国内外在这一领域的研究很深入，但仍然有许多问题待于解决，距离应用还很远。

三、石墨烯光电器件与电路研究成果显著，应用化水平持续提高

石墨烯具有透明、导电和导热的特性，与传统半导体相比，可吸收较

大波长范围的光,载流子迁移率异常高,是光电器件的理想材料。由于石墨稀缺乏固有的能带隙,因而在微电子的数字领域用途有限,但在光电子领域,石墨稀这种无能隙存在的结构引起了诸多科研人员的关注。这一特点在光电探测器领域尤为突出,石墨稀使得更高效率的近太赫兹光电探测器的实现成为可能。

2016 年 8 月,欧洲多个大学把石墨烯和硅结合在同一个芯片上组成肖特基高效光电红外探测器,有助于物联网的实现。2016 年,中国电子科技集团公司第十三研究所研制出了石墨烯等离子体激元太赫兹探测器,在 330 吉赫其电流和电压响应度分别为 0.3 安/瓦和 30 伏/瓦。2016 年,合肥工业大学研制出由石墨烯与 $\beta - Ga_2O_3$ 构成的深紫外光电探测器,对 254 纳米紫外光具有 39.3 安/瓦的高响应度,具有结构简单、成本低,探测效率高,稳定性好等特点。2016 年 11 月,曼彻斯特大学科学家利用融合石墨烯及其相似材料氮化硼材料和光栅纳米黄金研造出新的光调制器。其主要特点是利用光信号取代电信号,因此在光电电路技术中尤为重要。这项研究的成果可以推动电路高速化的发展。2016 年 12 月,韩国大邱庆北科技学院和瑞士巴塞尔大学的研究人员合作研发出了一种世界上首个基于石墨烯器件的微波光电探测器,能在微波波段工作,与现有的可在近红外到紫外波段范围工作的石墨烯探测器不同,其检测精度比现有设备高 10 万倍左右。

四、石墨烯小尺寸柔性显示触控技术正逐步成熟,接近产业化

三星公司、松下公司、LG 公司、苹果公司、华为公司等国际巨头近年来申请的石墨烯专利大部分都布局在柔性器件显示屏方面,可见,这是国内外企业共同研发方向。受技术限制,对非单晶、大面积、无缺陷的石墨

烯薄膜材料难以进行成本控制。相对来看，小面积石墨烯屏幕商业化进程稍快。

2013—2016 年，辉锐科技投资 1.5 亿美元研制石墨烯柔性显示技术，应用于手机、平板电脑及便携式电子显示屏等市场。目前，中国科学院重庆研究所、重庆墨希科技有限公司、常州二维碳素科技有限公司已经实现了 5 英寸、6 英寸、7 英寸石墨烯触摸屏膜生产，在小尺寸上技术渐趋成熟，重庆墨希科技有限公司甚至研制出了长 300 毫米、宽 230 毫米石墨烯透明导电膜，基本可以满足移动设备的触控需求。早在 2010 年 2 月，韩国 SKKU 和三星公司联合报道了在铜箔上生长 30 英寸单层石墨烯，并实现了 CVD 法制备石墨烯的批量化，在触控显示屏乃至柔性电子器件领域具备非常好的应用前景。2016 年 2 月，FlexEnable 公司展示了使用石墨烯明薄膜加上晶体管阵列集成的柔性曲面屏幕原型机。2016 年 5 月，重庆墨希科技有限公司率先制造出可弯曲石墨烯手机，5.2 英寸屏幕，重量 200 克左右，可卷成手镯戴在手腕上。由此可见，小尺寸石墨烯柔性显示屏技术已接近成熟，很快将实现产业化。

五、石墨烯电池研究成果大量涌现，但迟迟未能商业化

石墨烯电池的功率密度比普通锂电池高 100 倍，能量储存密度比传统的超级电容还要高 30 倍，有望让智能手机、可穿戴设备及电动汽车等一系列科技产品在电池技术上有重大突破。近年来，关于石墨烯电池研究成果的报道很多。

2014 年 12 月，西班牙 Graphenano 推出石墨烯聚合物电池，具有 1000 瓦时/千克的密度和 2.3 伏电压，使电动汽车可连续行驶 800 千米，能在几

分钟内充满电，可用于汽车行业、无人机，甚至心脏起搏器。2016 年 7 月，东旭光电科技有限公司研发出世界首款石墨烯锂离子电池产品——"烯王"，容量达到 4800 毫安·时，在 13 ~ 15 分钟就能充满电，可工作在 −30℃ ~80℃环境下，循环寿命高达 3500 次左右，充电效率是普通充电产品的 24 倍。2016 年 12 月，华为公司制造出了高温长寿命石墨烯基锂离子电池，不仅耐高温，在使用寿命上也比普通锂电池长 1 倍，充电速率要比普通手机提高 40%。三星公司通过在电池的硅表面覆盖石墨烯，制作出新的"硅阴极材料"，把电池能量密度提高到现有电池的 2 倍。

虽然有关石墨烯电池报道很多，但迟迟未能实现商业化。这些成果都是在实验室条件下取得的，要实现工业化，还需要解决很多问题。实际上，石墨烯电池生产中还存在很多技术难题不能突破，如石墨烯存在比表面积很大、分散性大、制作中需要调试的工艺非常繁多、石墨烯表面特性受化学状态影响巨大、批次稳定性、循环寿命等问题。

六、石墨烯传感器向可穿戴领域进军，应用潜力巨大

石墨烯传感器具有稳定性强、体积小和灵敏度高的特点，在可穿戴市场领域具有很大的发展潜能。石墨烯可穿戴式传感器主要包含各种生物传感器和运动传感器。目前，基于石墨烯材料研发出的各种可穿戴式传感器不仅具有柔软、可水洗、可弯曲的特点，而且具有超强的导电性能和灵敏度，能够测量生理特征数据、采集人体心率、血氧等数据，并通过数据分析来掌握个人的健康状况。

1. 压力传感器

2016 年 1 月，东京大学制作出一种石墨烯压力传感器，当半径折叠成

只有 80 微米时，同样可以测量压力变化，可以一次记录 144 次压力变化，是临床手套的不二选择。

2. 心率传感器

2016 年 2 月，西班牙光子科学研究所研制出了一个准确的石墨烯心率传感器，人们可以将拇指或食指按在面板上，即可在屏幕上看到心脏速率。该传感器不受环境光线水平的干扰，非常耐用，为公司打造可穿戴设备提供了新线路。

3. 仿生触觉传感器

2016 年 4 月，中国科学院半导体研究所研制出一种基于石墨烯的电子皮肤，即新型可穿戴柔性仿生触觉传感器，比人类皮肤的感触响应时间高 6 倍以上，并能够循环工作 10 万次以上，可应用于军事、医疗健康等领域。

4. 气体传感器

2016 年 12 月，富士通研究所基于石墨烯的新型原理，开发出全球首款超灵敏气体传感器，其硅晶体管的绝缘栅部分由石墨烯取代，能够探测浓度低于 10×10^{-9} 的 NO_2 和 NH_3；其对于 NO_2 的灵敏度更是提高了 10 余倍，探测浓度低于 1×10^{-9}。该研究成果为开发能够快速、灵敏地监测特定气体组分的紧凑型仪器开辟了道路，可应用于探测大气污染，或人体呼吸中的有机衍生气体。

5. 高灵敏度生命特征传感器

2016 年 12 月，都柏林大学和曼彻斯特大学制作出了被称为 G–putty 的高敏感传感器。往橡皮泥内加入石墨烯材料之后，得到的 G–putty 具有出色的导电性，可以用来检测一些十分轻微的冲击和变形，以及制作高敏感的传感器。G–putty 还可以放置到人体上，用于测量呼吸、脉搏及血压等身体主要指标。如今对身体健康状况进行监测的可穿戴设备越来越受关注，而 G‐putty 的高敏感特性将使其在这一领域大有可为。

6. 运动传感器

2016 年 11 月，江南大学与剑桥大学石墨烯中心合作设计了一种将氧化石墨烯分散液沉积在棉花上用来生产导电织物的新方法，整个过程无毒并且不需要昂贵的原材料。并在此基础上研制出了一种基于氧化石墨烯导电棉纱的可穿戴式运动传感器。经过测试，这种可穿戴智能织物能够在洗衣机里转 500 圈而毫发无损。目前也研发了带有石墨烯压力传感器和心率传感器的智能服装，它们可以采集人体的心率、血氧等生理健康数据。

（中国电子科技集团公司第十三研究所　王淑华）

FULU

附　录

2016 年军用电子元器件领域科技发展大事记

1 月

美国休斯研究实验室验证氮化镓 CMOS 场效应晶体管技术　美国休斯研究实验室宣布首次验证氮化镓 CMOS 场效应晶体管，开启了制造氮化镓 CMOS 集成电路的可能性。从长期来看，氮化镓 CMOS 有望在多种产品中替代硅 CMOS。

全球首款氮化镓驱动与功率集成电路问世　美国纳微达斯半导体公司研制出全球首款驱动与功率集成电路，其开关频率比现有硅电路高 10 ~ 100 倍，将极大地提高功率密度和效率，可实现高性价比、简单易用的高频化电源系统设计。

DARPA 开发出超高速模/数转换器　DARPA "商用时标阵列"（ACT）项目取得重大进展，开发出超高速模数转换器，采样速率达到 600 亿次/秒，是现有商用产品的 10 倍，基本覆盖现有雷达、通信和电子战等武器装备的工作频段，将显著提升士兵在战场上的态势感知能力。

硅基双结太阳电池转换效率突破理论极限　美国能源部国家可再生能

源实验室与瑞士电子与微技术中心联合开发出双结 III–V 族/硅太阳电池，转换效率达到 29.8%（光照条件为 1 个太阳光强度），超过了晶体硅太阳能电池 29.4% 的理论极限。

2 月

麻省理工学院研制出可进行深度学习的芯片　在 DARPA 资助下，美国麻省理工学院研制出以神经网络形态芯片为架构、可进行深度学习的芯片"Eyeriss"，效能为普通移动图像处理器的 10 倍，能够在不联网的情况下执行人脸辨识等功能，可用于智能手机、可穿戴设备、机器人、自动驾驶车与其他物联网应用设备。

氮化镓技术提升"爱国者"系统雷达性能　雷声公司利用氮化镓有源电子扫描阵列对"爱国者"防空反导系统雷达天线进行升级，使之具有 360°全方位探测能力，在当前战斗机、无人机、巡航弹和弹道导弹等日益复杂的威胁环境中仍处于优势地位。

德国刷新超快激光脉冲功率世界纪录　德国耶拿大学、弗瑞敕斯奇勒大学、弗劳恩霍夫应用光学和精密工程研究所、有源光纤系统公司联合开发了一个新型高重复率超短脉冲光源，实现了高达 6 飞秒、200 瓦的激光系统，刷新了世界纪录。

3 月

芯片嵌入式微流体散热片问世　洛克希德·马丁公司研制出芯片嵌入式微流体散热片，长 5 毫米、宽 2.5 毫米、厚 0.25 毫米，热通量 1 千瓦/厘米^2，多个局部热点热通量达到 30 千瓦/厘米^2，解决了制约芯片发展的散热难题。

诺斯罗普·格鲁曼公司开发军用 MEMS 陀螺仪和加速计 诺斯罗普·格鲁曼公司同 DARPA 签订价值 627 万美元的合同，参加"精确稳健惯性弹药制导：导航级惯性测量单元"项目的研究，开发能够支持新一代惯性测量单元的 MEMS 陀螺仪和加速计。

美国研制出可自动修复电路的纳米电机 美国加州大学圣地亚哥分校在美国能源部支持下，研究出受人体免疫系统工作原理启发的新型微机电执行器，这是一种可以自行推进的纳米电机，能够找出和修复电路上的微小划痕和断裂，恢复电子器件功能。

英国研制出实用型硅基量子点激光器 英国伦敦大学、卡迪夫大学和谢菲尔德大学联合，攻克了半导体量子点激光材料与硅衬底结合过程中位错密度高的世界难题，直接在硅衬底上生长出实用型电泵浦式量子点激光器，打破了光子学领域 30 多年没有可实用硅基光源的瓶颈，对推动光电集成具有十分重要的意义。

法国首次实现激光器和调制器的硅基单片集成 法国纳米科技技术研究所采用直接晶片键合技术首次实现了 III－V 族/硅激光器和硅基马赫－曾德尔调制器的首次单片集成。该发射器通信速率达到 25 吉比特/秒，有望突破通信速率瓶颈。

德国在芯片上直接生长出垂直纳米激光器 德国慕尼黑工业大学在硅晶圆上直接生长出直径为 360 纳米的垂直纳米激光器，使激光器的外形尺寸缩小到几立方纳米。该技术证明了在硅芯片上集成纳米线激光器的可能性，是开发未来计算机应用的高性能光学元件重要的先决条件。

4 月

1200 伏、100 安碳化硅 MOSFET 智能功率模块问世 美国思索依德公司向泰勒斯航空电子系统公司交付首个 1200 伏、100 安三相碳化硅金属氧化物半导体场效应晶体管（MOSFET）智能功率模块原型。该模块集栅极驱动器与功率晶体管优势于一体，有助于提高功率转换器密度，支持多电飞机的发电系统和机电致动器。

美军投入巨资解决元器件停产断档问题　美国国防微电子处与 BAE 系统公司、波音公司、洛克希德·马丁公司等 8 家公司签订为期 12 年、价值 72 亿美元的"先进技术支撑项目"第四阶段计划合同，以应对电子部件停产的影响，解决电子硬件和软件不可靠、不具维护性、性能欠佳或不足问题。

美军开发基于惯性传感技术的制导与导航能力　DARPA 微系统办公室向美国休斯研究实验室投资 430 万美元，资助其开发抗振动、抗冲击的惯性传感技术，发展不依赖 GPS 的精确制导和导航能力。

美国开发出石墨烯纸状电池　美国堪萨斯州立大学研发出基于石墨烯的纸状电池，比其他电池电极轻 10% 以上，经过 1000 多个充电放电循环后效率接近 100%，工作温度低至 −15℃，有望用于太空探索或无人驾驶飞行器。

5 月

英国开发出用于监控火山活动的 MEMS 传感器　英国格拉斯哥大学开发出名为 Wee-g 的低成本、高灵敏度 MEMS 技术，可以侦测到非常细微的地壳变化，有望将重力仪的成本和尺寸大幅降低，有助于实现对火山活动的日常侦测。

首个 ARM 架构抗辐照微控制器问世　VORAGO 公司发布行业首个 ARM 架构抗辐照微控制器，在降低系统研发复杂程度和功耗消耗的同时，全面提升了系统可靠性和使用寿命，可广泛应用于航空航天、军事和工业领域。

6 月

首个金刚石 PIN 二极管问世　美国 Akhan 公司研制出可兼容 p 型与 n 型晶体管的金刚石 CMOS 工艺，解决了金刚石商业化的最大障碍。该公司制造出首个金刚石 PIN 二极管，其性能是硅的 100 万倍，而且薄 1000 倍，达到了破纪录的 500 纳米厚度，计划 2017 年初推出商用产品。

俄罗斯研制出高性能金刚石基 MEMS 谐振器　俄罗斯莫斯科物理技术学院与西伯利亚联邦大学合作，采用金刚石单晶作衬底制作出 MEMS 谐振器，频率超过 20 吉赫，品质因数 Q 超过 2000，二者乘积创造了微波领域的新纪录。

7 月

美国继续推进伪冒电子元器件鉴定技术研发　DARPA 与诺斯罗普·格鲁曼公司签订价值 730 万美元的"国防电子供应链硬件完整性"项目第二阶段合同，旨在开发以微型模片为核心的电子元器件自动鉴别技术，防止伪冒元器件进入武器装备供应链，防止对军用电子元器件违规过量生产或重新封装移作他用等仿制活动。

美国海军力保 F–35 元器件稳定供应　美国海军飞行系统司令部同洛克希德·马丁公司航空分部签订价值 2.418 亿美元的合同，用于保障 F–35 联合歼击战斗机元器件的稳定供应，避免出现停产断档。

德国推出世界最小的纳米级光电探测器　德国卡尔斯鲁厄理工学院研制出一种用于片上光通信的"等离子内光电发射探测器"，这是世界上最小的纳米级光电探测器。其尺寸仅100微米^2，为普通光电探测器的1/100，通信速率达到40吉比特/秒。

8 月

二维氮化镓材料首次合成　美国宾夕法尼亚大学采用"迁移增强包封生长工艺"，在国际上首次合成二维氮化镓材料。利用二维氮化镓材料，可制作大功率微波器件等电子器件及多光谱红外光电探测器、深紫外激光器等光电器件。

美国研制出性能首次超过硅晶体管的纳米管晶体管　美国威斯康辛大学麦迪逊分校研制出性能首次超过硅晶体管的纳米管晶体管，其沟道长度100纳米，电流值比硅晶体管高1.9倍，电流密度为900毫安/米^2，超过采用砷化镓赝配高电子迁移率晶体管（pHEMT）技术演示的630毫安/米^{2}的电流密度。

日本正在研制碳纳米管非易失性随机存储器　日本富士通半导体和米氏富士通半导体公司宣布，计划采用美国Nantero碳纳米管技术，研制碳纳米管非易失性随机存储器产品，并于2018年底前实现商业化。该存储器比闪存快1000倍，价格仅为动态随机存储器的一半，具备取代动态随机存储器的能力。

美国研制出指纹识别用超声波MEMS传感器　美国应美盛公司推出用于指纹识别的超声波MEMS传感器原型，该产品发出的超声波能够深入皮肤表层，可以解决当手指有水、汗渍、污渍时识别率明显下降的问题。

美国研制出超高效中子探测器　美国德州理工大学研制出新型六方氮化硼半导体中子探测器，探测效率达到51.4%，打破了半导体材料热中子探测效率纪录，在医学、生物、军事、环境和工业等领域具有广泛的应用价值。

9 月

美国开始采用氮化镓技术生产有源相控阵雷达　美国海军陆战队同诺斯罗普·格鲁曼公司签订 9 部 AN/TPS－80 地/空任务雷达低速初始生产合同，这是美国国防部第一批采用氮化镓技术生产的陆基有源相控阵雷达，同采用砷化镓器件的雷达相比，不仅扩大威胁探测与跟踪范围，减少系统尺寸、重量和功耗，而且每部雷达全寿命周期成本降低近 200 万美元。

美国公司推出抗振动能力超过石英振荡器的 MEMS 振荡器　美国硅计时公司推出新型高精度 MEMS 温度补偿振荡器，其抗振动能力比石英振荡器高出 30 倍，温度补偿跟踪速度加快了 40 倍。

美国科罗拉多大学与美海军研究实验室、国家标准技术研究院联合开发出新的电子增强原子层沉积（EE－ALD）方法，可在室温下合成超薄材料，开辟了薄膜微电子学的新途径。

10 月

1 纳米栅长晶体管问世　美国能源部劳伦斯·伯克利国家实验室利用碳纳米管作栅极、二硫化钼作沟道材料，成功研制出栅长 1 纳米晶体管，远低于硅基晶体管栅长 5 纳米的理论极值，有望延续摩尔定律。

美国研制出高性能 MEMS 线性加速计　美国模拟器件公司推出以 MEMS 线性加速计为内核的 ADIS16490 型高精度 MEMS 惯性测量单元，该产品具有最高 1.8°/小时这一目前最高水平的运动偏置稳定性。

美国推出低功耗、高抗振 MEMS 振荡器　美国微芯公司推出新型 DSC6000 系列 MEMS 振荡器，其功率不到最低功率石英振荡器的一半，抗振动能力是石英振荡器的 5 倍以上。

11 月

可模拟神经网络的硅光电芯片问世　美国普林斯顿大学研制出全球首个可模拟神经网络的硅光电芯片，计算速度比传统 CPU 快 1960 倍，这是光电领域开展神经形态芯片研究的一次大胆尝试，具有重要的启发意义。

美国推出可取代机电继电器的 MEMS 开关　美国模拟器件公司推出首个商用高速 MEMS 开关 ADGM1304，和机电继电器相比，此 MEMS 开关的体积缩小了 95%，速度加快了 30 倍，可靠性提高了 10 倍，开关周期可达数十亿次，功耗仅为原来的 1/10。

欧洲在光与物质相互作用领域取得突破　德国海德堡大学、英国圣·安德鲁斯大学联合首次成功地在半导体碳纳米管上证明了光与物质的强相互作用，发现了发光准粒子——激子极化激元，实现有机半导体基电泵浦激光器迈出了重要一步，有助于推动性价比更高、更节能的碳基有机半导体发光二极管替代硅基发光二极管。

二维金属材料超级电容器问世　美国佛罗里达大学利用二维金属材料开发出超级电容器原型，可在重复充电多达 30000 次之后仍能工作。该技术有望实现实现超级快速充电电池，在几秒内完成手机充电。

12 月

DARPA 低功耗传感器项目取得阶段性进展　美国加州大学戴维斯分校完成了 DARPA "近零功耗射频与传感器" 项目第一阶段任务，研制出超低功耗 MEMS 传感器技术，该技术已经交由林肯实验室进行独立评估。